心理学名著译丛

郭本禹 主编

自我-皮肤

〔法〕迪迪埃·安齐厄 著

严和来 乔菁 江岭 译

姜余 校

Didier Anzieu
LE MOI-PEAU
© **Dunod, Paris, 1995, 2nd edition**
Simplified Chinese language translation rights arranged
through Divas International Paris 巴黎迪法国际版权代理

本书根据 DUNOD 出版社 1995 年法文版译出

总　　序

西方心理学历经近一个半世纪的发展,名家辈出,名作粲然。这些名家名作或系统总结时代学术思想,或开拓创新学科领域,或探索思考人性主题,勾勒出心理学发展的历史图景,凝聚了承流接响的思想价值。

我国古代有丰富的心理学思想,却没有真正科学意义上的心理学。如同许多其他学科一样,心理学在我国属于"舶来品",最初以译介国外心理学著述为肇基。清季蒙西学东渐运动之启赐,有识之士开始迻译西方心理学著述。19世纪80年代末曾任圣约翰书院院长颜永京开国人之先,翻译了约瑟·海文《心灵学》一书。20世纪初又有如翻译名家樊炳清译久保田贞则《心理教育学》、国学大师王国维译海甫定《心理学概论》等一批译作问世,这些译著成为当时师范学校开设心理学课程的主要教本。是类工作和其他西学译介一起承当"开启民智、昌明教育"之作用。

20世纪二三十年代一批学习心理学的留学生回国,相继翻译了当时大批最新心理学著作,直接推动我国心理学学科制度的建立和发展。据《民国时期总书目》,民国时期出版的心理学译著占心理学总出版物三分之一强。我国民国时期心理学与西方心理学的差距远小于今日，当时多个研究领域与国际心理学研究几近同步发展，其中译介工作功不可没。

新中国成立以后，由于众所周知的原因，中国心理学借鉴苏联心理学的研究成果，主要译介苏联心理学著述，而视西方心理学为资产阶级心理学，新译或重版的西方心理学著作寥若晨星，阻隔了中国心理学与西方心理学的联系。"文革"十年，中国心理学遭到灭顶之灾的批判直至被彻底取消，心理学的译介工作也完全中断。改革开放之后，中国心理学逐步恢复和发展，西方心理学著述的译介工作又开始重新起步，但相关译著为数不多。20世纪90年代尤其进入21世纪以来，出于心理学发展和心理学知识普及之需要，我国对西方心理学译介主要侧重教科书和科普读物。

以史为鉴可知兴替。回眸中国心理学发展的百年历程，对国外心理学著述之译介始终为其要务。时下，国内对国外心理学名著的需求远胜过往。其一，从学科的长远发展来说，尽管我国心理学目前初见繁荣，但仍面临着发展中的困境，与国外特别是欧美心理学的发展水平还存在较大差距。我们需要从国外心理学名著中汲取思想智慧，冷静省思和前瞻中国心理学健康发展之路。其二，从现实的迫切需要而言，随着我国经济社会快速发展、竞争压力日益加大，生活节奏不断加快，导致国民心理健康问题愈来愈凸显。心理学名著素来深刻关切人的精神世界，正可为国人提供精神生活的镜鉴和启迪。

有鉴于此，我们精心设计了这套"心理学名著译丛"。所选书目或是各家各派原创性的开山之作，或是代表性的扛鼎之作，均为心理学史上已有定评、经久不衰的经典范本。我们企盼这套"译丛"能够为推动我国心理学的学科发展和增进国人的心理福祉尽微薄之力。

郭本禹

2014 年 8 月 20 日

于南京师范大学

目　　录

第二版序　十年之后的《自我-皮肤》............ 艾费琳·赛绍　1

第一篇　发现

1. 初步认识 29
    几个主要原则 29
    触觉和皮肤领域 40
2. 四组材料 51
    动物生态学材料 53
    团体材料 60
    投射的材料 63
    皮肤病学的材料 65
3. 自我-皮肤的概念 69
    乳房-嘴和乳房-皮肤 69
    自我-皮肤的观点 73
    共有皮肤的幻想及其自恋与受虐的变体 75
4. 马尔绪阿斯的希腊神话 81
    社会文化背景 81

第一部分：神话 ························· 83
　　第二部分：八个神话主题 ··················· 85

5. 自我-皮肤的心理成因 ························· 92
　　母-子二元系统中的双重反馈 ················· 92
　　认知与精神分析观点的分歧 ·················· 96
　　自我-皮肤作为分界面的特殊性 ··············· 100
　　两个临床案例 ··························· 104

第二篇　结构、功能、超越

6. 自我-皮肤的两位先驱：弗洛伊德、费德恩 ······· 109
　　弗洛伊德与自我的心理地形学结构 ············ 109
　　费德恩：自我感，自我边界波动感 ············ 129

7. 自我-皮肤的功能 ··························· 140
　　自我-皮肤的八种功能 ····················· 142
　　对自我-皮肤的攻击 ······················· 152
　　其他功能 ······························· 155
　　一个倒错受虐狂案例 ······················ 156
　　潮湿的外壳 ····························· 160

8. 基本感觉-运动区分混乱 ····················· 163
　　关于完全吸入和完全呼出的呼吸混乱 ·········· 163

9. 自恋型人格与边缘性人格的自我-皮肤结构的扭曲 ······· 174
　　自恋型人格与边缘性人格的结构差异 ·········· 174
　　文学中的自恋型人格案例 ··················· 178

  双层隔膜幻想 ·· 183
  边缘性人格及信仰的混乱 ····································· 185

10. 双重触摸禁忌，自我-皮肤超越的条件 ····················· 192
  弗洛伊德默认的触摸禁忌 ······································ 193
  明确的基督教禁忌 ··· 199
  触摸的三个问题 ·· 203
  禁忌及其四种二元性 ·· 205
  从自我-皮肤到自我-思想 ···································· 211
  交互性感官的实现与通感的建立 ···························· 215

第三篇 主要形态

11. 听觉外壳 ··· 221
  婴儿的听力与发声 ··· 229
  弗洛伊德对声音的研究 ······································· 233
  声音信号 ·· 235
  声镜 ·· 236

12. 温度外壳 ··· 243
  热外壳 ··· 243
  冷外壳 ··· 244

13. 嗅觉外壳 ··· 249
  皮肤毛孔的攻击性分泌物 ····································· 249

14. 味觉的混淆 ·· 264
  对苦味的喜爱和消化道与呼吸道的混淆 ··················· 264

15. 第二肌肉皮肤 ································· 272
　　埃丝特·比克的发现 ···························· 272
　　谢克里的两篇短篇小说 ·························· 276

16. 痛苦外壳 ··································· 281
　　精神分析与疼痛 ································ 281
　　严重烧伤者 ···································· 283
　　从承受痛苦的身体到痛苦的身体 ·················· 287

17. 梦的薄膜 ··································· 295
　　梦与其薄膜 ···································· 295
　　回到弗洛伊德的梦的理论 ························ 297
　　刺激外壳,所有神经症的癔症基础 ················ 310
　　睡眠的神经生理学和梦的材料的多样性 ············ 312

18. 总结与补充 ································· 318
　　外壳和精神皮肤概念的来源 ······················ 318
　　关于精神外壳理论的几点说明(构成、发展、转变) ··· 325
　　精神外壳的紊乱 ································ 329
　　精神外壳的构成 ································ 335

案例目录 ·· 347
参考文献 ·· 348
索引 ·· 355

第二版序　十年之后的《自我-皮肤》

迪迪埃·安齐厄的《自我-皮肤》一书出版十年了。我应邀为本书作序。第一次读到自我-皮肤，是在二十年前了……当时，"自我-皮肤"的概念是极具颠覆性的：它同时恢复了自我和身体的地位：自我的问题由拉康揭露出来，又被自我心理学夸大曲解；而身体的问题则又是在拉康的热潮中被精神分析学家们忽视。我自己的培训过程也经历了这些辩论时期。因此我怀着浓厚的兴趣，阅读迪迪埃·安齐厄的这部思想著作。实际上，在1985年出版这本书之前，他已于1974年在《新精神分析杂志》[①]上发表了一篇文章。在文中，迪迪埃·安齐厄这样定义了自我-皮肤："这是一种形态（figuration），在儿童发育的早期阶段，孩子的自我为了再现其自身，会根据身体表面的经验，使用这一形态。"因此，"自我-皮肤"借助触觉器官，成为自我初级和隐喻的表象形式。皮肤功能模型有其原始功能，其中有三种主要功能：容器；外部与内部的界限，这也构成抵抗外部刺激的保护屏障；与外部环境进行联络交流。

在1985年的版本中，功能数量增加到了九种：维持、容纳、刺

[①] Anzieu, D., Le Moi-Peau, N.R.P., *Le dehors et le dedans*, n° 9, printemps 1974, p.195-208.（本书注释以阿拉伯数字为序者系原注，以星号为序者系译者注。——编者）

激屏障、个体化、通感、性兴奋的支持、力比多补给、痕迹的登录、自毁。在现在的版本中,其分类按照顺序关系进行了微调:维持、容纳、稳定、意义、联系、个体化、性欲化、能量化。有害的第九个功能从列表中删除了。迪迪埃·安齐厄认为这是一个反功能,具有"负面作用"。这一功能列表可以有相当广泛的用途。雄心勃勃地想整合一个能够控制所有指令的自我?思想能否承受它学习到的东西的影响?很明显,对自我-皮肤的系统研究,其影响一直延续到《思想》①一书中网格概念的提出。网格将皮肤的八种功能转化为自我的八种功能和思想的八种功能。1994年,在回答勒内·卡埃斯(René Kaës)的提问时,迪迪埃·安齐厄说:"这八种功能的网格是这样的:适用于皮肤的,也基本适用于自我,这给我提供了一个大致方向;有些格子是满的,有些需要我来填满[……],还有些则仍会是空着的[……]可能会有不止八种功能,可能会有合并重组;但我会努力尝试……有的时候很有成效,这让我能够按规律逐步拓展我的思想场。"②这个自我-皮肤的功能列表既不完整,也非定论,也许更倾向于是一个对未知领域保持开放态度的"透视客体"(Rosolato)。

1985年,迪迪埃·安齐厄对1974年初版的定义进行了补充,指出对儿童来说,自我-皮肤是在体表经验的基础上,将自己表现为"容纳精神内容"的自我。这一定义强调了容器(contenant)与内容物(contenu)之间的区别,同时指出关于容器、外壳

---

① Anzieu, D., *Le Penser, Du Moi-peau au Moi-pensant*, Dunod, 1994.
② Kaës, R, Entretien avec Didier Anzieu, Hommage a Didier Anzieu, *Les Voies de la Psyche*, Dunod, 1994, p. 35.

(enveloppe)及其运作方式还有许多有待探索之处。

现今问世的第二版增加了新近的研究,包括精神外壳的概念及其建构与紊乱。从自我-皮肤到外壳的概念展现了作者的整个探索过程。作者在其最新著作《思想》一书中将这一探索过程作为一个研究成果作了明确的表达。

事实上,十年来,无论是在其概念提出者的思想中,还是在其他许多不同方向的研究中,自我-皮肤都取得了巨大发展。这些不同方向的研究成果体现了迪迪埃·安齐厄提出的这一概念具有旺盛的生命力。

迪迪埃·安齐厄对自我-皮肤概念的发展

这一理论在过去二十年间逐渐成形,既属于元心理学,也属于精神分析心理学。无论是自我-皮肤还是外壳的概念,都涉及这两个领域。

元心理学和精神分析心理学:丹尼尔·维洛谢(Daniel Widöcher)在新近的关于"精神分析倾听下的元心理学"[①]的研究中,深入分析了这两个认识论场的区别。他写道:"元心理学是精神分析经验的理论化"[②],而"精神分析心理学是心理学的一支,是在精神分析的情境下对可观察到的行动机制进行研究"。他还补

---

① Widlöcher, D., Pour une métapsychologie de l'écoute psychanalytique, Communication au cinquante-cinquième Congrès des psychanalystes de langues françaises des pays romans, Paris, mai 1995.

② 着重号是我加的。

充说这一区别"并不代表理论上的差异,而是从不同的观察层面对心理学事件进行考量"。元心理学将精神分析师与分析来访者思想碰撞的产物塑造成型,这是实践的结果,能够表现当时发生的过程。而精神分析心理学则以对精神生命的认识的发展为目标,展现跨学科的方法论的对质。当元心理学处于精神分析心理学的境况下时,便离开了其自身的探索领域,失去了其自身立场,通过适当的、也可能是多种不同的方法,成为客观化的(甚至尚待客体化的)理论素材。这种转变,这种概念的输出由丹尼尔·拉加什(Daniel Lagache)完成,为临床精神分析心理学提供了思想工具。我认为迪迪埃·安齐厄也与之一脉相承。

迪迪埃·安齐厄的自我-皮肤建立在动物行为学的、团体的、投射的、皮肤病学的材料之上,同时也建立在临床精神分析学的基础之上。但这一崭新概念的创造,同时也在于他是一位精神分析师,他必然将对概念的创造与对分析经验的思考相对质。其他理论场中的参证也是一种真实性的检验,可以证实其观点。正是分析的相遇及其困难引起的内在压力促使研究者创造新词,来表达到那时还未表达的东西。而概念在精神操作当中的正确性,也正是在精神分析中体现出来的。我认为,元心理学在离开故有的理论场后,其应用领域要大于其发现领域。自我-皮肤一旦被元心理学创造出来,就成为一个精神分析心理学的概念。

自我-皮肤:元心理学概念

自我-皮肤对某些精神分析实践具有意义,其富有隐喻的表达具有精神分析的思维模式特征。

第二版序　十年之后的《自我-皮肤》

　　临床起源……六十年代，精神分析师们接待了一些来访者，他们有自恋(narcissique)与边缘(limite)*的病理问题，在这些来访者那里发现了一些新的精神组织形式，分析师们对此越来越感兴趣。事实上，这些病例为精神功能的理解和分析中指导的策略带来了一些问题。关于这些案例的精神分析学研究明确显示了自我的扭曲，这种扭曲的特点是界限的缺失，而界限的缺失则可能导致惧怕冲动的出现。自我是外部和内部的分界线，自我的混乱伴随着思想的混乱。自我界限的混乱和思想的混乱决定了对自我-皮肤的研究角度，以及之后的《思想》一书的研究角度。① 通过对自我-皮肤的研究，能够了解某些错乱的组织，为移情(transfert)产生的心理学困境提供新的方向，并可以借此找到适当的分析工作模式。1986年，迪迪埃·安齐厄这样定义他的研究："研究自我-皮肤的不同形态[……]；将每个精神功能缺陷与一种特定的、由周围的人在其形成期间对自我-皮肤制造的致病侵占对应起来，并详细阐明针对这种缺陷进行的精神分析工作类型。"② 对自我-皮肤不同功能的研究，为分析工作提供了目标："建立、维持、巩固、坚定、

---

　　* limite，有"界限"、"边缘"的意思，中文精神分析界习惯翻译成"边缘"，本书根据上下文将灵活使用。

　　① 安德烈·格林对照同样的临床案例，依据相似的思路，于1976年提出了边缘(界限)的概念，又于1982年提出了双重边缘(界限)。在我看来，他第三进程的概念和弗朗索瓦·迪帕克(François Duparc)提出的一样，都是由语言制作的一种精神外壳。我将之与分界(罗索拉托)和形式能指(安齐厄)比较，将无意识与前意识、外部与内部交错配列。

　　② Anzieu, D., *Une Peau pour les pensees*, entretiens avec Gilbert Tarrab, Paris, ClancierGuenaud, 1986, p.76.

容纳、稳定、意义化、协调化、个体化、性欲化和思想能量化。"①

渐渐地,得益于这种方式,临床上的适用领域也扩大了。自我-皮肤的功能提供了对所有心理功能的一种阅读网格②,也提出了超出其原有范畴的理论样板,我认为这使其进入精神分析心理学中。

自我-皮肤:三种派生……

迪迪埃·安齐厄认为③,在自我和皮肤之间有三种派生:隐喻(自我是皮肤的一种隐喻),换喻(métonymie,自我和皮肤互为整体与部分),以及省略:自我和皮肤之间的连字符体现省略(其形象包含了两个焦点:母亲与孩子)。

自我-皮肤首先是隐喻,也正是由此获得了创造力;同时也是换喻,并由此获得概念的精确与保障;而省略使其摆脱唯我论,与他者建立关系。让·拉普朗什(Jean Laplanche)不久前指出④,弗洛伊德自我(Moi)的谱系集结了隐喻和换喻两个系统。隐喻系统依托于一系列自我的构建性认同;换喻系统则依托于自我与其机体之间的连续性,这一机体是其派生出来的,并且这一机体出于适应功能而逐渐成为特别的附件器官。隐喻-换喻的双重派生,或者

---

① Anzieu,D.,*Le Penser*,Dunod,1994,p. 15(从自我-皮肤到自我-思想者的八种功能)。

② Anzieu,D.,ibid.

③ Anzieu,D.,*L'Épiderme nomade et Ia peau psychique*,Paris,Éd. Aspygée,1990,p. 40.

④ Laplanche,J.,Dérivationdés entites psychanlytiques,*Vie et Mort en Psychanalyse*,Paris,Flammarion,1970,p. 197-214.

更确切地说,隐喻-换喻的震荡,被盖·罗索拉托(Guy Rosolato)[①]视作是游戏与艺术的动力,同时也是连结创造性和思想严谨性之理论的动力。

弗洛伊德学说的词汇表中有数量众多的隐喻,很多是外来词,来自其他许多不同的领域,包括医学、经济学、建筑学、考古学、自然科学等等。隐喻常在诗歌中使用,是想象力的产物,来自德语词"phantasieren"(想象)。弗洛伊德在其元心理学著作中说过:"没有思辨,或者理论化——我甚至会说是幻想——元心理学会寸步难行。[②]"弗洛伊德借助元心理学的幻想的必要性,说明理解自我抑制冲动(pulsion)的困难之处。自我-皮肤的概念在病理学的范围内,按自己的方式,构建了对这个如此尖锐问题的原创性回答。隐喻的发现来自于直觉。隐喻瞬间抓住了意想不到的联系,打开感官,像"Witz"(谐语)一样令人惊讶,正是这样的谐语之词揭示了语言中的无意识意义。支撑隐喻的是"未知的关系"(罗索拉托),这种关系无法缝合,而是保持开放。它与创造的整个过程都紧密相关,因为它体现了思想的自由……也体现了联想(associer)的自由。自我-皮肤是隐喻的典型范例。自我与皮肤的接合,使属于每个人的意义重合;一者的语义学场与另一者有重叠却不完全覆盖;这种相遇产生了新的空间,即温尼科特(Winnicott)意义上的过渡空间。自我-皮肤是一种原创,既是发明也是发现。

在移置的过程中,自我-皮肤这个词成了隐含参照的载体。其

---

① Rosolato,G.,*Élements de l'interprétation*,Paris,Gallimard,1985.

② Freud,S.,(1937) Analyse avec fin et analyse sans fin,*Résultats*,*idées*,*problemes*,Paris,PUF,tome II,p. 240.

本质是与拉康意义上的想象相关(且不只与想象相关)的隐喻。依照拉康学说,此种想象具有相似感知。诚然,自拉康后,想象成了一个更偏向于贬义的词,但在此并不适用;我只想指出,在语言中,隐喻扮演着起反射作用并赋予新身份的镜子这一角色。因此,自我-皮肤是皮肤表面的隐喻,它依靠这一隐喻维持相似度;其建立也通过母亲功能的内摄反射出来。而对于迪迪埃·安齐厄来说,皮肤与自我以及与思想之间的关系,是建立在真正的类比之上的。正如他指出的,类比设计了"结构与功能的一致关系[①]"。但在将相似性定义为类比的同时,隐喻是否成了换喻?更进一步地说,如果自我与皮肤之间的确存在着类似,严格意义上的类似,那么是否存在自我物化的危险呢?类比是否会消除意象(image)与物(chose)本身之间的差异呢?

在隐喻的维度上,自我-皮肤构成意象。隐喻启发精神意象。正如塞尔日·蒂瑟隆(Serge Tisseron)[②]新近论述的,这借助于感观与运动机能。自我-皮肤不仅关乎触觉,也关乎联系主体与其部分或与他者的主动运动。此外,隐喻还刺激积极的参与,将他者吸引到传输中,吸引到共同可分享经验的创造性幻觉中。正如其词源所体现的,隐喻是一种精神内、主体间的,从一处到另一处的移情。因此,在分析框架(cadre analytique)当中,自我-皮肤的形态加重了对其自身发现的诉求,只不过要让它保持开放性和创造性。事实上,正如隐喻一样,自我-皮肤对每个人说话,甚至可以更确切

[①] Anzieu, *Le Penser*, p.13

[②] Tisseron, S., *Psychanalyse de l'image*, Paris, Dunod, 1995.

地说,它对每个人所说的各不相同!它能激发想象力,每个人都可能顺着隐喻通向不同方向,这在涉及自我-皮肤的一些文章中有所体现。在1993年①的一次对话中,迪迪埃·安齐厄对勒内·卡埃斯说:"'自我-皮肤'这个词令人顿悟(tilt),促使人产生新的想法,或是用新的方式重新思考已经变得枯燥无味的想法。"

自我-皮肤具有活力与刺激性的作用,得益于其身体的支撑(étayage),对我来说,也就是得益于冲动的锚定。事实上,迪迪埃·安齐厄重新采用了弗洛伊德的支撑概念,并扩展了其含义。众所周知,弗洛伊德使用支撑这一术语来定义自我保护的冲动与力比多冲动之间的关系:力比多依靠生理需求的满足来找到其途径与目标。正是在这个意义上,让·拉普朗什选取并进一步发展了支撑概念。迪迪埃·安齐厄与勒内·卡埃斯一样,认为支撑是精神与身体辩证关系的模型。这个联系是相互的,精神依赖身体,身体同样依赖精神。勒内·卡埃斯还在此基础上增加了社会身体。可以认为,这一社会身体最初表现为儿童的生活环境,主要是母亲为儿童的成长提供不可或缺的支撑。建立在皮肤功能之上的支撑,和与其共享皮肤的母亲提供的幻觉,共同构成了自我-皮肤。在分析当中,身体与客体的双重支撑要被表现出来,这构成工作的基础。迪迪埃·安齐厄的原创性在于赋予感观以主导地位,并将触觉作为自我和思想的组织模型。但在支撑的这个扩展意义中,性成了什么?我认为这是一个本质性的问题,之后我还会回到这个

---

① Kaës R., Entretien avec Didier Anzieu, *Les Voies de la psyché*, Hommage a Didier Anzieu, Dunod, 1994, p. 45.

问题上来,也会重新谈到冲动的问题。

从自我-皮肤到外壳

外壳的概念很早就出现在迪迪埃·安齐厄的思想中:1976年,他就写过自我的声音外壳①,外壳这个词也在《自我-皮肤》的初版中频繁出现,不过更多是描述性的。相对沉寂了几年后,1986年他又提出了精神外壳的概念②。此项研究也是这一版《自我-皮肤》的一部分。

外壳是个一般性的抽象概念,属于元心理学范畴,同时也促进了精神分析心理学的发展。正是分析中的情境促使迪迪埃·安齐厄关注分析的框架,这一设置由两个主要的精神外壳投射而来。安齐厄认为,分析框架③事实上与精神机制的结构同源。节制原则与自由联想原则分别对应着刺激屏障与登录表面。"一个基本规则中两种指令的嵌套显示了构成精神外壳的原始嵌套,使心灵成为进行思考、容纳情感、转化冲动的机制。"

从结构上看,构成自我-皮肤的皮肤外壳是最重要的,但它并不排斥其他种类的外壳,这些外壳或依托于其他感官(听觉的、视觉的、嗅觉的外壳),或依托于其他功能(梦的外壳、记忆的外壳……)。外壳的概念使研究关注于与内容物相对立的容器。外壳允许地形学和拓扑学的描述,不再仅是一个局部的描述。同时

---

① Anzieu, D., L'enveloppe sonore du Moi, *Nouvelle Revue de Psychanalyse*, *Narcisses*, Gallimard, no 13, rintemps 1976, p. 161-179.

② Anzieu, D., Introduction a l'étude des enveloppes psychiques, *Revue de Médecine Psycho-somatique*, no 8, déc. 1986, p. 9-22.

③ Anzieu, D., Cadre psychanalytique et enveloppes psychiques, *Journal de la psychanalyse del' enfant*, *Le Cadre*, Paris, Bayard, 1986, no 2, p. 12-24.

外壳也探究向其倾注能量的冲动之本质。

外壳的理论依托于前人的理论:弗洛伊德的刺激屏障理论和交流屏障理论,费德恩(Federn)的"自我的边界"理论,比昂(Bion)的容器理论等。我认为,迪迪埃·安齐厄在外壳的概念之上提出的理论体现了他思想最为独创的一面,但也提出了很多的元心理学的问题。

外壳的研究引向心理地形学和拓扑学的研究。这项研究新颖且生命力旺盛,因其提出了一个尚未被认识的精神材料:精神空间,精神领域的界限。它使迪迪埃·安齐厄得以对形式能指(signifiant formel)进行描述,这些能指是"外壳及物体的外形在空间及运动中的表象";它也使安齐厄能领会不同的病理学模式。对于这些表象来说,因为与口语维度无关,所以"能指"这个术语还有商榷的地方,但迪迪埃·安齐厄对此进行了详细的解释,并支持盖·罗索拉托关于分界能指的观点。形式能指是精神容器的表象,在与母亲相类似的性质的交流中,形式能指将意义赋予那些所感受到的经历。就特征而言,形式能指既是有意识的,也是前意识的,因此当注意到它们时,它们是可以接近的。但另一方面,从早期关系缺陷所显示的结构也可以看出,它们也是无意识的。

对外壳的研究方式并不排斥对精神内容的研究,相反对精神内容研究是有所补充的。迪迪埃·安齐厄运用临床案例,划分了几个理解与解析的等级:冲动的、客体的或拓扑的。例如他指出:"关于精神容器及其自我毁灭的精神分析工作,应该同时考虑到原初客体的需求和这一客体缺失的影响。[①]"在分析实践方面,根据

[①] Anzieu, D., Les Signifiants formels et le Moi-peau, *Les enveloppes psychiques*, Dunod, 1987, p. 17.

个案、时机或治疗策略,分析工作可以从一种解析方式转向另一种方式。精神功能协同运作的复杂性在分析时是被调动起来的,但这也正是精神分析师的工作,按照比昂所说的改变"顶点"的能力,找到并选择最恰当的分析路径。如果临床案例涉及可分析的边缘来访者,则最能激发分析师的创造性,温尼科特曾举过这样的案例。迪迪埃·安齐厄用外壳的拓扑学研究为我们开辟了全新的工作模式。人人都能找到合适的用法,但似乎一个想象中的辩论家(弗洛伊德在《非医学视角的精神分析》中提到的)可以就几点向我们的作者提出质疑:弗洛伊德的局部拓扑理论将重点放在不同心理机构间的关系张力上,安齐厄的拓扑学重心是否是消除精神内部的冲突?心理的动力学尤其是经济学层面将会如何发展?冲动会被放置在哪些位置上?有哪些冲动?

在《自我-皮肤》一书中,迪迪埃·安齐厄显然格外重视自我及其外壳的研究。但这些容器完全是用来容纳表象和情感的,换言之用来容纳冲动的复现表象。别忘了自我-皮肤依托于躯体,而冲动扎根于躯体。"在最初阶段,冲动安于其体。在最终阶段,冲动安于其名。在二者之间,冲动安于其位。①"1984年,迪迪埃·安齐厄用这一简练的总结概括了他对冲动的见解。他认同弗洛伊德的观点,认为冲动来源于身体的感官体验和早期运动。随后,精神机制表现冲动,并将其想象性地定位在感觉器官中或者在身体表面的某个开口处。触摸的双重禁忌限定了想象空间,而冲动是要在

---

① Anzieu, D., Le corps de la pulsion, *La pulsion pour quai faire*? Colloque de l'APF du 12 mai 1984, p. 64.

想象空间里展开自己的。最后,语言允许冲动进入幻想中的场景,能够在空间和时间中配置其来源及目的。自我-皮肤和外壳能够将冲动的兴奋感固定在一个想象空间。如果冲动与自我-皮肤的概念密切相关,那么其本质是什么呢?

迪迪埃·安齐厄认为,精神外壳被两种冲动投注:依恋的冲动和自毁的冲动。这种使力比多消失的二元性并不令我惊讶。由鲍尔比(Bowlby)提出的依恋冲动,哈洛(Harlow)进一步有深入研究,事实上,这并不是一种性冲动,它其实是自我保护冲动的一种形式。迪迪埃·安齐厄提到,弗洛伊德说过,冲动的列表并没有最终完成,他在谈到他思想的那一刻谈及了此点,不过局部的冲动却和性感区域一样会减少,尽管自我保护冲动如生存必需的需求一样数量众多。但冲动的第二种理论集中并统一了各种冲动。在《引论》中,弗洛伊德写道:"可以区分出数量众多的冲动。重要的是要知道这么多冲动能否归结为几种基本的冲动。我们已经知道冲动可以改变目的(通过移置),且可以互相代替,一者的能量可以转移给另一者……在犹疑许久后,我们决定承认只有两种基本的本能:情欲(Éros)本能和破坏本能。"[①]情欲是生冲动,是爱,负有尽可能连为一体的使命;破坏本能是死冲动,是为了断开联系。我们知道,在这第二种冲动理论中,弗洛伊德在思考后将自我保护的冲动归为依恋。从这个角度看,精神外壳来自于生冲动和/或威胁联系的破坏冲动。迪迪埃·安齐厄在1993年的一篇文章中写到

---

① Freud, S., (1938) *Abrégé de Psychanalyse*, Paris, PUF, 1973, p. 8.

了这种鲜明的对立。他文中两章的标题是:"生冲动对容器的倾注"和"死冲动对精神容器的存放、攻击和破坏"。不过他肯定这是从依恋分化出来的冲动。依据鲍尔比的理论(1969),依恋需求的满足标准是:微笑的交流、哺乳过程中的感官交流、稳定的支撑、接触的热情、爱抚的动作,迪迪埃·安齐厄还增加了节奏的协调。依恋冲动也要满足安全需求,依靠客体的可靠性和与之建立关系的可能性来完成。迪迪埃·安齐厄一直将依恋冲动与自我保护冲动联系在一起,直到谈到自我-皮肤功能的章节,他才似乎认识到了二者间的差别。他写道:"我们不再在满足生存必需的自我保护需求(食物、呼吸、睡眠)的范畴中,而是在交流的(先口语的、次语言的)范畴中;通过支撑在前者之上产生性欲和攻击欲,而语言交流则在后者之上找到被支撑的时刻。"非语言交流是在类比领域中,这是早期交流的主要特征。形式能指中的能指术语完全可以在那里找到其正确性,因为其事实上是一种语言、手势、模仿、姿势等等。考虑到父母对孩子倾注的欲望,如何知晓孩子与母亲间的交流是否包含性欲?支撑有两个时期,即使不是按时间的,也是按逻辑的(自我保护时期和性欲时期),所以交流一上来就是充满了无意识的谜一般的性欲。让·拉普朗什提出的谜一般的性欲能指能够解释在早期与之后的交流中,双亲的无意识的地位。然而,我觉得,让·拉普朗什认为冲动来自他人的想法很难令人信服;冲动显然受他人刺激,而我认为它是与主体相关联的。但迪迪埃·安齐厄的精神外壳的建构性交流的去性化道路又是否值得追随呢?

我认为，交流的所有方面都可以归入……爱。据弗洛伊德所言①，爱这个词，集合了所有形式的爱，无论有多少性的成分。弗洛伊德由此区分了感官之爱和非感官的爱、温情，以及所有性欲冲动被抑制的爱。但是，在认识到了爱的不同形式后，他却仍认为它们是同一种冲动的多种表现形式。依恋冲动去除了母亲和孩子交流中的性欲，即早期弗洛伊德的去性化。在我看来，自我-皮肤与精神外壳不应被生冲动，或者说爱改变其本质。迪迪埃·安齐厄本人不是也在与吉尔伯特·塔拉布(Gilbert Tarrb)的对话中这样说道："在孩子、朋友、伴侣那里构建一个外壳和皮肤，爱②是经受智慧考验的，外壳要灵活且牢固，既要划清界限又要与之相融……皮肤要富有生机为思想服务。"……？

其他作者笔下的精神外壳

关于自我-皮肤和精神外壳，有许多研究。这些研究有的属于严格的精神分析领域，有的则属于心理学领域。

让·基约曼(Jean Guillaumin)③在一篇关于精神分析学的精神外壳的文章中表示，精神外壳是复数的。事实上，近几年关于这一主题的研究工作数量众多，角度也各不相同。自我-皮肤和外壳

---

① Freud, S., (1921) Psychologie des masses et analyse du Moi, *O. C. P.*, PUF, tome XVI, p. 49-50.

② 着重号是我加的！……

③ Guillaumin, J., Les enveloppes psychiques du psychanalyste, *Les Enveloppes psychiques*, Dunod, 1987, p. 138-180.

由此成为一个飞速发展的开放模型。我仅从众多研究中举出几例由精神分析学或心理学-心理治疗学带来的研究,这些都是涉及感官外壳的研究。

视觉外壳

迪迪埃·安齐厄并未特别研究过视觉外壳(enveloppe visuelle);但他对梦很感兴趣,从弗洛伊德自我分析的梦,到梦的薄膜。梦的意象通常是可见的,虽然也有其他感官,特别是听觉,还有运动。他认为,梦是一种易感的薄膜,可以再次激活自我-皮肤表层灵敏度和对痕迹的记录功能。对迪迪埃·安齐厄而言,需要有一个只为了梦而构建的自我-皮肤,但反之亦然,梦也能修复日间受到损伤的自我-皮肤躯壳。然而,梦的屏幕上投射的视觉,并不是可见的,并不是一种感知,而只是冲动激活的表象的内在显示。当一些感知完全失去视觉时,梦的视觉可以在次级形态中给出这些感知的踪迹[①]。

表象在感知中处于什么位置?或者说,如何构想冲动在感知中的轨迹?居伊·拉瓦莱(Guy Lavallée)的研究工作试图回答这些问题。

居伊·拉瓦莱[②]曾在视频工作室为一家日间医院患有精神病的青少年制作动画,并依据这些经历进行视觉外壳的研究。安德

[①] Pontalis, J. B., *Perdre de vue*, Gallimard, 1988.

[②] Lavallee, G., La boucle contenante et subjectivante de la vision, *Les Contenants de pensée*, Dunod, 1994, p. 87-126; et L'écran hallucinatoire négatif de la vision, *L'Activité de la pensée*, Dunod, 1994, p. 69-143.

烈·格林(André Green)关于感知和负面幻觉的研究和迪迪埃·安齐厄关于自我-皮肤和精神外壳的研究都对他的工作有所启发。他致力于分解视觉中各种隐含的活动,也因此最终提出了一个与精神外壳相似的"视觉之主观化的与容纳性的回路"。

居伊·拉瓦莱从视觉之于其他感官系统的特殊性着手,视觉提供了远距离的接触,将自我的范围扩展到了触觉之外。因此,与其他感官不同,感知远离身体,不会产生机体的愉悦感。眼睛的快感来自于目视之物,而非来自眼睛这一器官本身,眼睛并非性感地带。视觉意象是目光的产物,并不存在于眼睛内部,是"去身体化的"。"去身体化"(décorporation)一词出自安德烈·格林,用来表示身体感受和整个身体的远距离,这建立了升华作用的基本参数。"去身体化"使视觉成为与思想必要的升华作用最相似的一种感官,但也与感知和表象相关。以下是居伊·拉瓦莱关于回路的简要概括:

- 视觉刺激是实在且原生的。用比昂的话说,它导致了一些 β 元素。意象呈现在视网膜上时仍是毫无意义的。正是对无意识的刺激冲击,才逐渐创造了意义。事实上,视觉刺激是与无意识表象相接触的,并且在这一层面上毫无过滤。

- 因此,通常说来,由刺激唤起的表象投射到可感知的意象上。可感知的意象提供了一个从阅读到纯视觉意象的网格:感觉被符号化。可是并非所有可见的都能被感知;有一部分是负面的,被抑制的,或被放置在构图的边缘。刺激的这种有约束性的形式具有外延价值和"视觉能指"价值,或者按盖·罗索拉托的理论所说的"分界能指"价值。

此外，符号化的过程意味着精神屏障的存在。精神屏障是由母亲面孔的负性幻觉构成的。居伊·拉瓦莱采纳了迪迪埃·安齐厄关于母亲与孩子共有皮肤的幻想观点，这一幻想对自我-皮肤的建构是必要的，并且将之运用到视觉当中。这也就是母亲与孩子间共有"可视皮肤"的假设：在二元认同当中，吃奶的孩子注重母亲的目光，也在母亲的眼中，没有拉开距离。此后在关于母亲及其面孔的负性幻觉中，这一幻觉构成了视觉上的精神屏障。这一不可见的屏障是半透明或半不透明的，而产生意象的符号化正是在这一屏障上形成的。屏障还有反射功能，可用作回路的建立。

• 最后一步操作，本质上讲，是符号化的感知在自我中的内摄。为了变成词语，刺激转化为可处理的前意识精神材料。

因此，容器的回路允许了从意象到语言、从无意识的思想（视觉意象）到有意识的思想（语言）之间的通路。触觉是应用于视觉回路中的精神反射起作用的感觉模式。这一回路也可看作是一个精神外壳。事实上，在视觉刺激和与之相关的内部兴奋之间，这一回路建立了一个刺激屏障；具有容器的作用（勒内·卡埃斯称之为包容器[conteneur]），即是说它包含且可以主动将 bêta 元素转变为可思考的 alpha 元素；它还建立了能够保障内部和外部、意识与无意识之间联系与分化的交流屏障。

视觉外壳的病理性破裂会发生在其容器功能的根基位置：在容器回路和精神屏障层面：

• 表象的负性幻觉会抑制投射的活力，这些表象由感知唤起，而感知禁止投射；在此情况下，屏障因极为负面的幻觉而变得过于晦暗；引起白色精神病、自闭症、奇怪不安感的突发；

• 过度投射会打破第二回路(内摄),并造成内/外部混乱。在积极的幻觉中,感知和表象可能会混同起来。屏障因极为积极的幻觉而变得过于透明,这就是离身体化(excorporation)的精神病。

依托于精细的精神病临床认识,居伊·拉瓦莱所做的阐释,允许他提出了一个视觉外壳的普遍模型。

听觉外壳

1974年,迪迪埃·安齐厄提出了听觉外壳(enveloppe sonore)概念,本书中也有一章介绍相关内容。埃迪特·勒古(Edith Lecourt)借助她作为音乐治疗师的经验继续了这方面的研究①。

迪迪埃·安齐厄认为,听觉外壳是由环境和婴儿交替发出的声音混合而成的,这一声音也预示了自我-皮肤同时朝向内部和外部的两面。母亲为孩子提供了声镜,能够呈现他的呼唤和语言化的反射意象。声镜只有在母亲向孩子解释关于她和孩子,以及关于孩子精神经历实质的问题时才具构建性。最后,他将声音空间视作第一精神空间,提出对其进行洞穴式观察,因此成为声音洞穴。

埃迪特·勒古认为构成听觉外壳需要两个条件。

1. 声音经历应该得到视觉和触觉经历作为支撑。她尤其坚

---

① Lecourt É., L'enveloppe musicale, *Les Enveloppes psychiques*, Dunod, 1987, p. 199-222.

持触觉-听觉结合的重要性;触摸和运动机能的加入对于区分外部、体表和内心产生的声音具有决定性作用。在口头表达、说话(咬字、发音、分句……)或唱歌时,口腔经验的听觉-触觉联系将经受考验。

2. 其次,需要有一个从自我-皮肤出发的声音经历的心理制作。声音经历的心理制作是由不同成分整合形成的:声音浸没、双方交流、音腔、"背景声音"的整合。即在触觉、视觉、听觉这些感觉之间建立联系。埃迪特·勒古认为外壳的性质只由自我-皮肤的经历决定。她认为,听觉外壳由两面构成:语言的一面和音乐的一面。"语言的一面更为线性(时间上),声音单一,清晰的纬线朝向外部。音乐的一面有厚度,是由声音编织成的(在时间和空间上),具有多种意义,更倾向于朝向内部。"二者不可分离,互相补充:语言和音乐是人类交流的两面,有些精神病的病理学显示了听觉外壳的这两面的分离。

埃迪特·勒古所借助的临床病例似乎是音乐疗法对精神病患者的最佳应用。

除了感官外壳,还有关于与精神组织或精神功能相关的其他不同外壳的研究。安妮·安齐厄(Annie Anzieu)描述了癔症的刺激外壳(enveloppe d'excitation),她的研究在《自我-皮肤》的初版中就有呈现。米舍利娜·昂里凯(Michelle Enriquez)在先前的研究中提出了痛苦外壳的概念①,这是自我-皮肤的一种独特形式,

---

① Enriquez, M., *Aux carrejours de la haine*, Du corps de souffrance au corps en souffrance, 2e partie, chap. 4, Epi, 1984.

迪迪埃·安齐厄在书中第十章有所提及。

记忆外壳

1987年,米舍利娜·昂里凯发表了关于记忆外壳的论文①。在文中,她从一种特殊的临床状况出发,对记忆及其病例进行了研究。这些患者都表示分析经验给他们留下了痛苦的回忆。米舍利娜·昂里凯没有将这种情况视作负面移情,而是认为这种痛苦是过去的"记忆伤口"(米歇尔·施耐德语)的移情残余,未被第一段精神分析制作。她提出了假设:

• "分析师与分析来访者之间共有的记忆幻想,是治疗中的回忆大量出现和进入其历史经历的条件之一。

• 对历史现实的否认和(精神能量的)去投注是对共有记忆的幻想表象具有破坏性的因素。"

建立记忆外壳所必需的这一"共有记忆"是构建在能够构成自我-皮肤的共有皮肤的幻想模型之上的。

分析中遇到的记忆和遗忘的两种形式能够定义记忆外壳的功能。

1. 想不起来的回忆,是重复的且并不随着时间改变的,它是无组织、无联系的记忆缺失,是由"对冲动的幻想生活产生真实影响"的印象痕迹构成的。这些印象体现了"冲动机制对婴儿真实经历的被动接受";它们是无意识的,但我要补充的是,它们以分界能

---

① Enriquez, M., L'enveloppe de mémoire et ses trous, *Les Enveloppes psychiques*, Dunod, 1987, p. 90-113.

指(罗索拉托)或形式能指(安齐厄)的形式被记忆。这个记忆构成了一个"登录的表面,与刺激屏障的屏障不同,但与之连结,用以保护"(安齐厄);这是完全的遗忘,只能由分析师通过"想象的演绎"来修复。建构工作得益于其具象化的能力。"可以通过构成早期记忆的印象具象化获得早期记忆。"重要的是提供与情感相联系的身体的真实意象。诚然,缺失的记忆不是再次出现了,而是通过意象可以想象不可知之物甚至难以表达之物,并使之融入遵循继发性过程的记忆系统。换句话说,我认为重要的是将感官-运动的痛苦,从令人费解的类比能指翻译成语言能指。

2. "易忘且难忘"的记忆。易忘是继发性压抑的产物,由精神的冲突启动。这一记忆执行一个持久的转变工作,它同时给主体的感知带来持久和变化。这一记忆作用于幻想的复现表象。米舍利娜·昂里凯特别关注记忆外壳构建中的记忆屏障,记忆外壳包含转录表面(surface de transcription)。记忆屏障是无意识的、不可明言的记忆的保护膜,然而,记忆屏障又是通过其感觉的鲜活(*überdeutlich*)来展现这一记忆的。

继发性压抑可以保留能够构成历史记忆的元素。不过米舍利娜·昂里凯坚持这一事实:"只有在与双亲的压抑有共同的轮廓(共有皮肤)时,压抑引起的记忆漏洞才会形成。双亲在过去也被抑制了同样的渴望、同样的冲动及幻想的表象。"压抑在代际的传递加固了被组成起来的记忆遗忘外壳,它的每个主题都与集体文化记忆有关。

最后,正如自我-皮肤存在有害功能,记忆外壳也存在有害功能,这个有害功能是"有毒隔膜层的、自毁的,会导致关于他者的记忆和回忆的消失"。

米舍利娜·昂里凯的文章依托于对一位年轻女士的分析,她在分析中运用了许多精巧的思想运动。

转变模式与外壳模式

迪迪埃·安齐厄描述并定义了作为精神容器复现表象的形式能指。它们可以标记精神外壳及其变形。塞尔日·蒂瑟隆[①]致力于研究这些能指是如何组成精神意象并表现出来的。但塞尔日·蒂瑟隆并没有使用能指这一名称,而是选用了模式(schème)这个词。这是参考了康德提出的"精神活动的基本模式"。模式并非意象,而是胎儿及婴儿经历的、与其所处环境及早期关系相关的身体经验的组织模型。这些经验结合了感觉、运动机能和情感。蒂瑟隆将模式分为两类:外壳模式和转变模式。这两种模式具有平行关系和辩证关系。转变模式对应着整合或去整合的精神活动,这些精神活动具有符号的属性;它们也能够构想与母亲分离的行动。外壳模式对应于容器活动,然而,正是转变模式构建了边界,也就是构建了外壳。所以,是转变模式激活了外壳模式的意象,并使之进行相应活动。通常,两种模式都共同受到同样情势的刺激;在与母亲的关系中,孩子找到了容器,也确认了他能对母亲产生影响,正如母亲能对孩子产生影响。如果把它们当作一个模型,组织一

[①] Tisseron, S., Schèmes d'enveloppe et schemes de transformation dans le fantasme et dans la cure, *Les Contenants de pensée*, Dunod, 1993, p. 61-85; Schèmes d'enveloppes et de transformations à l'œuvre dans l'image, *L'Activite de Ia pensée*, Dunod, 1994, p. 41-68; *Psychanalyse de l'image*, Dunod, 1995.

些可能性，来思考容器及其转变，那么，这两个模式显然在所有精神意象的构建中都很活跃。事实上，精神意象包含和转变的东西，与其表现的东西同样多。经常发生的情况是，模式在幻想中不再成立：外壳模式被幻想的容纳功能替代，幻想状态中实现的表象转变则消除了转变模式。但模式本身也可能成为表象的客体。因此，塞尔日·蒂瑟隆认为，这里涉及的一种精神操作是试图补充模式内摄的困难（这一困难与最初的交流中的欠缺相连）。因此，外壳模式和转变模式可以在表象和梦境中以意象形式呈现。

塞尔日·蒂瑟隆认为，外壳模式或转变模式给出了一些特定的病理学解释。缺少整合的转变模式会表现出幻想活动的贫乏；这类病人的精神领域很接近马蒂（Marty）在操作性（opératoire）思想中的描述，但没有躯体化。他们精神无力，梦境中或幻想时的想象功能减退。针对这类精神组织形式，蒂瑟隆提出在精神分析中引入互动交流模式。他写道："我想说，精神分析师不应犹豫是否要告知患者交流对其产生的作用……他也因此参与到转变的精神模式的建立中……于是，比起可以反射的镜子，精神分析师的作用更像是可以扩大的回声。"

转变模式倾注不足会导致外壳模式的过分投入，这是强迫性神经症的特点，带有性格障碍性的保护壳，对变化敏感。相应地，外壳模式倾注不足也会伴随转变模式过分投入，并导致癔症。精神病则是两种模式都倾注不足。

我认为，塞尔日·蒂瑟隆描述的模式尝试解释精神活动的基本工作，即将感觉转变为复现表象。将冲动的表象转变为物与词的表象，将初级过程转变为次级过程。各种等级的心理现象都进行着转变的工作,这项工作将素材转变到形式,同样也转变到内容物。

自我-皮肤与外壳仍在激发着研究,在临床上给困难的病理学提供了更多理解方式,其中扭曲的、破损的、僵化的精神外壳更要求分析师开展特别的精神分析工作。很多年前,我与迪迪埃·安齐厄一起工作时,我常常感到抓住了某些新的东西,让我神游于我们的相遇之外,觉得打开了一个想象不到的角度,同时还常有勃勃的好奇心带来的内心激动,也有满腹的疑问和困惑……我希望《自我-皮肤》的读者也能与笔者一样有这么一番思想的相遇。

艾弗琳·赛绍(Évelyne Séchaud)

第一篇　发现

1. 初步认识

几个主要原则

1. 思想和意志对大脑皮层的依赖、感情生活对丘脑的依赖已经为人所知且已经过证实。当代精神药理学的完善,甚至革新了我们在这方面的认识。然而,已经获得的成就限制了观察场和理论场:心理生理学家致力于将有生命的躯体简化为神经系统,将行为简化为大脑活动,即大脑通过接收、分析和整合信息对行为进行编程。对生物学家而言,这一研究方式被证实是多产的,在国家研究机构中,它越来越被强加给心理学,这将注定使心理学成为脑神经生理学的贫乏母体——并且这一研究方式经常被"科学家们"用一种与研究自由(尤其是基础研究)相悖的热情,专横地拉进他们自己的领域。具体谈到皮肤,它既是器质性范畴也是想象性范畴的原始材料,既是我们独立性的保护系统,也是与他人交流的首要工具和地点。借助于被证实的生物学,我想要展示另一个研究方式,按此研究方式,与周围环境的互动将成为基础;相对于器质性现实和社会现实而言,它也尊重精神现象的特性。——简言之,在我看来,这个研究方式在理论和实践上都能够丰富心理学和精神分析学。

2. 意识与无意识的精神功能有其自己的法则。法则之一即是精神功能的一部分谋求独立,然而,从一开始它就具有双重依赖性:依赖为精神功能提供支撑的鲜活机体功能;依赖刺激、信仰、规则、倾注以及来自所属集体的表象(从家庭开始,既而进入文化中)。精神科学理论将这两条线归拢到一起,同时避免了满足于过于简单的决定论式的并列。所以,我与勒内·卡埃斯(1979b;1984)一起提出了一些假设,一方面是关于精神的双重支撑:生物学的身体和社会的身体;另一方面是相互支撑:至少对人类而言,有机生命和社会生命,这二者需要个体精神相当稳定的支撑(正如心理疾病的身心医学研究方式所显示的那样,神话和社会变革的促发研究也有这样的显示),同时个体精神也同样需要有鲜活的身体和鲜活的社会团体的支撑。

然而,精神分析角度与心理生理学(psychophysiologie)和心理社会学角度截然不同,它关注的是个人意识的、前意识的与无意识的幻想(fantasme)的持久存在及其重要性,以及这一幻想在精神与身体、世界和其他精神实体之间的桥梁作用以及中介屏障作用。自我-皮肤是幻想范畴的现实:这一现实同时显现于幻想、梦境(rêve)、日常语言、身体姿势、思想障碍之中,它提供了想象空间,这一想象空间由幻想、梦境、思考及每一个精神病理学组织所构成。

精神分析思想有一个显著的内部冲突,即经验论、实用主义、遗传心理学(盎格鲁-撒克逊研究者比较多)方向与结构主义(structuralisme)方向(近几十年主要在法国)之间的冲突。前者认为精神组织是儿童时期无意识经验(尤其是与客体的关系)的结果,后者不仅驳斥结构是经验的产物,相反,后者还确信不存在不是由先存在的结构所组织的经验。我拒绝加入这场争论。这是两种互补的态度,它们之间的对立应受到保护,因为这种对立丰富了精神分析学的研究。自我-皮肤是精神机制的中间状态结构:时间上,处于母亲与婴儿之间;结构上处于以下两种状态之间:在原始融合组织里的精神相互包涵状态与精神机制明确区分的状态,后者对应于弗洛伊德第二地形学理论。如果在恰当时间里没有足够的经验,就无法获取结构,或者更一般地说,结构就会变坏。但自我-皮肤的各种形态(我在第三部分会详述)都有些基本的地形结构的变体,这一结构的普遍特性能让人想到它是在潜在的(既定的)形式下登录在新生的精神实体中,并且,就像要达成目标一样,这一结构的现实化隐含地存在于此精神实体(在这个意义上,我更接近于后成理论或交互螺旋理论)。

弗洛伊德提出了一个精神机制的"模型"(未形式化),是由清晰的运作原则分别掌控的子系统的系统:现实原则、快乐-不快乐原则、强制重复、恒常原则、涅槃原则。自我-皮肤还加上了内部分化(différenciation)原则和容纳(contenance)原则,这两条原则弗洛伊德都隐约提到过(1895)。在我看来,自我-皮肤最严重的病理理论(例如自闭症外壳[enveloppe autistique])给出了可能,将面向"噪声"的开放系统的自行组织原则引入精神分析中,这一原则由系统论的理论家推广(参见 Atlan,1979)。但是,在从生物学转进到心理学时,这个有利于生命进化的原则似乎颠倒了,它更像是在创造精神病理学组织。

3. 科学发展在两种认识论态度之间来回往复,这两种态度随着学者的性格和需求或某一时期科学发展的困境而改变。有时科学有一套完善的理论,其证明、运用、发展都刺激着研究人员的创造性,只要这套理论保持生命力,且主要思想不被驳倒,就始终有用。有时科学会因一位研究者的灵感而革新(有时会因此产生另一门学科),并对已有的成果提出质疑;相较于论证和估量,其直觉更多的是激励了创造性的想象[①];以内在的谜团为动力,去除幻想的糟粕(像在宗教信仰、哲学思考、文学艺术创造的相关活动中的投射),并产生形式简单的、某些条件下可验证的,且可变形并应用在其他领域的概念。在个人精神功能的研究中,弗洛伊德身体力行了第二种态度(我年轻时对他在自我分析过程中的创造性想象方法产生兴趣绝非偶然——参见 Anzieu,1975a——他自己年轻时通过这一方法开创了精神分析学)。在弗洛伊德定义的这一新学科中,这两种认识论倾向仍在互相对立。像克莱茵(Mélanie Klein)、温尼科特、比昂、科胡特(Kohut),他们都创造了新的概念(偏执-分裂位与抑郁位、过渡现象、对关系的攻击、镜像及理想化移情),特别是,他们将精神分析的理论和应用拓展到了新的领域:儿童、精神病患者、边缘状态、自恋型人格等。但大多数精神分析学家属于第一种态度:回到弗洛伊德,不知疲倦甚至教条地评论他的文章,机械地运用他的观点,或者进行一些改动,但是变化不是来自于实践的新领域,而是借助于哲学和人文社会科学的"进步",

---

① Cf. Verlet L., *La Malle de Newton*, Gallimard, 1993. Holton G., *L'Imagination scientifique*, Gallimard, 1973, trad. fr. 1981.

尤其是语言的"进步"(在法国,拉康就是一个典型的例子)。二十世纪近几十年,精神分析学似乎更需要形象化表达的思想者,而非博学者、社会学家、思想抽象的人和形式主义者。我关于自我-皮肤的想法在形成概念前,是一个广泛的隐喻——更确切地说,正如盖·罗索拉托恰如其分地指出的(1978),是在隐喻-换喻之间震荡。我希望这个想法能够使精神分析学家的思想更加自由,并在对患者进行治疗时丰富他们的工作方法。这一隐喻能够成为操作性的概念吗?并且这一概念是否具备一定的内在一致性,能否被事实验证且能接受适当的反驳?这正是本书有信心回答并使读者相信的问题。

4. 每项研究都有个人背景,同时也处于社会背景之中,这里需要详细说明一下。十八世纪末,观念学者(Idéologue)将无限进步的思想带入法国和欧洲:无论是精神上、科学上还是文化上。这在很长时间里都是一个主流思想,之后式微。如果我总结行将结束的二十世纪西方国家,或者也许是全人类的状况,那么我将会强调设定界限的必要性:限制人口膨胀、武器交易、核爆炸,限制历史加速进程、经济增长、过度消耗,限制发达国家和第三世界国家间差异增大、限制过于庞大的科学项目和经济企业,限制大众传媒对私人领域的入侵,限制为不断打破纪录而过度训练、使用违禁药品,限制为走得更快、更远、更昂贵而付出拥堵、紧张、心脑血管疾病、生活不愉快的代价。要限制对自然的暴力行为,同样也要对抗对人类的暴力行为,限制对空气、土壤、水源的污染,限制资源浪费,限制技术的滥用,包括制造机械、建筑、生物巨怪,限制对道德法则、社会规则的超越,限制对个人欲望的绝对肯定,限制尖端科技对身体完整、思想自由、人类自然繁殖、物种生存的威胁。

我对精神分析的支持,不仅仅是作为一个普通人,我几乎每天都要从事这个职业活动。那些接受精神分析的患者,他们痛苦本质的改变,让我觉得我三十年的工作是有意义的,我的同事们的工作也让我更加坚定这一点。弗洛伊德的时代和他之后的两代精神分析学家研究了各种特征显著的神经症,癔症、强迫症、恐怖症,或是混合型神经症。但如今,超过一半的精神分析来访者由边缘状态和/或自恋型人格患者构成(如果大家同意科胡特对这二者的分类方式)。从词源学上看,这涉及神经症和精神病的边界区分状态,且结合了这两个传统类别的典型特征。事实上,这些疾病患者的界限是缺失的:对精神自我和物质自我、真实自我和理想自我的边界不明晰,对依靠自己和依靠别人的边界不明晰,粗暴地动摇这些边界,伴随着陷入抑郁;对性感带的未分化,舒适经验与痛苦经验的混合;无法分辨冲动,使患者将上涨的冲动当作暴力而非欲望(F.冈特雷将其称作性欲的不确定,1984);因为其精神外壳薄弱或因破裂造成自恋型创伤的脆弱;弥散的不适感觉;感到不是在经历自己的生活,而是在外观看其身体和思想的运转,这个外部某个观看者的存在是又不是其本身的存在。对边缘状态和自恋型人格的精神分析治疗需要技术调整和概念的革新,以获得更好的临床理解,对此,过渡的精神分析(psychanalyse transitionnelle),这样的表达在我看来十分合适(Anzieu,1979),这个词借鉴自 R. 卡埃斯(Kaës,1979)。

一个文明,它培育了巨大野心;它通过夫妻、家庭和社会机构等迎合个体的全部要求;它在化学药品或别的什么东西制造的虚假狂喜中,被动地鼓励取消所有感情界限;它在人口越来越少、也越来越不稳固的家庭中,让越来越多的独生子女承担因父母的无意识而造成的创伤。对于这样的文明没什么好奇怪的——在这样的文化中,心理不成熟的人越来越多,心理界限问题也越发增多,这也没什么好奇怪的。除此以外,人们可能还会有一种令人悲观的印象,即由于不再为自己设定任何界限,人类正奔向一场灾难。在这种极糟糕的状况下,当代的思想家和艺术家应竭力扮演其不可推辞的角色。

因此,在我看来,心理学和社会科学的紧要工作是重建界限,恢复边界,重新找到适宜居住和生存的区域——界限、边界在建立差异的同时,也保障了划了界的区域之间的交流(精神上、知识上、社会上、人性上)。各地的学者们在对一共同目标没有清晰意识的情况下,在各自擅长的领域开始了这一工作。数学家勒内·托姆(René Thom)对抽象区分不同区域的界面进行了研究,他将界面形式的突然变化描述并分类为"突变理论",这绝非偶然,也令我受益良多。在越来越先进工具的帮助下,天文学家的眼睛和耳朵尝试着到达宇宙的极限:宇宙也许有空间中的边界,构成星体的物质以接近光速的速度形成能量,边界也持续膨胀;还有时间上的界限,大爆炸的回波在宇宙的背景噪声中持续着,也制造着原始星云。生物学家把对细胞核的关注转移到对细胞膜的关注上,他们发现细胞膜上有与大脑类似的活跃组织,其控制着离子进出原生质,基因编码的失败可以解释越来越多的重病的易致病性:高血压、糖尿病,也许还有某些癌症。我提出的精神分析领域的自我-皮肤概念,也是同样的意义。精神外壳是怎样构成的,其结构、嵌套、病理是怎样的,又是怎样按照"过渡的"精神分析步骤在个体(甚至可以延伸到团体和组织)上再建的,这些是我向自己提出的问题,也是本书要回答的问题。

5. 自文艺复兴以来,西方思想的重心放在了一个认识论主题上:认识,就是打破皮层,直达核心。在取得了一些成就同样也产生了一些严重的危险之后,这一主题终于快枯竭了:不正是核物理学引导着学者和军人们最终进行了核爆炸吗?自19世纪以来,神经生理学呼吁停止这样做,但没有立刻引起人们的注意。大脑(皮层)事实上是一个更高级部分,要优先于颅脑。这次,cortex(大脑皮层)——拉丁语的"皮质",1907年被加入解剖学词汇——表示的是覆盖了脑白质的脑灰质层。这里就有个矛盾:中心反而位于表面。已故的尼古拉·亚伯拉罕在一篇文章中(Nicolas Abraham,1978)概述了表皮与核的辩证关系,后来也以此作为一本书的标题。他的论据支撑了我的假设,使我更坚定于我自己的研究:是否思想既是大脑的事情,也是皮肤的事情?被定义为自我-皮肤的自我是否具有一个外壳结构?

胚胎学可以帮助我们摆脱一些逻辑思维习惯。在原肠胚阶段,胚胎的形态是通过"套叠"其中一极而形成的口袋,表现为两个胚层,即外胚层和内胚层。这里也有一个几乎普遍适用的生物学现象:任何植物的皮、动物的薄膜,除非特殊情况,都有内外两层。我们回到胚胎:外胚层构成皮肤(包括感觉器官)和大脑。大脑是一个敏感的表面,被颅骨保护着,与皮肤和器官进行交流,而皮肤是敏感的表皮,其接近表面的部分变厚变硬起着保护作用。大脑和皮肤都是表层组织,内部的表层(相对于整个身体)或皮质通过外层表皮或皮肤与外界产生联系。这两种皮层都有至少两层，最外一层起保护作用，最外层之下或最外层开口处的一层用以接受信息和检查交流。按照神经组织的模型，思想不再被视作核的分离、并列和群丛，而是表层之间的联系，它们之间有一种嵌套关系，正如尼古拉·亚伯拉罕所述，它们相互穿插，一者相对于另一者，时而作为皮层，时而作为核。

套叠（invagination），生理解剖学的语言如此称之。我们恰如其分地联想到，阴道作为一个器官，其组织并不特殊，但它是皮肤的皱褶，同嘴唇、肛门、鼻子、眼睑一样，没有起保护作用的硬化或角质的皮层来担当屏蔽兴奋的角色，那里的黏膜很活跃，且暴露在皮肤表面，其敏感性及感应性（érogénéité）通过摩擦男性的龟头达到高潮，龟头也是一个暴露的表面，位于男性勃起的阴茎的顶端，它同样敏感。众所周知，除了开玩笑地将爱归结为两处表皮的接触（虽然也并不能总是达到预期的圆满快乐）之外，爱总是表现为这样的矛盾，在同一个人身上，既带来最深入的精神交流，也带来最细致的表皮交流。因此，人类思想的三个基础，皮肤、大脑皮层、性结合，对应了表层的三种形态：外壳、盖罩、囊。

细胞外层都有细胞膜。植物细胞还有一层纤维素膜，膜上有气孔用以内外交换；纤维素膜让细胞多了一层膜，也保证了细胞具有一定硬度，进而也保证了植物具有一定硬度（比如，核桃有一层坚硬的外表皮，还有一层薄果皮包裹着核桃肉）。动物细胞较为柔软；当它碰到障碍时更容易发生变形，保障了动物的运动性。正是通过细胞膜，生命必需的物理化学交换才得以实现。

新近的研究为细胞的双胚层结构提供了证据（这正验证了弗

洛伊德的预言(1925),他在《〈关于神奇的复写纸〉的简评》中提到,自我有双重薄膜,一层是刺激屏障(pare-excitation),一层是登录(inscription)的表面。在电子显微镜下,两个胚层看上去很清晰,并且互相分开,中间有空隙。我们识别出了两种真菌,一种的皮肤难以分开,另一种的皮肤可以区分为双层。还有一种可观察到的结构是嵌套(emboîtées)得像洋葱皮一样的重叠的膜,安妮·安齐厄对这一主题进行过研究(1974)。

6. 精神分析表现为,或者通常被表现为,一种关于无意识的和前意识的精神内容的理论。由此产生了精神分析技术的概念,这一技术是为了使无意识和前意识的内容分别成为前意识和意识的内容。但没有容器,内容就无法存在。将精神作为容器的精神分析理论不能说不存在,但它是零碎的、模糊的、分散的。然而,精神分析师在实践当中愈发要面对病理学的诸种当代形式,这些形式在很大程度上表现为容器-内容关系的紊乱。关于精神分析形势的反思,在后弗洛伊德时期的发展,更多导致的是对分析框架和分析进程之间关系的思考,研究框架的变量何时及如何被精神分析师所调整,这些变量何时又如何被患者用于分析过程的替代,并转化为非过程(参见 Bleger,1966)。这一认识论转变的技术性结果十分重要:除了在移情过程中解释对容器的过分防卫性投入与缺陷,除了"构建"由这些缺陷和过分投入导致的早期侵占、累积的创伤、虚假的理想化,精神分析师的工作还包括向患者提供一个内在配置,一个交流方式,以便向其表明容器功能的可能性,并允许其充分的内化。对我来说,我着重于围绕着自我-皮肤概念进行理论修改,也据此着重于对过渡的精神分析概念进行的调整,这一概念我们前面提到过。

因此,精神分析理论需要补充和拓展。以下五点在我看来尤其值得期待。

- 用更严格的地形学观点,补充关于精神机制的拓扑观点,也就是说,将身体自我和精神自我的空间组织相比较。
- 用与精神容器相关的幻想研究,补充与精神内容相关的幻想研究。
- 用对婴儿与母亲或母亲角色的人之间身体接触的考察,补充对建立在吸吮基础上的口欲阶段的理解,就是说将胸-口关系扩展到胸部-皮肤关系。
- 用双重的触摸禁忌(interdit du toucher)补充双重的俄狄浦斯禁忌(interdit œdipien),前者是后者的先驱。
- 对精神分析设置(setting)类型的补充,不仅仅是指对设置的可能性调整(参见过渡的精神分析),而且要考虑到患者对身体的支配以及在分析设置(dispositif analytique)中其在分析场域里的呈现。

第六点是冲动的问题。众所周知,弗洛伊德关于冲动的概念多有变化。他将性冲动与自我保护冲动相对立,随后将自我力比多与客体力比多相对立,最后将死冲动与生冲动相对立。当他将冲动与稳定的原则相联系,而后又与惯性或涅槃原则相联系时,他是有所犹豫的。尽管他一直坚持冲动有四个因素(源头、推动力、目的、对象),但也时常认为冲动的列表并没有结束,还会发现新的冲动。这促使我考虑依恋冲动(据鲍尔比)或抓握冲动(据赫尔曼),不是作为已被证实的事,而是作为一项实用的工作假设。如果一定要将其竭力代入弗洛伊德学说的分类,我更倾向于将其归类为自我保护冲动。弗洛伊德同样也描述了控制(emprise)冲动,其地位不明确,相对于之前的几组对立关系,控制冲动处于中间状态。控制冲动依赖肌肉组织,更确切地说依赖手部活动,在这个意义上,我认为控制冲动应该是对依恋冲动的补全,因为依恋冲动以构建作为容器表面的被动敏感的皮肤意象为目的。可以理解,这些理论上的难点(我还没有全部提及)使分析师越来越多地审视保留冲动的概念是否适当。①

触觉和皮肤领域

从出生那一刻起,皮肤的感觉就把人类的小家伙们引入到世界当中。世界丰富且复杂,仍在膨胀,但是也唤起了感知-意识系统,是整体的及偶发的存在感的基础,为原始心理空间提供了可能。皮肤始终是研究、照料和话语的主题,取之不尽,用之不竭。我们从关于容器的知识开始。

1. 语言,无论是日常用语还是学术语言,在关于皮肤的问题上都格外冗长。我们先来看看词汇方面。任何生命,任何器官,任何细胞,都有皮肤或是皮层、膜被、外壳、甲壳、薄膜、脑膜、铠甲、表膜、隔膜、胸膜……而薄膜的近义词列表也相当可观:羊膜、腱膜、

---

① Cf. les actes, edites par l' Association Psychanalytique de France, du colloque *La Pulsion, pour quoi faire?* (1984), notamment ! 'article critique de D. Widlöcher, «Quel usage faisons-nous du concept de pulsion?». Cf. egalement Denis P. (1992) et Dorey R. (1992) sur la pulsion d'emprise.

胚盘、绒毛膜、胎膜、皮、网膜、隔膜、内心膜、内果皮、室管膜、系带、肠系膜、处女膜、外套膜、鼻口盖膜、心包、软骨膜、骨膜、腹膜……一个具有代表性的例子是"软脑膜"(pie-mère),直接包裹住中枢神经系统;这是脑膜的最深层;包括通向骨髓和脑的血管:词源学上看,这个词指向"母亲-皮肤":语言很好地传达了前意识的概念,即母亲的皮肤是最初的皮肤。在《罗贝尔法语大辞典》(Robert)中,"皮肤"、"手"、"触摸"、"拿"这些词条是内容最丰富的词条,与它们并列的还有(按数量多少降序)"做"(faire)、"头"、"是"。"触摸"(touch)是《牛津英语辞典》最长的词条。

现在来看看语义学方面。口语中许多表达都参照了皮肤和自我的大部分的共同功能。这里有几个例子:

- "对某人投其所好"(抚摸某人的头发),"他今天很顺利"(有一只幸运的手)(触摸的愉悦功能)
- "你让我厌烦"(你让我出汗)(排泄功能)
- "很凶,恶人"(牛皮),"找死"(割裂皮肤)(防御-攻击功能)
- "处在某人的境地"(在某人皮肤里),"洗心革面"(新皮肤)(认同功能)
- "了解实际情况"(用手指触摸真相)(检验真实的功能)
- "取得联系"(获得接触),"有人告诉我"(我的小手指头告诉我)(交流功能)

有两个含义模糊且复杂的词体现了我们对事物产生的主观共

鸣,从源头上揭示了与皮肤的接触:感觉(sentir)与印象(impression)。

关于皮肤在雕塑艺术或不同社会中的表现,我不再进一步深入叙述。特沃兹(Thevoz,1984)包含大量插图的作品《身体绘画》可以作为这项研究的概述。

2. 从结构和功能看,皮肤不只是一个器官,而是不同器官的集合。其在机体方面的解剖学、生物学和文化上的复杂之处,预示了自我在精神方面的复杂之处。皮肤是所有感觉器官中最必不可少的:人可以失明、失聪、失去味觉和嗅觉地活着,但失去了大部分皮肤,将无法存活。皮肤是所有感觉器官中最重的(新生儿皮肤重量占身体总重量的20%,成年人占18%),面积也最大(新生儿2500cm^2,成年人18000cm^2)。在胚胎中,皮肤先于其他感觉器官出现(接近妊娠期第二个月末,先于另两个近端感觉系统,即嗅觉-味觉系统和前庭系统和两个远端感觉系统,即听觉和视觉),按照生物学法则,越早出现的功能越基础。皮肤上感受器的密度非常大(平均每100平方毫米有50个)。

作为一个具有多个感觉器官(触摸、挤压、痛苦、热感……)的系统,皮肤自身也与其他外界感觉器官(听觉、视觉、嗅觉、味觉)、动觉和平衡感紧密关联。对婴儿而言,在很长时间里,表皮的复杂感觉(触觉、热感、痛觉)是弥散的且未分化的。皮肤将机体转变成一个感觉系统,能够感受到其他种类的感觉(启动功能),并将它们与皮肤感觉连结起来(结合功能)或区分开来,通过显示在身体整体表面这一底布上的形象确定其位置(屏幕功能)。随后出现第四个功能,在此皮肤提供了原型和参考基础,并且这一功能会扩展至大部分感觉器官、身体姿态,在可能的时候也会扩展至运动机能:以双反馈(feed-back)形式与周边环境交换信号,这点我在后文会详述。

皮肤可以感受时间(但逊于耳朵)和空间(但逊于眼睛),但只有皮肤能将空间和时间维度结合起来。皮肤可以通过其表面对距离进行评估,比起耳朵对远处声音的距离评估要更准确。

皮肤能对不同种类的刺激做出反应:可以以电脉冲形式对皮肤进行字母编码,并教授给盲人。皮肤几乎总是可以接收信号、获取编码,而不会让它们相互干扰。皮肤不能拒绝振动触觉或电触觉的信号:既不能像眼睛或嘴巴那样闭上,也不能像耳朵或鼻子那样堵住;也无法像语言或写作那样进行长篇大论。

但皮肤不仅仅是感觉器官。它还扮演了多个其他生物功能的辅助角色:呼吸和排汗,分泌和排泄,保持张力,刺激呼吸、循环、消化、排泄,当然还有生殖;皮肤也参与代谢功能。

除了其特有的感觉功能和对各种器官的辅助功能,皮肤还扮演了一系列对生命体十分重要的角色,无论是对于整体,还是对于时间和空间上的连续性,或是对于其独立性:支持躯体围绕骨骼及支持身体直立,(通过表面的角质层、角蛋白、脂肪垫)抵御外界刺激,蓄水,以及传递有用的兴奋或信息。

3. 根据生理学家的描述,我们可以发现,在多数哺乳动物,尤其是食虫目哺乳动物那里,两种不同但相互协调的器官会出现在同一机制当中:

• 毛皮,它几乎覆盖了整个身体,确保了我们在弗洛伊德之后能称之为刺激屏障功能的东西;它的作用与鱼类的鳞片、鸟类的羽毛相同,但它也具有触觉、感热和嗅觉的特质,这使它成为对哺乳动物来说非常重要的抓握或依恋冲动的解剖学上的支持之一;这也使毛发系统生长的区域成为人类性冲动喜爱的性感区之一。

• 毛囊,或感觉毛(即长的汗毛,或汗毛的一绺,长在乳状突起处,例如猫的"胡子"),直接与神经末梢联系,神经末梢赋予其高敏感触觉。毛囊在身体上的分布根据物种、个体和发育阶段的改变而改变。而灵长目动物的感觉毛退化了;人类,至少是成年人的感觉毛消失了,但在胎儿或新生儿身上还能找到;对灵长目动物而言,表皮具有刺激屏障和触觉这两种功能,这归功于它与硬化层或角质层的吻合,后者具有保护神经末梢的功能。"对皮肤结构,尤其是对灵长目皮肤的研究,发现其多种特征确有种系价值:毛发分布、表皮的厚度、表皮褶皱的发展情况和表皮下的毛细血管或多或少的复杂程度。"(Vincent,1972)

外部观察者可以通过人类的皮肤了解其生物特征,生物特征因年龄、性别、人种、个人历史等等因素而不同,因此,这些特征再加上衣服,可以很方便地辨认出(或混淆)一个人:肤色、褶皱、皱纹、沟纹;毛孔的排布;汗毛、头发、指甲、疤痕、痘痘、"美人痣";还有皮肤上的痣、体味(被香水加强或改变)、皮肤光滑或粗糙(因乳霜、香膏、生活方式而突出)……

4. 组织学分析呈现了更大的复杂性,不同结构组织的交错,这些结构组织的紧密嵌套维持了对身体的支撑,保障了刺激屏障机制,以及感觉的丰富性。

a) 表层表皮,或角质层,由四层细胞的紧密融合组成(类似于砌成墙的砾石),其中一些细胞制造的角蛋白包裹着另一些角蛋白,成为更坚固的薄壳结构。

b) 下层表皮,或黏膜,由六到八层多面大细胞组成,有厚厚的原生质体,它们之间由众多纤维(网状网络结构)相连,最下一层是栅栏结构。

c) 真皮表层,由大量乳头状物和丰富的血管构成,能够积极地吸收某些物质,这些物质也出现在肝脏、肾上腺等器官内:这些物质通过齿轮结构连接在黏膜上。b 和 c 的整体(黏膜和毛细血管组织)保障了伤口的再生功能,再生功能也可延缓衰老(通过清空原生质体,不断向外排出衰退的下层细胞)。

d) 真皮或绒毛膜是极为严密的支撑组织,呈现坚固且有弹性的毡状结构,原纤维交错而成的纤维束构成"无定形黏合剂"。

e) 皮下组织是独立的:具有海绵结构,能够令血管和神经通过,到达真皮层,并使外皮层和下层皮肤分开(没有明确界限)。

皮肤还拥有:不同腺体(分别负责分泌气味、汗液、润滑油脂)、感觉神经,有的具有游离神经末梢(痛感、触感),有的则连接有特殊作用的小体(热、冷、压力……)、运动神经(控制模仿动作)和血管运动神经(控制腺体运作)。

5. 现在,如果不再从解剖学方面考虑,而从心理生理学上看,皮肤提供了许多矛盾运作的例子,以至于令我们思考心理冲突是否能够部分地在皮肤上找到支撑。皮肤使内部环境的平衡免受外部混乱的影响,但在形式、构造、颜色、疤痕上,皮肤又保留着混乱的痕迹。皮肤保护的内部状态的很大一部分,又被皮肤向外界呈现出来;在他者眼中,皮肤反映了身体机能好坏,也是灵魂的镜子。对他者而言,皮肤自发表达的这些非语言信息被化妆品、晒黑的肤色、美容用品、沐浴浸泡,甚至整形手术蓄意歪曲、颠倒。很少有器官需要数量如此众多的专业人士的关注和照顾:理发师、调香师、美容师、体疗医生、理疗医生,还有广告商、保健医生、手相师、民间治疗师、皮肤科医生、过敏病学家、妓女、苦行者、隐士、鉴证科警察(指纹)、试图在白纸上用文字编织皮肤的诗人或是通过面部和肢体描写揭示人物心理的小说家,并且——如果算上动物皮肤的话——还有鞣革工、皮货商、羊皮纸制造商。

其他矛盾。皮肤既是可渗透的,也是不可渗透的;既是表层的,也是深层的;既是诚实的,也是充满迷惑的;可以不断再生,也在不断干枯;具有弹性,但脱离整体的一块皮肤会萎缩得相当厉害;需要自恋力比多的投注,也需要性欲力比多的投注;既是安逸之所,也是诱惑之所;既提供痛苦,也提供愉悦;向大脑传送来自外界的信息,包括"难以触知"的信息,而其一个功能却是在不令自我意识到的情况下"触知"这些信息;皮肤既是坚固的,也是脆弱的;皮肤服务于大脑,皮肤可以再生,但其中的神经元却无法再生;它毫无掩饰地体现了我们的缺乏,也赤裸裸地体现了我们的性兴奋;它的薄度和它的脆弱表明了我们有大于其他所有物种的原始无助,但同时也表明了我们具有可适应和可演化的韧性;区分并整合不同感觉。在我刚刚并不完整的回顾的各个方面中,皮肤都处于中间位置,两者之间的位置,和过渡性的位置。

6. 蒙塔古(Montagu,1971)在其考据极为详实的著作《触摸:皮肤对人类的意义》中,主要考察了三种普遍现象。

(1) 在有机体运行和发展上,触觉刺激有着早期的影响并且影响长远。在哺乳动物的进化过程中,作为机体刺激和社会交流的方式,母亲对孩子的触摸经历了几个阶段:用舌头舔舐,用牙齿梳理毛发,用手指灭虱子,以及人类的触摸和爱抚。这些刺激有利于新生儿开启新的活动,像呼吸、排泄、免疫、警觉,之后有社交、自信、安全感等。

(2) 在性发育上,触摸交流会产生影响(伴侣的探索、性兴奋的可能、前戏的愉悦、性高潮或哺乳的开始)。

(3) 关于皮肤和触摸,有着众多不同的文化态度。爱斯基摩婴儿赤裸着被母亲背在背上,腹部贴着温暖的地方,裹着母亲的毛皮衣服,腰带把两人身体捆在一起。母亲和孩子通过皮肤交谈。婴儿饿了,就抓母亲的后背,吮吸她的皮肤;母亲就把婴儿移到身前来喂奶。移动的需求因母亲的活动而满足。不用离开母亲的后背就可以排尿排便;母亲把婴儿从后背上放下来,并且清洁婴儿,更多是为了让婴儿感觉舒适。满足孩子的需要,全凭母亲对触摸的猜测。婴儿很少哭。融化冻住的水过于麻烦,她就轻舔婴儿的脸和手来清洁。爱斯基摩人面对严酷的环境十分从容;在不宜居住的环境中具备了生存能力和基本的自信;做出利他主义的行为;具有杰出的空间能力和力学能力。

许多国家都有触摸禁忌,为了防御性兴奋,就必须放弃对皮肤全面的温柔的触摸,只能够有一些粗浅的手部接触或肌肉接触、一些推搡及一些对皮肤进行的惩罚。在有些社会,甚至宗教会以入教仪式的名义,或是以促进长高和/或装饰身体的名义,系统地对儿童的皮肤实施疼痛的操作(对此蒙塔古列出了一张很长的清单),而这通常也导致了其社会地位的提高。

7. 相对而言,精神分析师对皮肤兴趣不大。美国人巴里·B.

41 比文的一篇资料翔实的文章《正常与非正常发育中皮肤的作用,以诗人西尔维娅·普拉斯为例》(Barrie B. Biven,1982),有效地清点了有关这一主题的精神分析刊发资料。他并没有真正给出一个指导思想,但他列举了相当多的数据、说明和注释,我下面会对其中最有意思的部分进行简要概述。

• 皮肤为经历过早期剥夺的患者提供了一个幻想核心。例如对他们而言,自杀(suicide)可作为一种尝试,与爱的客体重建共有外壳。

• 对于婴幼儿来说,嘴(bouche)不仅用来吃东西,同样也用来触摸物体,具有认知身份的意义,且可以用以分辨生物和无生命物体。皮肤对客体的摄入可能先于嘴的吸收。通过嘴这种方式摄入的欲望与通过皮肤摄入的欲望同样常见。

• 自体(Soi)并不必须与精神机制重合:很多患者的部分身体和/或部分精神如同陌生人一样存在着。

• 新生儿最熟悉的皮肤是母亲手部和胸部的皮肤。

• 对婴幼儿来说,皮肤在客体上的投射是一个常见的过程。在绘画(peinture)上也是如此,画布(通常涂画过或加过影线)为艺术家提供了可以躲避抑郁的象征性皮肤(通常是脆弱的)。过早离开母亲的孩子非常早就出现对自己皮肤的自体性爱式(auto-érotique)的投注。

• 《圣经》(Bible)提到约伯的脓疮,这是他抑郁的表现,还有利百加用小羊羔皮盖住毛发稀少的儿子雅各的手和脊背,假扮毛发茂盛的儿子以扫,以骗过他们老眼昏花的父亲以撒。

• 海伦·凯勒(Helen Keller)和劳拉·布里奇曼(Laura

Bridgman），她们既聋且盲，这让她们与世界隔离，但她们却学会了用皮肤进行交流。

• 在美国诗人和小说家西尔维娅·普拉斯的作品中，皮肤是一个重要主题。普拉斯在1963年31岁时自尽身亡。以下是她童年的回忆，当时她的母亲带着一个婴儿回家：

> 我讨厌婴儿。两年半的时间里，我都是温柔世界的中心，我觉得像被匕首刺了一下，冰冷的感觉冻住了我的骨头……包裹住我的怨恨……我讨厌而充满内疚，就像一只受伤的小熊，我拖着腿，伤心地，步履艰难地，一个人走开，走向相反的方向，走向遗忘的牢笼。我冷漠又清晰地感到身处遥远的星星上，与所有事情隔绝……我感受到我皮肤的墙。我就是我。这个石头就是一块石头：我和世间万物之间曾经存在的奇妙融合不再存在了。

她还写道："皮肤就像撕纸一样，轻易地就凋落了。"

• 关于皮肤疾病，搔痒（grattage）是将攻击性（aggressivité）反转到躯体的古老形式之一（这不是对自我的攻击，因为对自我的攻击需要建立起更先进的超我[Surmoi]）。持续的羞耻（honte）是由于觉得一旦开始自己搔痒，就无法停下来，好像被一种无法控制的隐藏力量支配着，要在皮肤表面打开一个缺口。依照越来越病理性的循环反应，羞耻①自身趋向于被搔痒时的色情兴奋抵消。

• 皮肤的残缺（mutilation）——有时是真实的，但更多地是想象的——是维持皮肤和自我界限、重建完整感和内聚感的悲惨

---

① Cf. Tisseron S., *La Honte, psychanalyse d'un lien social*, Dunod 1992.

尝试。维也纳艺术家鲁道夫·施瓦茨科格勒（Rudolf Schwarzkogler）将身体作为艺术的客体并切割身体，一块块切下自己的皮肤直到死亡。他让人拍下全过程，这些照片在德国卡塞尔展出。

• 十五世纪开始，对皮肤残缺的幻想就以解剖艺术的形式在西方绘画中自由表现着。让·瓦尔韦尔德（Jean Valverde）的一个人物的手臂下夹着他的皮肤。约阿希姆·莱姆里尼（Joachim Remmelini, 1619）的一幅画中，皮肤被像缠腰布一样裹在腹部。费利斯·维克·达奇（Felice Vicq d'Azy, 1786）的一幅画中，脸上挂着剥下的头皮。范·德·斯皮赫尔（Van Der Spieghel, 1627）的画中，皮肤从股骨上拆解下，被当作护腿套。贝内蒂尼（Benetini）的画中，眼睛用自己的一块皮肤遮住。比德罗（Bidloo, 1685）画中的女性手腕上缠着一块背上的皮肤残片。

在结束对 B. B. 比文的文章概述时，我要提出，值得注意的一点就是，早在作家和研究人员之前，画家已经领会并表现出了变态受虐倾向与皮肤间的特殊联系[1]。

---

[1] Cf. Anzieu D. et Montjauze M., *Francis Bacon*, Lausanne, L'Aire/Archimbaud, 1993.

2. 四组材料

弗洛伊德时代,在个人言辞和集体表现中,性都是被压抑的;这是使精神分析的创始人着重于性的外部原因(还有一个原因是他的自我分析)。二十世纪五十年代到七十年代中期的几乎整个时代,在教育中、在日常生活中、在结构主义的飞速发展中、在许多运用精神疗法的医生的心理理念中,有时甚至在育儿法中,身体在极大程度上是缺席的、被轻视的、被否认的,然而,身体是人类现实的生命维度,是前性的且无法减约的整体基础,心理功能在那里能找到所有的支撑。在拉普朗什和彭塔力斯(Pontalis)的《精神分析词汇》(1968)中,维也纳精神分析家 P. 施尔德(Schilder,1950)提出的身体意象这一概念并没有入选,这并不令人意外,尽管这部著作的资料是十分翔实的。西方现代文明以自然平衡的破坏、环境恶化和对生命法则的无视为标志,也并不令人意外。但同时六十年代的先锋戏剧更偏好肢体动作而非台词,这也并非偶然;六十年代以来,团体方法(méthodes de groupe)先在美国随后在欧洲取得成功,这一成功,不再依靠受到精神分析的自由联想方式所影响的言语交流,而是依靠原创性的身体接触和前语言交流,这也在情理之中。这一时期,在对精神运行的起源进行回溯过程中,精神分析的知识有哪些进展?

许多研究者对母爱缺失的心理影响提出精神分析式的疑问，这些研究者以前或者当时都是精神分析师，并且以前、当时或者后来会成为儿童精神科医生或儿科医生：鲍尔比自1940年开始；温尼科特自1945年开始，施皮茨(Spitz)自1946年开始，这是他们就这一主题首次发表文章的时间（这里暂且不说他们之前的梅兰妮·克莱茵和安娜·弗洛伊德所贡献的工作成果，她们并非医生，却是最早的两位儿童精神分析家）。自此以后，他们发现孩子的成长很大程度上有赖于他在童年时接受的全部照料，而不止取决于喂食的关系；如果婴儿的精神遭受暴力，力比多并不会沿着弗洛伊德所提出的系列阶段发展；早期母子关系的严重错位会导致儿童经济性平衡和地形性组织的严重改变。弗洛伊德的元心理学不足以帮助他们对缺乏关爱的孩子进行治疗。施皮茨在美国提出了住院病*这个不幸的概念，用以描述一些儿童身上发生的倒退，这些儿童因为住院而很早就离开了母亲，这种倒退很严重，并且很快就不可逆转。这些儿童是常规护理甚至严格护理的客体，照顾儿童的工作人员没有热烈的情感，也不会和儿童一起进行嗅觉、听觉、触觉交流的自由游戏，通常这样的交流温尼科特称之为母亲的"原初关怀"。

对某一方面事实的观察要想取得科学上的进展，就需要有观察的框架对事实的基本方面（经常是直到此时尚未了解的）进行区分，并且关于这方面的推测既要与从别处得来的已知知识相印证，也要能够在新的领域进行丰富的应用和改编。那么，关于精神机

---

* 住院病是一种由于长期住院而产生的与心理和身体的变化有关的疾病。

制的生成和早期改变,有四组材料可以支持、引导及质询精神分析的研究。

动物生态学材料

1950年前后,动物生态学家洛伦茨(Lorenz,1949)和丁伯根(Tinbergen,1951)用英语发表了重要著作。英国精神分析学家鲍尔比(1961)研究了印记(empreinte)现象:从遗传学上看,大多数鸟类和哺乳动物在童年时期都倾向于与某个特别的个体保持亲近,这个个体通常是出生后几小时或者几天内接触到的,并且是其最喜欢的。一般是它的母亲,但实验显示也可能是另一物种的母亲,或者泡沫球、纸箱子,甚至洛伦茨本人。对一个精神分析师来说,实验的有趣之处在于,幼崽不仅仅是待在母亲身边或跟着母亲到处走动,还会在母亲不在时寻找她,感到极为不安时呼唤她。幼鸟和哺乳动物幼崽的这种不安,与人类幼儿离开母亲时的焦虑是相似的,且直到重新找到母亲才会停止。鲍尔比深受触动,因为这一事实表现出一种原初特性,且这一事实并不与严格意义的口腔问题(喂食、断奶、离开胸部及胸部的幻觉)有关,而自弗洛伊德以来,只要一提到小孩,精神分析学家们都一直坚持这样认为。鲍尔比认为,施皮茨、梅兰妮·克莱茵、安娜·弗洛伊德还受到弗洛伊德理论的桎梏,不能接受这一结论,而他参考了匈牙利学派关于子女本能(instinct filial)和抓握冲动(Hermann,1930,1978年由尼古拉·亚伯拉罕引入法国)的研究和原初爱(A. et M. Balint,1965)的理论,提出了依恋冲动理论。我大致概括一下赫尔曼的观点。哺乳动物幼崽紧紧抓住母亲的毛发,以获得身体上和心理上的双重安全感。人类身体表面的皮毛几乎全部消失,这方便了母亲和孩子之间原初的意味深长的触觉交流,也使人类能够开始发展语言和其他符号学的编码,但却令人类儿童抓握冲动更不易满足。正是通过紧紧钩住(cramponner)乳房、钩住手、钩住整个身体或抓住妈妈的衣服,婴儿促使母亲做出回应,从而母亲开启了一些行为,这些行为直到那时都被认为是缘于母亲本能的空想。困扰人类婴幼儿精神的灾难是脱钩(décramponnement):分离的突然出现——我借用比昂后来的表述——使其陷入"无名的恐惧"中。

近几十年来,临床精神分析学发现需要引入新的疾病分类,其中,边缘状态的疾病分类是最常见也最谨慎的。可以认为,这涉及那些没有很好脱钩(décramponné)的患者,更确切地说,这些患者有这样的矛盾,且这样的矛盾不但过早地而且交替重复地出现:过度纠缠和出乎意料的突然脱钩。这对他们的身体自我和(或)精神自我都是暴力。由此引起了其精神运作的某些典型特征:他们对自己的感觉无法确定;对他人欲望和情感的猜测更多地占据着他们;他们生活在此时此地,却以平叙的方式进行交流;借用比昂(1962)的表述,他们没有精神能力通过个人的经历进行学习,无法再现这一经历,无法从中发现新的视角,而这一想法令他们总是很不安;他们无法明智地脱钩于模糊的、自己与他人混杂的经历,无法放弃通过触摸形式保持的联系,无法对事物和精神现实形成概念上的"视野",无法抽象推理,从而无法重建与周围世界的关系;他们在社会生活中与他人紧密粘着,在精神生活中与感觉及情感紧密粘着;他们对穿透(pénétration)感到忧虑,无论是视线的穿透,还是性行为的穿透。

回到鲍尔比。在1958年的《孩子与母亲相连的本性》一文中,他介绍了依恋冲动的一种假设,它是独立于口头冲动的,是与性无关的原始冲动。他列举了母子关系的五种基本变化:吮吸、搂抱、哭喊、微笑和陪伴。这刺激了动物生态学家的研究工作,他们的工作也逐渐向类似的假说发展,并产生了哈洛著名且简洁的实验性结论,他的文章于1958年在美国发表,题为《爱的本质》。对比猴子幼崽对柔软的碎布做的人造母亲和金属丝做的人造母亲的反应,无论这个母亲是否能喂奶(就是说无论是否带奶瓶),他发现如果去除喂奶这一变量,相比铁丝母亲,幼崽总是偏爱将毛皮母亲作为依恋客体,而即使考虑喂奶,也不构成统计学上的显著差异。

在此基础上,在六十年代,哈洛及其团队的实验试图测定孩童对母亲的依恋中的各种因素分别占有的比重。接触柔软的皮肤或毛皮带来的安慰是最重要的。其他三种因素的安慰只居于次等位置:哺乳、接触中感受到的身体热度、母亲抱着婴儿时或婴儿抓住母亲时随母亲的动作而产生的摇动。如果接触的安慰能够持续,相较于无法哺乳的人造母亲,一百天内的猴子幼崽更喜爱能够哺乳的;一百五十天内,它偏爱能晃动的替代物胜过固定的替代物。只有对热度的研究表明,在某些情形下,热度是强于接触的:与柔软但没有温度的破布制成的人造母亲接触的猕猴幼崽,只抱了一次人造母亲,实验的一整个月里都躲在笼子另一端;另一只猕猴幼崽更偏爱电加热的铁丝母亲,而不是常温的布母亲(参见Kaufman,1961)。

长期以来,对普通人类儿童的临床观察指出了类似的现象,于是鲍尔比(1961)开始着手再造能够解释这一点的精神分析理论。他借用控制理论作为模型,控制理论诞生于机械学,发展于电子学和神经生理学。行为不再被定义为是压力和减轻压力的概念,而是需要达到的既定目标、实现目标的过程,以及刺激或抑制这一过程的信号。因此,从这个视角出发,他认为依恋是一种内环境稳定的形式。对儿童而言,目标是令母亲保持在可触及的范围内。过程是维持或缩短距离(向母亲靠近、哭泣、搂抱),或鼓励母亲这么做(微笑及其他亲昵行为)。功能是保护婴幼儿,尤其是面对敌人时的保护功能。一个证据是,依恋行为不仅能在母亲身上发现,也可以在保护猴群而抵御敌人或保护幼崽对抗成年猴子的公猴身上发现。母亲对孩子的依恋随着孩子长大逐渐发生变化,但孩子失去母亲时的不安反应则不会改变。孩子能承受的离开母亲的时间会越来越长,但母亲没有在期待的时间回到他身边时,他仍会感到惊慌。青少年在保留这一反应的同时将之内在化,因为他们倾向于对别人隐藏这一点,甚至对自己隐藏。

鲍尔比以《依恋与丧失》的总标题,用三卷的篇幅记录了他的研究过程。我刚刚简要概括的是第一卷《依恋》(1969)。第二卷《分离》(1973)解释了过度依赖、焦虑和恐惧症。第三卷《丧失、悲伤与抑郁》(1975)是关于无意识过程和使之保持无意识的防御机制。

温尼科特(1951)既没有将人类儿童与动物幼崽作对比,也没有试图用同样系统的方式进行理论化,但他描述的过渡现象和过渡空间(母亲为孩子在她与世界之间建立的空间)可以很容易地理

2. 四组材料

解为依恋的结果。对伊莲娜(Hélène)的观察(由莫妮克·杜里耶-皮诺尔转述,Monique Douriez-Pinol,1974)很有启发性:在伊莲娜快入睡时,会用手指扫过自己的睫毛,这时,她十分满足地眨眼皱鼻子,之后她的这一眨眼皱鼻子的满足行为延展到扫过她母亲的睫毛、布娃娃的睫毛,然后,用长毛绒玩具熊的耳朵蹭她鼻子的时候,也有这种满足行为,最后这一满足行为又有发展,当她母亲离开又回来之后触碰她,或者和她打招呼的时候,以及在她接近其他婴儿、猫、毛茸茸的鞋子、柔软睡衣的时候。作者恰如其分地将之描述为过渡现象。我要补充的是,伊莲娜所有这些行为的共同点是:她想要触摸的身体部分或物品都有特别柔软的毛,或由相似触感的材料构成。这种接触使她充满喜悦,而这种喜悦很难被认为是性欲的:依恋冲动的满足感带来的愉悦似乎与口腔性欲冲动截然不同,一开始能够帮助伊莲娜安心入睡,后来是对母亲的回归保有信心,最后帮助她区分她能够信任的人和物。

温尼科特更倾向于从病原学角度进行研究,并且比之前的研究者更关注幼年时期缺少母爱而过早发育与精神疾病的重要性。以下是他在《健康成长的儿童与危机当中的儿童——必要照料之絮语》(1962b,p.22-23)中给出的概述:在婴儿成人之前,突然缺失母爱,会引起婴儿精神分裂症、非器质性精神紊乱,会给之后的临床精神问题埋下诱因;如果这一缺失在主体那里引起创伤,且其本人已经成长得足够大从而能感受到这一创伤,那么就会给情感紊乱和反社会倾向埋下诱因;若孩子尝试独立时突然失去母爱,则会导致病理学的依赖、病理学的对抗,以及愤怒危机。

温尼科特(1962a)同样详述了婴儿诸种需求的不同,这些差异在所有人身上持续存在着。除了身体需求,婴幼儿也有精神需求,"足够好"的母亲可以满足这些需求;亲近的人对精神需求的回应不足会导致自我和非自我的区分困难;过度回应会使智力和防御性幻想过度发育。除了交流的需求,婴幼儿还有不交流的需求,婴幼儿还需要时不时地体验精神与机体非整合的舒适。

49　　回顾了历史之后,我们来尝试思考。先从清点已经确立的事实开始。在动物生态学方面,可以概括出以下几点。

　　1. 母亲与孩子之间身体接触的探求是儿童情感、认知和社交发展的基本因素。

　　2. 这是个不同于提供食物的因素:小猴能方便地找到放在金属支架上的奶瓶,但它并不会靠近金属支架,并且有受惊的表现;如果把奶瓶放在布或者毛皮支架上(不一定是猴子的毛皮),它会依偎在那里,举止平静且镇定。

　　3. 对母亲或母亲的替代品的剥夺会引起错乱,并可能会发展为不可逆的错乱。因此,如果一只小黑猩猩失去了与其陪伴者的身体接触,那么,之后它也将无法完成交配行为。面对同类发出的社会刺激,所有种类的猴子并不都是采用一致的态度,这些就引起了它们的种种暴行,这也让个体进入暴力。

　　4. 失去母亲的猴子幼崽若与其他失去母亲的同类接触,其举止的错乱很大程度上是可以预防的:群体可以成为母亲的替代。关于非洲黑人文明的人种学研究得到了相同的结论:年老群体取代并接替了母亲。在猴子中,幼崽个体成长得最好的都得益于先与母亲接触后又与群体接触。

5. 无论是野外还是实验室的猴子幼崽，都会在合适的年纪离开母亲，去探索周围世界。它的这一行为会得到母亲的帮助与指引。哪怕遇到最小的危险，不论是真实的还是想象的危险，它都会立刻躲回母亲怀里，或是紧紧抓住母亲的毛发。可见，与母亲的身体接触的以及抓握母亲毛发带来的愉悦感，既是依恋也是分离的基础。若外部刺激的敌意不强，幼崽会渐渐对其感到熟悉，并逐渐不再需要母亲的安慰。若外界刺激比较可怕（在哈洛的一个实验中，使用了击鼓的机械熊或机械狗），猴子幼崽即使已经能够触摸、探查这些怪物，仍然会寻求母亲的安慰。一旦孩子在环境中建立了信心，与母亲最终的分离既可能是由母亲完成，也可能是由孩子完成。

6. 猴子要开始性生活需要三步。第一步是满足的（童年时期与母亲之间的）依恋经验，这与性无关。随后是在群体中的游戏，摆弄同伴的身体，并且这种触碰越来越具有性的特征（儿童性欲的发现）。这种依恋及之后的游戏，在某些物种那里，为进入成年人的性准备了条件。对猴子和很多哺乳动物以及鸟类而言，母亲从来不是儿子们性表现的对象。对于这一乱伦（incest）禁忌，动物生态学家认为，其原因是对于年轻的雄性动物而言，母亲是——且一直是——首领动物。猕猴成为猴群首领后，它有权力拥有所有的雌猴，它的母亲也是雌猴当中的一员，但是首领猕猴通常更情愿离开猴群而非与母亲交配。在其儿童时期，群体通过童年期的性游戏给予非常宽松的教育，但这一教育的结束标志着成年性生活开始，来自统治者们的严格限制被引入，通过重新分配，统治者们保持着对群体中雌性的占有①。

团体材料

观察对以培训及精神治疗为目标的临时性人类团体,得出了第二组事实。观察对象是 30 到 60 人的大型团体(不再是单一的小团体),旨在研究团体如何占据一个地点,以及团体成员投射到这一地点的想象空间是什么。在小型团体中,我们已经发现了参与者填补空缺的倾向(若空间很大,他们会紧缩在房间的一个角落,如果要把座位摆成一个圈,他们就会将桌子放在中间),和填补漏洞的倾向(他们不喜欢空余的椅子,将多余的椅子放在角落里,因有人缺席而空下的椅子令人难以忍受,哪怕环境令人感到窒息也要把门窗都关着)。大型团体中,匿名被强调,碎片化(morcellement)的焦虑更加强烈,自我身份缺失的威胁变得严峻,个体会感到迷失,并且,通过隐藏自己和沉默来进行自我保护。偏执分裂位的三种主要防御机制在此表现出来。客体的分裂(clivage):坏的客体投射在大型团体的整体上,投射于主持人或被视作替罪者的参与者身上;好的客体投射于小型团体,好客体有利

---

① Les deux premieres vues de cette question publiees par des auteurs de langue française sont dues a F. Duyckaerts, «l'Objet d'attachement: médiateur entre l'enfant et le milieu», in *Milieu et Développement* (1972) eta R. Zazzo, «L'Attachement. Une nouvelle theorie sur les origines de l'affectivite» (1972). Deux volumes collectifs rassemblent des contributions françaises et etrangeres sur divers problemes en rapport avec l'attachement: *Modèles animaux du comportement humain*, Colloque du CNRS dirigé par R. Chauvin (1970); *L'Attachement*, volume dirige par R. Zazzo (1974).

于团体幻觉的建立。攻击性的投射(projection)：当他在说话而我无法分辨说话的人是谁时，或者当他在看我而我看不到他们在看我时，别人被我感知成折磨者。寻求联系(lien)：如果在事先没有安排座位的情况下让参与者自由落座，大多数人倾向于聚集在一起。他们会在一段时间后，或者出于防御，变成一个或几个同心的椭圆的布局：封闭的椭圆形，具有群体自恋外壳(enveloppe narcissique)重建的安全感。蒂尔凯(Turquet,1974)提出，通过与身边距离最近的一两个人建立交流(视觉、动作、语言)，参与者可能表现出隔绝的匿名的个体状态以外的主体性。于是，蒂尔凯所说的"我与邻人皮肤的关系边界"就这样建立了。"在大型团体中，与'邻人皮肤'边界的断裂一直都是存在着的威胁，这不只是由于之前提到的离心力的作用造成了我的回缩，将其拉至越来越孤立、特殊和异化的关系中。与邻人皮肤的连续性同样也受到威胁，因为大型团体会引起很多问题，诸如：我的邻人在哪里？是谁？是什么类型？尤其是当他们的个人位置在空间中发生改变，例如经常发生的是，其他某个参与者会走近或远离，时而在身前，时而在身后，先前在左边，现在在右边之类。这些位置的不断改变产生了一些问题：为什么要改变？以什么为基础？我的邻人去了哪个方向？向着什么去了？去哪里？等等。稳定性的缺失是大型团体的特征之一；取而代之的是千变万化的体验。对'我'的影响是皮肤失去张力，想与最近交谈过的邻人再接触，但邻人却远离了。这样的拉扯可能使皮肤达到爆裂的地步；为避免如此，我会脱离并舍弃这个团体，成为'单张牌'，成为逃兵。"

尽管蒂尔凯并没有提及，但他的描述依托了鲍尔比关于人类如何受依恋冲动影响的理论：通过寻找一种（身体和社会双重意义上的）接触，确保了针对外部危险和心理无助的双重保护，且使人际交流中的信号交换成为可能，在这些交流中，每对同伴都互相认可。在团体中，肢体接触、精神表达和互相按摩方法的发展也具有同样的意义。正如在哈洛的猴子实验当中看到的不同附加条件使用一样，对温度和摇晃的寻求也同样起到一定作用。实习生抱怨在大型团体中感到"冷"——既是身体上的也是精神上的。在心理剧或肢体练习中，总会有几个参与者紧靠在一起维持身体的平衡。这样做有时是为了模拟火山喷发，形象化地表现每个人累积的紧张感的爆发，以及有节奏地安抚婴儿的画面，正如瓦隆（Wallon）常说的，通过笑声释放过多的紧张，不过越来越尖锐的笑声也可以越过极限成为抽噎。

蒂尔凯指出，通过重建精神自我来建立与邻人的皮肤-边界，其主要后果是通过委托来体验："希望大型团体的其他成员替自己发声，以便听到一些与其想法、感受相似的东西，从而进行观察和发现：通过用他人代替自我，团体中他人以我的名义说话会有怎样的命运。"主体就是这样重新出现的。目光也发生了同样的演变。一个参与者宣称他坐在一张"和善的面孔"对面，这使他感到安慰。面孔的和善、目光的和善、同样还有声音的和善："主持者的声音特征产生的影响要比他想表达的内容更重要，温和的、安静的、令人平静的语气被内摄，而话语的内容可以被抛在一边。"这里我们了解到了依恋冲动的目标的典型特征：温和、柔软、毛皮质感、毛茸茸的，最初是触觉上的特征，之后被隐喻扩展到其他感觉器官。

温尼科特（1962a, p. 12-13）的理论提到，自我在时间和空间中的整合作用依赖于母亲"抱持"(holding)婴儿的方式,自我的个性化依赖于"摆弄"(handling)的方式,自我与事物建立关系依赖于母亲对这些事物的呈现(胸部、奶瓶、奶……),而这些事物能够满足婴儿的需求。这里我们感兴趣的是第二个过程:"自我建立在身体自我之上,但这只是当一切都发展顺利时,作为一个人的婴儿才开始将自己与身体及生理机能连结到一起,皮肤才成为边界–膜。" 53 温尼科特提供了一个反面的证据:人格解体就是"失去了自我和身体之间坚固的联系,包括本我(ça)冲动和本能的愉悦"。

投射的材料

我的第三组材料借助于关于投射测试的研究。美国人费希尔和克利夫兰(Fischer et Cleveland,1958)在身体意象和人格的研究过程中,从罗夏墨迹实验的测试答案中选取出两种新变量(之后它们被不断证实),即外壳和穿透。外壳变量包括各种涉及保护层、薄膜、甲壳或皮肤的答案,它们可能象征性地与身体意象的边界的感知有关(衣着,强调表面颗粒状、多绒毛、有斑点或有划痕的动物皮毛,地面上的凹陷,鼓起的肚子,保护层或悬空层,配备了装甲或容器形态的物品,被某些东西覆盖或藏在某些东西后面的人或物品)。穿透变量与外壳相反,它指这样的主观感受的象征性表达:身体缺乏保护感,可以轻易穿透。费希尔和克利夫兰具体描述了穿透的三种表现:

a) 身体表面打孔、破裂或剥皮(伤口、骨折、擦伤、挤破、放血);

b) 向内部穿透或由内部向外部排出的路径和方式（张开的嘴,身体或房子的开口,会涌出地下水的地表裂口,能够直接检查身体内部的 X 光和器官切片等）；

c) 易渗水或易碎物体的表面（不坚固的、柔软的、没有明确边界的物体；透明的物体；褪色、枯萎、损坏、变质的表面）。

在给这些身心疾病的病人进行罗夏测试的时候,费希尔和克利夫兰明确提出：其中一些涉及外在身体的症状的病人想象着身体正是通过防御壁划清界限,而那些症状与脏器有关的病人想象着身体容易被穿透,缺乏保护层。他们认为自己已经证实了：这些想象中的表象的存在是先于症状出现的,且具有病原学价值。他们还认为,一些调动身体的治疗（按摩、放松等等）能够帮助释放这些想象的表象。

因此,由这两个变量定义的身体意象（image du corps）的概念,尽管在关于身体本身的认知中强调了对身体边界的感知,但并不能取代自我。身体意象的边界（或身体边界的意象）是在孩子离开母亲的过程中获得的。这与费德恩（1952）的自我边界有一定相似,费德恩认为,自我边界是在人格解体的过程中去投注。如果不想把身体意象视作一种精神机构或精神功能,而只是把它看作一种正在全力结构化中的自我在相对较早时形成的表象,那么安热莱尔格（Angelergues,1975）可以为此提供支持,他认为"这是一个边界的表象的象征进程,这一边界具有'稳定性意象'和保护壳的作用。这一步骤使身体成为能量投注的客体,其意象则是投注的结果,投注获得不可替换的客体,除在谵妄中外,应尽全力保持客体不受损坏。边界功能与整合的迫切需要相接合。身体意象属于幻想和继发构建的维度，是在身体上显现的表象。"

皮肤病学的材料

第四组材料由皮肤病学提供。除了意外原因，皮肤疾病与下列几点有着直接的关系：生存压力、情绪波动，以及自恋的缺失和自我结构的不足，我尤其关注最后这两点。这些疾病最初自发出现，会因为强迫性的抓挠而持续甚至加重，并转变成主体不可克服的症状。力比多演化发展的不同阶段对应着不同的器官，当这些皮肤病落脚在这些相应阶段的器官上时，很显然，症状就会将色欲快乐结合到必要的身体痛苦和道德羞耻上，以减轻来自超我的惩罚。在模仿病（pathomimie）中，我们看到对皮肤的损伤可能是自发造成并加重的，比如，每天用玻璃瓶的碎片刮擦（参见 Corraze，1976 关于这一问题的研究）。这里，继发性的获益是可以获得伤残补助的；而原发性的与性无关的获益在于：由于自身的残缺被认为是无法医治的，从而对身边的人进行束缚，让知识及医疗权威持续受挫；因此控制冲动发挥了作用，但不只有控制冲动在起作用。无意识的攻击性狡诈地悄悄导致了这一行为，这种攻击性是对持续依赖需求的反映，模仿病患者对他身上的这种需要感到难以忍受。他试图通过使一些人依赖他从而找回这种需求，这些人再现他的依恋冲动所朝向的原初客体，这些客体曾经让他受挫，从那时起这些客体就唤起他的报复心。这种强烈的依赖需求与暗示病患者的精神组织的脆弱和不成熟有关，也与心理地形分化不足，与自体的一致性不足，以及自我相对于其他精神机制发展不足有关。

这些病人也属于依恋冲动的病理学范畴。由于模仿病患者的自我-皮肤脆弱，当他们无法与依恋客体保持近距离接触时有被抛弃的焦虑，而与客体过于接近时又有被迫害的焦虑，他们在这两个焦虑之间摇摆不定。

皮肤病的心身医学研究概括归纳了这一结果。在自体性爱和自我惩罚之间进行的循环游戏中，存在有犯罪感的性欲，但是瘙痒不只是与其有关。瘙痒也是且首先是一种在自体身上引起注意的方式，更确切地说，是在皮肤上引起注意的方式：如果说在儿童时期，在母亲和家庭环境中，皮肤没有碰到柔和、温暖、坚定且使人安心的接触，尤其是没有碰到这些接触所引发的能指，那么就会引发瘙痒。痒痒也是渴望爱恋客体的理解。受到重复的自动性影响，以皮肤"语言"的原始形式，身体的症状重新勾起古老的挫折，带着表现出来的痛苦和再现的愤怒：由于这些患者固着在身体-精神的未区分状态，其皮肤发炎会与精神的愤怒混淆，事后为了减轻疼痛和憎恨以及为了试图将痛苦转变为愉悦，身体受伤部分的色情化随之出现。所谓害羞的红斑令人焦虑，不仅因为病人的皮肤起着"灵魂的镜子"的作用，而不是边界的作用，使交流对象能直接读出性的和攻击性的欲望，使患者感到羞耻，而且也因为皮肤以一个脆弱的外壳的形式展现给他人，吸引身体上的穿透和精神上的侵入。

全身性湿疹（eczéma）可以解释为向完全依赖他人的儿童状态退行，也可以解释为精神崩溃的焦虑向身体转变，还可以解释为对提供全面支撑的辅助性的自我进行无声而绝望的呼唤。两岁以下儿童的湿疹说明缺乏来自母亲的温和的且包裹着他身体的接触。施皮茨（1965）对这个解释有所迟疑："我们想知道皮肤问题是适应性的尝试,还是相反,即防御性的反应。儿童起湿疹的反应可能是一种指向母亲的请求,希望母亲更多地抚摸他,也可能是一种自恋的隔离模式,孩子通过湿疹在身体层面自己产生母亲拒绝给予的刺激。到底是哪一种我们无从得知。"从五十年代,我曾作为年轻的心理学者在巴黎圣路易医院皮肤病学机构开始第一次实习,当时是在格拉西安斯基(Graciansky)教授手下,从那时起,我自己也困惑于这一疑问。是否存在一些典型的皮肤病,一种是在童年早期,因母亲的照顾而使皮肤受到过度刺激,从而患者过早地既感到痛苦又从中受益,另一种则是因缺乏与母亲身体及皮肤的接触而不断重复出现已造成的结果与痕迹。尽管如此,在这两种情况中,无意识的问题都围绕着触摸的原初禁忌,我在之后还会谈到:母亲抚摸和拥抱的缺失,会被精神无意识地感受为极端的、早熟的和暴力的,会被他感受为与他人在身体上进行亲密接触的禁止;与母亲接触的过度刺激会造成身体不适,因为这一刺激超出还不能保护孩子的刺激屏障的范围;这种刺激也具有无意识的危险,因为它对某些事情有所纵容并终止了触摸禁忌,而精神机制为了建立起完全属于自己的精神外壳,要体验到这种触摸禁忌是必要的。

目前,整合临床观察得出的最简单、最有把握的假设是:"皮肤病变程度与精神受伤害程度成正比[1]。"

---

[1] Cf. Les articles de Daniele Pomey-Rey, dermatologue, psychiatre, psychanalyste, attachée de consultation de psychodermatologie à l'Hôpital Saint-Louis, notamment «Pour mourir guérie», *Cutis*, 3, février 1979, qui expose un cas tragique, celui de Mlle P. Voir egalement son livre *Bien dans sa peau, bien dans sa tête*, Centurion, 1989.

我复述这一假说是为了引出我的自我-皮肤概念：皮肤病变的严重程度(可以通过患者对化疗和/或精神疗法的耐受性的强度进行测量)与自我-皮肤在数量和质量上的缺损程度都有关联。

3. 自我-皮肤的概念

我刚刚提到的四组材料（动物生态学、团体、投射和皮肤病学）将我引向了1974年发表在《新精神分析杂志》上的自我-皮肤假说。在对其进行修改和补充之前，我希望先对口欲阶段（stade oral）概念重新进行思考。

乳房-嘴和乳房-皮肤

弗洛伊德将吮吸的快感及口咽区的体验定义为口欲，但他并没有局限于此。他也一直强调饱食带来的连续快感的重要性。如果说嘴提供了一种最初体验，这一体验是区分性接触的、鲜活的、简短的，是关于通道的，关于摄入的，那么，饱食则为婴儿提供了更弥散的、持续时间更长的体验，这是一种大量且集中的、充满的和有重心的体验。因此，在某些病人那里，当代精神分析病理学越来越多地重视内在的虚空感，而放松疗法（例如舒尔茨的疗法）提出要首先且同时感受身体的热度（＝喝奶的过程）和重量（＝饱食），这些都不会令人感到惊讶。

在吃奶和被照顾的时候，婴儿除了会有前面两种体验，还有第三种体验：他被抱在胳膊间，紧贴着母亲的身体，使他感受到母亲的热量、气味和动作,他被抱着、摇晃着、摩擦着,举起、抚摸,一般来说所有这一切都浸泡在话语和哼唱当中。这些都让我们认识到鲍尔比和哈洛描述的依恋冲动的特征,也揭示了施皮茨和巴林特原始腔的思想。这些活动逐渐让孩子能够区分包含内侧和外侧两面的表面,也就是能够区分外部和内部的分界面(interface),还有他身浸其中的空间体积,表面和体积为他提供了容器的体验。

乳房,这个词常被精神分析师用来描述儿童经历的一整个现实,它混合了四种特征;和婴儿一样,精神分析师也时常混淆这四种特征:乳房一方面提供滋养,另一方面它是充盈的,接触时会感到温暖柔软的皮肤,汇聚着活跃的刺激。总体而言,母亲在感觉上是浑然的乳房是原初的心理客体,梅兰妮·克莱茵的双重成就在于她证明了乳房是适用于这些换喻性(métonymique)的原初替代:乳房-嘴,乳房-腔,乳房-粪便,乳房-尿液,乳房-阴茎,乳房-婴儿竞争者,并且需要两种基本冲动的对抗式投注。乳房为生冲动带来的享乐(jouissance)——享乐参与创造——会引起感恩。反之,当它让其他婴儿得以享乐,同时使这个婴儿受到挫败时,破坏性的妒忌同样也在其创造之中瞄准了乳房。但是,当梅兰妮·克莱茵只强调幻想时,她忽视了身体经验的这些性质(针对这一点,温尼科特[1962a]特别提出了真实母亲的抱持和摆弄),而当她强调创造-破坏活动中某些身体部分及其产物之间的联系(奶、精液、粪便)时,她忽视了将这些部分在一个整体中联系在一起的东西——皮肤。梅兰妮·克莱茵的理论中缺失了身体表面,而这一理论的主要元素之一,内摄(例如喂奶)和投射(例如排泄)的对立,正是以区分内部和外部的分界线的建立为先决条件的,因此,身体表面的缺失不禁令人感到惊讶。于是，我们更加理解了对克莱茵技术所持的保留意见：解释性的狂轰乱炸不仅可能拿掉自我的防卫，还可能拿掉他的保护性外壳。在谈到"内部世界"和"内在客体"时，梅兰妮·克莱茵的确预先假定了内部空间的概念（参见Houzel，1985a）。

她的许多学生发现了这一缺失，为了补救而创造了新的概念（自我-皮肤在这一谱系中能非常自然地找到其位置）：婴幼儿对母亲-婴儿关系的内摄是作为容器-内容物关系进行的，并且会在之后建立"情绪空间"和"思想空间"（原初的想法，即关于乳房缺失的想法，使他因这一缺失带来的挫折变得能够忍受），形成思考这些思想的机制（appareil à penser）(Bion，1962)；原发性失常的儿童自闭症和继发性的具有甲壳的儿童自闭症，分别表现为柔软无力的自我-章鱼和坚固的自我-贝壳两种形式（Frances Tustin，1972）；精神分裂症患者的第二层肌肉皮肤像防御-进攻的盔甲（Esther Bick，1968）；外部客体的内部空间、内部客体的内部空间、外部世界，这三层精神边界的建立，会使一个"黑洞"保持存在（通过与天体物理学类比），这一黑洞会吞噬所有靠近的精神元素（谵妄、自闭旋涡）(Meltzer，1975)。

在这里我还要提及四位法国精神分析学家（前两位原籍是匈牙利，后两位的原籍分别是意大利和埃及），他们的临床直觉和理论制作，与我的理论相向交合，给我以启发、刺激，加强我的理论。任何无意识的精神冲突都不仅是在俄狄浦斯的轴线上展开，同时也在自恋的轴线上展开（Grunberger，1971）。精神机制的每个子系统和整个的精神系统都遵循外皮和内核的辩证相互作用

(Abraham,1978)。存在一种精神机制的象形的原始运作,比原发的和继发的运作更为古老(Castoriadis-Aulagnier,1975)。想象空间,是从母亲和孩子的身体间相互的包含关系开始,经过感觉与幻想投射的双重过程发展而来(Sami-Ali,1974)。

所有形象都需要一个背景,并在这个背景上成形而为形象:这一基本的真相常被轻易忽视,因为注意力通常会被显露出来的形象吸引,而不是被形象背后的背景吸引。婴儿感受到的开孔,是摄入感觉或排出感觉的通道,这相当重要,但是,可感受到的开孔与一种表面和体积的感觉相关,尽管它还有些模糊。在对母亲充满安全感的依恋关系范围内以及他的身体与母亲的身体发生接触时,婴儿获得了将皮肤作为表面的感知。这不仅让婴儿理解外部与内部的界限的概念,也让他获得了逐渐控制开孔的必要信心,因为婴儿只有在获得能够保证身体外壳完整的基本感知的时候,才能在开孔的运作方面获得信心。临床经验证实了比昂(1962)用精神"容器"①(container)这一概念制作的理论:人格解体的危险与穿孔的外壳的意象,还有生命所需的物质从孔中流出的焦虑(比昂认为这是最主要的)相关,并非碎片式的焦虑,而是被排空的焦虑,这一焦虑被一些患者形象地比喻为:外壳被打破的鸡蛋,蛋清甚至蛋黄都流了出来。皮肤是本体感受的所在地,亨利·瓦隆强调了其在性格和思想发育中的重要性:是紧张度的调节器官之一。用经济学术语来思考(紧张的累积、置换和解除),我们是以自我-皮肤为前提的。

---

① 容器与容纳者(conteneur)的区分要归功于 R. 卡埃斯;但我的观点与他相反:我认为容器是被动的,而容纳者是主动的。

对于婴儿的情感性质、婴儿信心、愉悦和思想的激发来说,他的身体和母亲的身体的整个表面需要经历体验,这一体验与吮吸以及排泄等相关体验(弗洛伊德),或者与代表开孔运作结果的内在客体的幻想在场的体验(M.克莱茵)同样重要。在洗澡、清洁、揉搓、扛背、搂抱时,母亲的照顾对皮肤产生了无意的刺激。此外,母亲很清楚婴儿的——和她们自己的——皮肤快感的存在,并通过安抚、游戏有意地制造快感。对母亲的这些动作,婴儿先是兴奋,随后将之视作交流方式。按摩成为一种信息。语言的学习尤其需要这种早期的前语言交流的建立。小说和电影《约翰尼上战场》正体现了这一点:一个士兵重伤致失明、失聪,不能动弹;一个女护士通过用手在他的胸部和腹部书写字母来与他交流——后来作为对一个无声的请求的回应,又好心替他手淫,使他获得性释放的快感。伤者由此重新找到了求生欲,因为他得到了认可,并且他交流的需求和男人的欲望得到了满足。随着儿童的成长,对皮肤的性感化(érotisation de la peau)是不可避免的;皮肤的快感融合在成年人性活动的前戏当中;在女同性恋中,皮肤快感扮演着至关重要的角色。不止如此,只有获得基于自己皮肤上的安全感的最起码的感知,生殖性行为甚至自体性爱才有可能进行。此外,正如费德恩(1952)提出的,身体和自我边界的色情化通过压抑和遗忘来轧制(frapper)自体的原始精神的诸阶段。

自我-皮肤的观点

自我-皮肤的创立回应了自恋外壳的需求,向精神机制保证了其基本舒适感的确定性与稳定性。相应地,精神机制能够试着向客体进行施虐的力比多的倾注;精神自我(Moi psychique)对这些客体的认同从而得以增强,身体自我(Moi corporel)也就能够享受前性的既而性的快感。

通过自我-皮肤,我描述的是这样的形象:它会被儿童的自我在早期的发育阶段中使用,儿童从身体表面的体验出发,将自己想象为一个容纳精神内容的自我。这对应这样的时刻:精神自我在操作层面已经区别于身体自我,但在形象层面还与身体自我相混合。陶斯克(Tausk, 1919)清楚地揭示了邪恶机器(appareil à influencer)综合征只能通过区分这两种自我而被理解;精神自我继续被主体认为是自己的(同时这个自我实施抵抗危险的性冲动的防御机制,并推理性地解释到达他身上的感知信息),而身体自我不再被主体视作自己的一部分,来源于身体自我的皮肤的和性的感受被认为来自于一个邪恶机器,受诱惑者-迫害者的阴谋支配。

任何一个精神活动都依托于生物功能。自我-皮肤的支撑是皮肤的各种功能。在进行深入系统的研究之前,我简单地列举三种功能(出自我1974年的第一篇文章)。皮肤的首要功能是成为一个口袋(sac),它包容并在内部保留住通过哺乳、照料以及浸泡在话语中的经验所积累的所有良好、完整的材料。皮肤的第二种功能,是标志着与外部的界限的分界面,并将外部维持在体外,是抵抗贪婪的穿透,对抗其他人、事、物侵犯的屏障。最后,皮肤的第三种功能,与嘴一起,或者至少与嘴一样,是一个与他人交流、建立有意义的联系的地方,也是与他人交流和联系的原初途径;此外,皮肤还是一个痕迹登录的表面。

有了这个表皮的和自身的感受来源,自我承袭了建立屏障(成为精神防御机制)和过滤交流(与本我、超我和外部世界一起)两种可能。我认为,正是早期得以满足的依恋冲动,为婴儿建立了基础,使之能够表现出吕凯(Luquet,1962)所定义的自我的整合性飞跃。推论:自我-皮肤奠定了思想的可能性。

共有皮肤的幻想及其自恋与受虐的变体

原发性受虐狂(masochisme)这一有争议的概念,可以在这里找到一些支撑和进一步明确的证据。受虐狂所受的痛苦,在进一步色情化并且成为性的或道德的受虐狂之前,在学会走路之前,在镜子阶段和开始说话之前,首先要被解释为一些突然的、反复的、几乎是创伤性的交替:与母亲及其替代者身体接触的过度刺激和剥夺之间的交替,也就是依恋需要的满足和受挫之间的交替。

自我-皮肤的建立是从原发性自恋到继发性自恋、从原发性受虐狂到继发性受虐狂的双重过渡的条件之一。

在对具有受虐性行为或某些部分固着于倒错受虐位置的患者进行精神分析治疗时,我经常发现以下要素:他们幼儿时期就曾有过对皮肤的真正的物理伤害,这些伤害经历为他们的幻想的组织提供了决定性的材料。可能是体表的外科手术;我强调的是主要在身体表面进行的手术。可能是皮肤病或者斑秃。可能是意外撞击或意外坠落,导致皮肤的一些重要部分撕裂。还可能是转换性癔症的早期症状。

63　关于无意识幻想的这些丰富的观察能够让我提出这样的观点，这些幻想并非像某些精神分析学家发表的假说所声称的那样，是"支解"（démembré）的身体幻想，我认为这种幻想更像是典型的精神病组织的幻想。在我看来，"剥皮"（écorché）的身体幻想才是导致倒错的受虐狂的基础。

在关于鼠人的问题上，弗洛伊德提到，"未知享乐的恐惧"。当施加在皮肤表面的身体惩罚（打屁股、鞭笞、针刺）使皮肤被扯破、穿洞、撕裂，受虐狂的享乐达到了恐惧的极值。我们知道，对主体来说，受虐的快感必须能够再现那些冲击在身体表面上留下的痕迹。在性成熟前的快感中（这些快感一般也伴随着生殖的性享乐），常常出现这样的快感：通过撕咬或者抓挠在伴侣的皮肤上留下痕迹。这是一种幻想的附属元素的迹象，但是在受虐狂那里，这些迹象变成了主要的表现。

正如下一章会说到的希腊神话中的马尔绪阿斯（Marsyas），受虐狂的原始幻想通过这样的表现建立起来：1）既属于孩子也属于母亲的同一皮肤，这一皮肤形象地表现了二者的共生一体，和2）孩子挣脱和获得独立的过程造成了共有皮肤（peau commune）的损坏和撕裂。在看到家养动物被杀并准备烹饪时，或自己被打屁股时，或在处理伤口和痂盖时，被剥皮的幻想会被加强。

我发现大部分具有显著受虐狂特征的患者，都多多少少表现出一些有意识的幻想：与母亲的皮肤融合。对身体剥皮的无意识幻想和融合的前意识幻想很接近，这极具启发性。在古代思想语言中，与母亲的共生一体用可以触摸的意象（几乎也能闻到）进行形象地描绘，其中孩子和母亲两人的身体拥有共同的分界面。与

3. 自我-皮肤的概念

母亲的分离被描绘为这一共有皮肤的破裂。现实的元素为幻想的表达提供了帮助。当生病、手术或事故造成伤口时,绷带会粘贴着肉体,而母亲或其替代者会将部分的皮肤和绷带一起撕下来,或是在想象中将其撕掉;提供照顾的人也是进行剥皮的人。于是,撕掉共同外壳的人也是能将之修复的人。

在受虐狂的幻想中,毛皮(参见萨赫-马索克的《穿裘皮的维纳斯》)带来了形象性的表达,回归一种皮肤对皮肤的接触,柔滑的,肉感的,且有气味的(没什么比新毛皮的味道更重了),这种身体的粘连(accolement)带来了附属于生殖性享乐的快感。萨赫-马索克的鞭笞者维纳斯(无论是在作者的生活中还是小说中)裸身穿着裘皮,证实了在皮肤-毛皮获得性客体的外延价值之前,皮肤-毛皮的首要价值是作为依恋客体存在的。更不用说,毛皮实际上是动物的皮肤,它的出现让人想到被剖开并被剥皮的动物吗?孩子塞弗林为穿着裘皮的维纳斯或者说旺达着迷,在想象中看到了他的母亲,被同时表示着融合和依恋的皮肤裹盖。毛皮表现着母亲满怀爱意地照顾孩子并与之接触时身体的柔和及感官的温柔。但穿着裘皮的维纳斯也形象地表达了这样的母亲,她是孩子想要看到其裸体的母亲,或者是孩子通过在现实或想象中展示其阴茎试图诱惑的母亲,这样的母亲在现实中通过打他来惩罚他,在想象中活剥他直到把他的皮扒掉,并胜利地披着战败者的皮。就像古代神话中的猎手英雄,在所谓的原始社会里,这些人是披着被他们杀死的野生动物或者敌人的皮的。

现在是时候介绍母亲(和类似母亲一样照顾孩子的周围人)在婴儿的身体和皮肤上施加的两种接触类型的基本区别。有些接触传递兴奋(比如,母亲在进行身体照顾时传递给孩子的强烈的力比多兴奋,这种兴奋可以传递一种色情刺激,相对于孩子的心理发育水平而言,这一兴奋过早且过度,孩子会将之体验为创伤性的诱惑[séduction])。另一些接触传递信息(关于,例如婴儿的生命需求、两者的情感、来自外界的危险、对事物的控制——这种控制因对象有无生命而不同……)。一开始,这两种接触对婴儿来说没有什么区别;母亲和类似母亲的照顾者将这两者进行颠倒、混淆和模糊的时间越长,婴儿就越是不能区别这两者。对癔症患者来说,这种混乱永久存在:他(或她)以兴奋的形式向对话者传递意图,其信息过于含蓄,以至于对方很可能试图以兴奋回应之,而非以信息回应,于是会引起癔症患者的失望、怨恨和埋怨。在某些形式的抑郁症中,则存在相反的动力:伴随着冲动兴奋,婴儿获得了必要且足够的身体照顾;但是他们的母亲陷入对近亲离世的哀悼、陷于夫妻关系破裂的慌乱、陷于产后抑郁,对婴儿发出的信息非常无感,也无法进行回应。长大后,这个人每当收到物质或精神食粮却没有伴随的信息的交换时,他都会感到沮丧,而对这些食粮的吸收也就愈发让他感到强烈的内部空虚。

这两种接触类型(刺激的和信息的)的命运分别与受虐和自恋有关。

刺激接触的矛盾在于,母亲是孩子对抗外界攻击的原初刺激屏障保护,而她通过身体照顾时给出的一定质量和强度的力比多刺激,在孩子那里引起内在的过度刺激冲动,过度的部分或快或慢地令人不适。自我-皮肤的构建会受到持续建立的精神外壳的限制,这一精神外壳既是刺激外壳,也是痛苦外壳(而非既是刺激屏障又是舒适状态的外壳的自我-皮肤)。这正是受虐狂的经济和地形学的基础,他们强迫性地重复那些同时激活刺激外壳和痛苦外壳的经历。

信息接触的矛盾在于,母亲不仅关注婴儿的身体需求,也关注婴儿的心理需求。她不只是满足了婴儿的这些需求,还表明她正确地理解了这些需求,通过感觉器官的回馈,以及实施的具体行为。婴儿在这些需求里感到满足,尤其是他需要别人理解他的需求被满足,这让他感到安心。因此,一个舒适的外壳得到了构建,并且被自恋性地投注,这一外壳支持着建立自我-皮肤所必需的幻想,即连接在这一外壳的另一端的人会立即且互补对称地对他的信号做出回应:这是一个给人以安全感的幻想,是一个全能的且永久受自己支配的自恋性分身的幻想。

继发性自恋和继发性受虐狂,两种状况背后都存在着母亲和孩子共有皮肤表面的幻想:在其表面上,这里刺激的直接交流占主导,那里则是信息的直接交流占主导。

当自我-皮肤主要在自恋方面发展,共有皮肤的原初幻想转变成了加固过的、牢不可破的皮肤的继发幻想(特征是两层相连的隔膜,参见[154])。当自我-皮肤主要在受虐方面发育,共有皮肤的幻想变成了撕裂、破碎的皮肤。神话可以对皮肤的不同幻想进行一个清点(参见 Anzieu,1984),可以划分出两面:盾牌皮肤(宙斯的盾)、夸张皮肤(天神的长袍、驴皮罩衣)是第一面;死亡皮肤、剥掉皮肤和致死皮肤是第二面。

S. 孔索利(S. Consoli)[①]介绍了一个患者(受虐狂)的情况。患

---

① Exposé á la journée *Peau et Psychisme* (Hôpital Tamier,19 février 1983).

者喜欢幻想自己在如下情境中受到一个女人的羞辱：她站着，披着绵羊皮或牛皮，而他自己在这个女人脚下四肢着地，将自己看作绵羊或牛。因此，这是男人（转变为动物）与女人（驯服他的人，披着同一动物的皮肤）共有皮肤的再现，是在互补性角色当中的再现，这里的互补性强调了持续的自恋幻想。在身体对身体当中，每个人都是对方的"延伸"（正如 S. 孔索利的想法），我上文描述了共有皮肤的接触表面有两个面，男人和女人分别是两面中的一面。需要补充的是，在很多倒错情境或简单的色情幻想中，毛皮还扮演着恋物的角色，因为毛皮类似于（人的）毛发，而由于人的毛发遮盖，妨碍了对生殖器官的感知，也就是掩盖了对性别差异的认知。

4. 马尔绪阿斯的希腊神话

社会文化背景

宗教历史学家认为,马尔绪阿斯(词源学上看,Marsyas 这个名字来自于希腊语 *marnamaï*,意思是"战斗的人")的神话反映了希腊人征服弗里吉亚(Phrygie)及其要塞凯莱奈(Céléné,位于特洛伊以东的小亚细亚)的战争,希腊人强迫当地居民祭祀希腊神(以阿波罗为代表),以取代对库柏勒(Cybèle)和马尔绪阿斯等当地神祇的祭祀。阿波罗用里拉琴战胜了马尔绪阿斯(他用的是双管笛),之后又战胜了在阿卡迪亚(Arcadie)的希腊神潘(Pan,他是单管笛或排箫的发明者)①。"阿波罗对马尔绪阿斯和潘的胜利,是对古希腊征服弗里吉亚和阿卡迪亚的纪念,并用弦乐取代了当

---

① 马尔绪阿斯可能有个兄弟,巴比斯(Babys),演奏单管笛,但因水平太差,阿波罗放过了他:可以看出,开化的希腊征服者容许山区农民、外乡人、粗野滑稽的人保留他们古老的信仰,条件是同时信奉希腊神。拥有笛子和松枝的潘神,是马尔绪阿斯神话的翻版:潘是伯罗奔尼撒中心山区阿卡迪亚的神;象征着灵敏而多毛的牧羊人,同他们的兽群一样粗犷野蛮,举止如野兽,喜欢在树荫下午睡的简单生活,喜欢纯朴天真的音乐,性取向多样化(潘在希腊语中的意思是"一切";同性、异性或独自一人的快感对潘神都没有差别;后来的传说称,奥德修斯(Ulysse)回家前,佩涅罗珀(Pénélope)与所有追求者都睡过,潘就是在这些多样的爱中出生的)。

地的管乐,管乐仅保留在农民中。对马尔绪阿斯的惩罚也许与将国王剥皮的仪式有关——正如雅典娜(Athéna)对帕拉斯收回神盾——或者将砍下的桤木树枝剥皮制作牧羊人的笛子,桤木是神或半神的化身。"(Graves,1958,p.71)

马尔绪阿斯和阿波罗的音乐比赛体现了一系列对立:蛮族与希腊人;习性半似动物的山区牧羊人与开化的城邦居民;吹管乐器(单管或双管笛子)与弦乐器(七弦里拉琴);君主制的残暴的政权接替(定期杀死国王或大祭司并将其剥皮)与民主的政权接替;崇拜狄俄尼索斯(dionysiaque)的神祇与崇拜阿波罗的神祇;年轻人的傲慢或老年人的陈旧信仰(它们都要臣服于权力)与成熟的法律。马尔绪阿斯有时被刻画为半兽神,是一位年老的林神,有时被刻画为弗里吉亚的地母神库柏勒的年轻伴侣,库柏勒在她的侍者,即她的儿子无疑也是她的爱人阿提斯(Attis)死后,痛不欲生[①]。马尔绪阿斯演奏笛子减轻她的悲伤。马尔绪阿斯对众神之母的修复和诱惑能力使他充满野心,自命不凡,也使得阿波罗想要挑战他,看看谁能用乐器演奏出最美的音乐。库柏勒以自己的名字命名了库柏勒山,这是马尔绪阿斯河的发源地,山顶建造了弗里吉亚的要塞凯莱奈。

我曾提出过一个原则(Anzieu,1970),传说遵循双重编码,一是外部现实的编码,植物学、宇宙学、社会政治学、地名学、宗教学等等,一是内部精神现实的编码,与外部现实的元素相对应。在我

---

① 弗雷泽(Frazer)在《金枝》(1890—1915,法语译本,第二卷,第五章)中将马尔绪阿斯与阿提斯对比(也与阿多尼斯[Adonis]和奥西里斯[Osiris]对比)。共同的主题都是关于母亲太过珍视的儿子的悲惨命运,母亲想要用爱将儿子完全留在身边。

4. 马尔绪阿斯的希腊神话

的理论中,马尔绪阿斯神话有着特别的精神现实编码,我称之为自我-皮肤。

马尔绪阿斯神话引起我注意的地方,也是其相较于其他希腊神话而言显得很特别的地方,首先是从听觉外壳(由音乐提供)到触觉外壳(由皮肤提供)的过渡;其次是不祥的命运(登录在被剥下的皮肤上,或者在被剥下的皮肤上进行登录)到幸运的命运(保存下来的皮肤使神得以复活,生命得以维持,国家得以重获繁荣)的突然翻转。在对这个希腊神话的分析中,我只选取基本元素,或直接与皮肤相关的神话主题(以及在现代语言的常见表达中能找到其引申义的主题:获得对手皮肤证明彻底战胜了对手;完整地保护皮肤,才能完好地在皮肤里感觉良好;当女人对男人有着切肤之爱时,女人可以很好地被播种受孕)。通过与其他皮肤只起到次要作用的希腊神话进行对比,我检验并补充了关于皮肤的基本神话的清单,另外,根据这些神话的这一点或那一点的出现或者缺失,同时根据这些神话的接续和糅合,让我隐约看到了对这些神话进行结构性分类的可能性。

第一部分:神话

我先大致介绍一下皮肤登场之前马尔绪阿斯的故事,这是一个较寻常的关于公开竞争和隐晦的乱伦欲的故事:在我看来这显示了这样的事实,在个体心理起源中,自我-皮肤的原初功能被遮盖、掩饰与改变,先是被原初过程继而被次级过程遮盖、掩饰与改变,这些过程都与精神功能的前生殖、生殖及俄狄浦斯化的发展有关。

一天,雅典娜用鹿骨做了一支双管笛,并在诸神的宴会上演奏。其他神都很享受音乐,赫拉(Héra)和阿弗洛狄忒(Aphrodite)却用手遮住脸无声地笑,这让她心生狐疑。她躲在弗里吉亚一条河边的树丛里,看着水中自己吹笛时的倒影:脸颊鼓起,脸上充血使她看上去十分滑稽①。她把笛子扔了,并诅咒了捡到它的人。马尔绪阿斯被笛子绊倒,他刚把笛子放到嘴边,笛子就记起了雅典娜的音乐,自行吹奏了起来。就像他减轻了库柏勒对阿提斯去世的悲痛那样,他跑遍了弗里吉亚,使农民们都高兴起来,他们认为即使是阿波罗演奏里拉琴,也无法演奏得比他更好。马尔绪阿斯也轻率地没有反驳。这使阿波罗大发雷霆,向他提出进行比赛,胜利者可以随意惩罚失败者。骄傲的马尔绪阿斯同意了。裁判由缪斯(Muse)们组成②。

比赛没有分出胜负;两件乐器都打动了缪斯们。于是阿波罗向马尔绪阿斯挑战,让他像自己一样将乐器倒转过来,同时一边演奏一边唱歌。阿波罗倒转里拉琴,一边演奏一边唱着赞颂奥林匹亚诸神的动听的圣歌,马尔绪阿斯显然输了,缪斯们判定阿波罗获胜(Graves,p.67-68)。于是神话的第二部分,主要关于皮肤的部

---

① 相较于阴茎嫉羡,这一段体现的更多是女性对阴茎的恐惧。战争女神,处女雅典娜看到自己的脸变得像臀部,中间还有垂下或抬起的阴茎,感到震惊。

② 在一些版本中,裁判中的主裁判是特摩罗(Tmolos)山(比赛地点)的神,裁判当中还有弗里吉亚国王米达斯(Midas),正是他把对狄俄尼索斯的崇拜引进了弗里吉亚。特摩罗判定阿波罗获胜后,米达斯质疑了他的决定。为了惩罚他,阿波罗让他长出了驴耳朵(对无法欣赏音乐的人的恰当惩罚!);弗里吉亚无边便帽无法藏住驴耳朵,使米达斯无地自容(Graves,p.229)。在一些其他版本中,米达斯是之后阿波罗与潘的比赛的裁判。

分开始了。我顺着弗雷泽讲述的故事(《金枝》,p.396-400)逐步梳理出其中隐藏的神话主题。

第二部分:八个神话主题

第一个神话主题:马尔绪阿斯被阿波罗吊在松树上。并不是吊住脖子绞死,而是把他的胳膊吊在树枝上,方便切开或放血。弗雷泽整理出了数量惊人的被吊死的神(包括自愿或仪式性地被吊死的祭司和女性)。这些牺牲者最初是人类,后来逐渐演变成用动物和人像献祭。

我认为这一神话主题与人类的垂直状态(verticalité)有关,这不同于动物的水平(horizontalité)状态。脱离了儿童时代和动物性,人类矗立在土地之上直立了起来(正如婴儿依靠母亲的手站立起来)。这是积极的直立(松树作为最直的树,强化了直立状态)。惩罚是负面的直立:受害者被垂直地悬挂在半空中(有时是倒吊者),姿势痛苦而耻辱,无法抵抗地承受所有暴行,再现了婴儿没有被母亲抱住或者被母亲抱得不好的原初痛苦。

第二个神话主题:受害者被赤裸着吊起,皮肤被割开或是被长枪穿了孔,以便放干血(可能是为了使土壤肥沃,可能是为了吸引吸血鬼,让他们不再攻击身边的人,等等)。这一神话主题在马尔绪阿斯的神话中没有出现,但与第一种主题相结合并广泛流传:刚出生的俄狄浦斯脚踝被穿孔,水平挂在杆上;俄狄浦斯王看到伊俄卡斯忒(Jocaste)被用绳子勒死的尸体后,刺瞎了自己的眼睛;基督被钉在十字架上;圣塞巴斯蒂安(Sébastien)被绑在树上,被箭穿透；还有圣女以同样的姿势被切掉双乳；阿兹台克（Aztèque）的囚犯被击倒，倚着巨石，挖出了心脏，等等。

我认为这一神话主题主要关于皮肤容纳身体和血液的功能，对肉体的酷刑在于进行人为的开孔，摧毁容器表面的连续性。马尔绪阿斯皮肤的这一容纳功能得到了希腊神的尊重。

第三个神话主题：马尔绪阿斯被阿波罗活活剥皮，剥下一整张皮，空皮囊被钉在松树上，悬挂着。阿兹台克祭司将囚犯用于献祭后，囚犯的主人要将他的皮肤穿二十天。圣巴泰勒米（Barthélemy）被活剥后，他的皮没被保存下来。奥克塔夫·米尔博（Octave Mirbeau）在《秘密花园》（1899）中描绘了一个人被剥皮后像影子一样拖着他的皮肤，等等。

在我看来，从身体上剥下的皮肤，如果完整且保存完好，则成为保护外壳和刺激屏障的形象化，需要幻想性地从另一个人那里夺过来，从而拥有它或者让它增强自己的皮肤，但这样就有遭到报复的危险。

这层刺激屏障的皮肤十分宝贵。比如由巨龙看守的金羊毛，伊阿宋（Jason）要获取这只神圣的有翼牡羊的金色毛皮，宙斯曾经把它给了两个被继母威胁生命的孩子；巫师美狄亚（Médée）为了保护她的情人，给了他一种药膏，让他涂遍全身，能使他在二十四小时里不怕火焰，且刀枪不入。阿喀琉斯（Achille）的母亲，吊住他的脚踝（第一神话主题），将他浸泡在地狱的冥河水中，使他的皮肤坚不可摧（参见 Anzieu, 1984）。

伴随着这个神话主题，马尔绪阿斯直到那时都不幸的命运翻转成了幸运的命运，这要归功于他保存完整的皮肤。

第四个神话主题:在传说当中,马尔绪阿斯未经破坏的皮肤被保存在凯莱奈要塞脚下;被挂在马尔绪阿斯河发源的山洞里,马尔绪阿斯河是门德雷斯河的一条支流。弗里吉亚人在那里见到了他们被吊着剥皮的神复活的先兆。无疑这里是一种直觉:人的灵魂——精神自体——持续存在,只要身体外壳保存其独立性。

宙斯的神盾集结了第一、三、四、五、六个神话主题。宙斯的母亲用计策使他免于被父亲吞吃,山羊阿玛尔忒娅(Amalthée)喂养了他,并将他挂在树上藏起来,临死前将皮留给了他,以变作盾甲。而他的女儿雅典娜,借用神盾的保护,战胜了巨人帕拉斯并剥下了他的皮。神盾不仅是战斗中完美的盾牌,还焕发了宙斯的力量,使他完成他的独特使命:成为奥林匹亚之主。

第五个神话主题,在不同文化的宗教仪式和传说中都时常出现,初读马尔绪阿斯的神话,会觉得神话似乎没有体现这一主题。这是对第四个神话主题的某种负面补充。受害者的头被从身体上砍下来(身体可能被烧掉、吃掉、埋掉);头被小心保存下来,为了恐吓敌人,或是为了讨好死者的精神力量,因而对头颅的某个器官多加照顾,可能是嘴、鼻子、眼睛、耳朵……

在我看来,第五个神话主题建立在这样一个悖论之上:要么头被砍下后单独保存,要么保存完整的皮肤,包括脸和颅骨。这不只是周边(皮肤)与中心(大脑)之间的联系,在这里这种联系或被摧毁或被承认,这首先是分散在整个身体表面的触觉与位于面部的四种外部感觉之间的联系。第四个神话主题中个人的独立性,其重心在于复活(也就是说,比如定期从沉睡中恢复自身意识),这种独立性需要与不同的感官产生联系,这一联系以一整个皮肤表象所提供的连续体背景为基础。

如果被砍下的头被囚禁着,而身体的其他部分被扔掉或摧毁,死者的精神就失去了自己的意志;它就远离了头颅所有者的意志。作为自己,首先要有属于自己的皮肤,其次皮肤要充当一个感官运作其上的空间。

宙斯的神盾不仅可以抵御敌人,盾牌上戈尔戈(Gorgone)可怕的头也可以震慑敌人。雅典娜将一个光滑的铜盾牌置于珀尔修斯(Persée)的头上,在盾牌的指引下,珀尔修斯战胜丑陋的戈尔戈,并砍下她的头;他将头赠予雅典娜,以表示感谢,雅典娜用戈尔戈的头加强了神盾的能力。

第六个神话主题:笛子手天神马尔绪阿斯被吊起的永生的皮肤之下,猛烈而喧嚣地喷涌出水量丰富的马尔绪阿斯河,赋予沿途地区生命的希望,洞穴的岩壁回响着隆隆的水声,制造出弗里吉亚人喜爱的音乐。

隐喻很明显。一方面,河流代表着生的冲动,代表着它们的力量和魅力。另一方面,冲动的能量只能被拥有完整的自我-皮肤的人运用,这一自我-皮肤同时依托于听觉外壳和皮肤表面。

第七个神话主题:马尔绪阿斯河也是当地物产丰富的来源:它保证了作物发芽、动物繁殖、女人生育。

这里的隐喻也很明确:性的实现需要获得基本的自恋安全感以及皮肤的良好感受。

马尔绪阿斯的神话没有提到皮肤对性欲的刺激。而在其他神话、传说和故事里有所提及:母亲的皮肤激起男孩的欲望,比如《穿裘皮的维纳斯》(萨赫-马索克);有着乱伦计划的父亲的皮肤被女儿体验为"驴皮"(佩罗,《驴皮公主》)。

性欲过剩和缺乏性欲一样,都对繁殖有危险。俄狄浦斯,僭越地与他的母亲生了四个孩子,使底比斯(Thèbes)陷入贫瘠。

第八个神话主题:马尔绪阿斯的皮肤悬挂在凯莱奈的山洞中,仍然能感受到河流的音乐和信徒的歌声;会因弗里吉亚歌曲的声音而颤抖,但在演奏献给阿波罗的乐曲时无动于衷。

这个神话主题体现了这样的事实,婴儿与母亲和家庭环境之间的原初交流,既是对触觉的也是对听觉的反映。交流,首先是共鸣,与他人产生一致的振动。

马尔绪阿斯的神话到此为止,但在最后,我还要就其他神话提出一个负面神话主题。

最后的负面神话主题:皮肤自我毁灭,或被其他皮肤毁灭。第一种情况从《驴皮记》(巴尔扎克)的寓言中看出:个体的皮肤会象征性地缩小,这种缩小与它为这个人在生活中消耗的能量成正比,而且,矛盾的是,它越是良好运作,越是让它与我们接近死亡(这是通过皮肤的自我衰退现象表现出来)。第二种情况是杀人的皮肤,由两个著名的希腊神话阐明:美狄亚让对手穿戴上下过毒的长袍和首饰,当对手将皮肤全部遮盖住,她立刻燃烧了起来,和她一起被烧的还有赶来救她的父亲,整个皇宫也一起被烧掉;德伊阿妮拉(Déjanire)无意中让长袍沾上了邪恶的半人马涅索斯(Nessos,身体和精神上侵犯过德伊阿妮拉)的血和精液,长袍就粘贴在赫拉克勒斯(Héraklès)的皮肤上,禁锢了她这个不忠的丈夫,被加热了的毒液渗入赫拉克勒斯的表皮,腐蚀了他;为了撕掉这层腐蚀性的第二皮肤,赫拉克勒斯剥去了自己的一些碎肉;他极为疼痛,为了从自我毁灭的外壳中解脱出来，只得自焚，他的朋友，好心的菲罗克忒忒斯（Philoctète），同意帮他点燃木材。

这个神话主题在心理学中的对应是什么呢？在对身体的和思想的内容物进行的幻想攻击中（可能伴随着行动宣泄），应加入针对容器进行攻击的念头，以及从对内容物的攻击转变为对容器的攻击的念头，甚至容器也转而攻击自己的念头。没有这些念头，受虐狂的问题就不能得到解释。组成马尔绪阿斯的神话的八个神话主题，每个都以自己的方式，成为类似斗争的场所，成为内部冲突的地点，这由阿波罗和马尔绪阿斯的竞赛形象化地表现出来。

这种破坏性的逆转似乎伴随着创造性的逆转。正如基约曼（1980）所说，创造性的逆转是指在想象中将皮肤像手套一样翻转，使内容物成为容器，使内部空间成为构建外部结构的关键元素，使内部感受成为可认识的现实。

回到萨赫-马索克的小说。《穿裘皮的维纳斯》的最后一段呈现了马尔绪阿斯第一个神话主题的一个变体。塞弗林协助和隐藏了旺达和她希腊情人之间的性交易：正是塞弗林的偷窥欲要让他受到惩罚，正如马尔绪阿斯的裸露欲。旺达于是出卖了塞弗林，将他紧紧捆在柱子上，让希腊人鞭打他，正如雅典娜通过诅咒让马尔绪阿斯被阿波罗剥皮。有希腊文学作品暗示她目睹了这一酷刑。另两个细节加强了这一相似性。萨赫-马索克在描写希腊人的样貌时将其与古希腊美男子的雕像对比；间接地表明他像阿波罗一样英俊。小说最后几句话说明塞弗林放弃了他的受虐梦想：被女性，甚至被乔装成男性的女性鞭打，还可以接受；但"被阿波罗剥皮"（小说的倒数第二句话），被一个乔装成女性模样的强壮的希腊

4. 马尔绪阿斯的希腊神话

人,一个下手太重的希腊人剥皮,就无法接受了。享乐到了它无法承受的恐怖之处。

马尔绪阿斯的希腊神话的八个神话主题,为自我-皮肤的八个功能的理论(我会在第 7 章介绍)提供了间接证明。

自 1905 年开始,弗洛伊德将皮肤视为性感区域:[……]"在观看与裸露的快感中,眼睛对应着性感区域,然而,在性冲动中有痛苦与暴力的成分,这一成分是由皮肤进行支撑的;身体某些部分的皮肤分化成了感觉器官,转变成了黏膜,换句话说,就是变成了典型的性感区域。"(S. 弗洛伊德,《性学三论》,法语译本,p. 85)

5. 自我-皮肤的心理成因

母-子二元系统中的双重反馈

自七十年代开始，科学界对新生儿产生了相当浓厚的研究兴趣。特别是儿科专家贝里·布雷泽尔顿（Berry Brazelton, 1981）先后在英国和美国展开的研究，其研究与我对自我-皮肤的思考相平行，并且相互独立，但是带来了一些有趣的证明和详细的补充。为了尽早且尽可能系统地研究婴儿-周围环境（我更倾向于说母性的，而非母亲，以避免只局限于生母的周围环境）之间的二元关系，布雷泽尔顿在1973年制定了《新生儿行为评估表》，之后，评估表在美国得到了广泛应用，从中他得出了以下结果：

1. 刚出生及随后的一段时间，婴儿表现出了自我的雏形，因为在子宫内的最后阶段，感觉体验就已经形成了，也可能遗传基因预先决定了这方面发育。为了生存，新生儿不仅需要接受母性环境重复的、合适的照料，而且还需要：a)对周围环境发出信号，这些信号能够启动照料，并且能够让这些照料精细化；b)探索物理的环境，寻找必要的刺激，以运用其潜能，激发感觉-运动的发展。其中有两种外壳，刺激外壳和登录外壳。

2. 二元状况中的婴儿并非被动的,而是主动的(参见 Pinol-Douriez,1984);自周围环境出现,他就处于与周围整体环境、尤其是母性环境的持续相互作用中;婴儿迅速发现了使周围人在其需要时出现的方法。

3. 婴儿对周围成人的吸引(首先是他的母亲),不亚于成人对婴儿的吸引。这种双重吸引(这对应于表观遗传学的决定因素,这些因素本身是由遗传基因预测或制定的)的发生会依照一系列的反应,这被布雷泽尔顿比作是物理现象上的反馈,也就是说,在控制论中,辅助系统的特有的自动调节回路。相互吸引使婴儿能够对周围的人产生影响(也有通过物理环境的中介),能够进行生物和非生物的基本区分,能够模仿成年人对他们的某些姿势的模仿,从而为语言的获得做准备。这首先需要——我之后会谈到——将母亲-婴儿的二元关系视作一个由相互依存的元素构成的系统,这些元素之间进行信息交流,反馈在交流中双向运作,由母亲到婴儿,也由婴儿到母亲。

4. 如果母性环境没有进入相互吸引的游戏之中,且不能维持这个双重反馈,或如果神经系统的缺失剥夺了婴儿对周边环境采取感觉运动主动性的能力,和/或对发给他的信号做出反应的能力,婴儿就会表现出退缩和/或气愤的反应,这些反应是短暂的,如果周围母性环境的冷漠、不关心或缺失也是短暂的话(正如布雷泽尔顿在实验中发现的。他让习惯感情外露的母亲们保持面无表情,并在几分钟内控制自己对婴儿进行任何的情感表露)。当母性环境持续缺少回应,孩子的这种反应也会持续,且会变得强烈和病理性的。

5. 对婴儿的反馈保持敏感的父母会根据婴儿调整自己的行为并且可能改变态度，从而在他们行使父母功能时获得安全感。被动冷漠的婴儿（由于子宫内的创伤或基因问题）使照顾他的人陷入不确定和慌乱不安；甚至像 M. 苏莱（Soulé, 1978）注意到的那样，某些婴儿会使母亲发疯，但母亲对其他孩子却没有这样的问题。

6. 在这些相互作用中，心理驱动行为的模型很早就在婴儿身上形成；如果这些模式获得成功，并且被重复和习得，就会成为之后的认识模型中偏爱和优先选择的行为。这些模型保证了婴儿独有的风格和性格的发展，而这些则为周围的人提供了一个框架，周围人根据这个框架预知婴儿的反应（比如，其进食的、睡眠的、某类活动的周期），这个框架也决定了照顾他的人对其的期待水平（参见 Ajuriaguerra：孩子是"母亲的创造者"）。于是，周围的人开始视其为一个人，就是说他拥有独立的自我。人们用布雷泽尔顿称作的"母爱外壳"（enveloppe de maternage）来围绕着孩子，"母爱外壳"是由所有与其独立人格相适应的反应构成的。布雷泽尔顿还提到了与"母爱外壳"相辅相成的"控制外壳"（enveloppe de contrôl）：婴儿用控制外壳的反应来圈住他周围的人，让他们必须考虑到他的反应。布雷泽尔顿还谈到双重反馈系统就像一个"外壳"，既包含了母亲，也包含了婴儿（这与我说的自我-皮肤相对应）。

7. 关于婴儿的实验性研究明确了几种特殊反馈回路的性质，它们可能经由神经成熟的一些连续阶段实现，如果周围环境提供机会的话，婴儿会感受到这些反馈回路：

5. 自我-皮肤的心理成因

- 约6周到4个月之间，婴儿持续与母亲对视，"四目相对"（3-4个月之前，婴儿通过目光吸引成人注意；3-4个月之后，通过身体接触，随后通过声音）。
- 婴儿对母亲声音中的习惯韵律的早期认同（从几天或几周开始），这有平息烦躁和刺激某些活动的效果。
- 给婴儿提供浸透了母亲味道的布料时会产生同样的效果。
- 出生六个小时后，婴儿就能对好的味道（甜味）、中性的味道（没味道的水）和不好的味道（咸味、酸味、苦味，程度递增）做出反射性区分；这些区分在之后的几个月里会逐渐变化，通过母性环境的鼓励、禁止、劝告，婴儿通过母亲的表情学习识别哪些是她认为对他好的，哪些是她认为对他不好的，而这些表情并不总是能（甚至从不能）与婴儿原初的反射模式相对应（Chiva,1984）。
- 他能区分口头声音与其他声音的不同，两个月后就能与成人做出相同的区分。

8. 婴儿在与周围母性环境的相互作用中，成功进行这样或那样的连续反馈，这增强了他的感官辨别能力，也增强了他进行运动和发出语音的能力，这是一种推动着他体会其他回路，尝试进行新的学习的力量。婴儿获得了内源性的控制能力，从行为举止中的自信感发展到一种无限全能的欣喜感受；随着对每一步的控制，能量远没有因为行动的卸载而消散，相反因成功（精神分析中的力比多的补给现象）而增加，并且被投注在对之后阶段的预期中；婴儿要完成感觉运动和情感模式的重组（这是成熟和经验所必要的前提），这种内部力量的感受是必不可少的。

婴儿在物理环境和周围人当中进行努力而获得的成功，不仅得到了周围人的赞许，也得到了令人满意的附加的迹象，婴儿为了自己的愉快会尝试再次激起这些迹象：满足大人们期待的欲望加入到了不断开始新尝试的欲望当中。

认知与精神分析观点的分歧

实验心理学和精神分析对于这一点达成了共识：在新生儿那里存在着身体性前自我（pré-Moi corporel），前自我具有集合了各种感觉信息的冲动，具有遇见其他客体，对它们实施策略，并且与周围母性环境建立客体关系（依恋是其中一种特殊情况）的倾向；具有通过经验对身体功能与精神功能进行调整的能力（这些功能是基因和子宫内发育赋予的，在这些功能中，有辨别声响和非语言的声音的功能，并且这一辨别功能还包括从这些声音中对他周围的人说的话进行音位辨认）；具有发出能吸引周围人注意力的信号的能力（首先是做表情和哭喊，也可能发出气味，之后是目光和姿势，再之后是手势和声音）。身体性的前自我是个人身份感觉和现实感受的前身，它们决定了严格意义上讲的精神自我的特点。它解释了可证实的两个既为客观也为主观的事实：一方面，一旦出生，人就是一个独立的个体，具有独立的风格，且很可能有独一的自体感受；另一方面，在前面枚举的经验中的成功让他的前自我充满动力，这一动力促使其进行新的经历，并很可能伴随着狂喜的感受。

认知类型的理论和精神分析类型的理论之间存在着重要差异。前者强调母性环境与婴儿之间的对称性，这种对称性使母子趋向于一个自我稳定的系统。我毫不惊讶,对婴儿的研究通过隔着变形的玻璃进行观察,会使观察者产生错觉。将婴儿想象成被动的,其心理是块白板或者柔软蜡,这种看法现在已经过时了。取而代之的是,婴儿被想象是有能力(compétence)的、有活力的,是在与母亲的相互作用中几乎同样重要的一方,如果母亲也有能力、有活力,他们就会成为完全合适且幸福的一对,更接近一对双胞胎而不是一个互补但不对称的双人组(因为一方是被认为已发育完成的成年人,另一方即使不是早产儿,也至少是未完成发育的人)。迷恋的感觉同样使双胞胎幻觉(illusion gémellaire)在成人身上重新出现:贝伦斯坦和普吉(Berenstein et Puget, 1984)证实这是爱侣的基础。不过,只有按照平面(或轴线)才能得到对称。我认为,这一平面是由幻想提供的——这是实验主义不理解的地方——就是母亲与孩子共有皮肤的幻想;这一幻想具有分界面结构;这是个特殊的界面,它划分出了两个具有相同制度的空间区域,并在其间建立了对称(如果制度不同,或超过两个,分界面的结构会有所改变,比如会由囊或断裂点来充实)。

　　精神分析学家坚持(特别参见 Piera Aulagnier, 1979)患者与精神分析家之间的不对称,婴儿和周围环境之间的不对称,坚持最初的依赖和原始悲伤(正如弗洛伊德的命名, 1895),随着精神分析效果的展开,患者会退行到这种依赖与悲伤。温尼科特指出,除了物质自我和身体自我的整合状态,婴儿还经历了非整合状态,这种状态不一定是痛苦的,可能伴有无限的精神自体的欣快感;或可能因自我感觉过好或过坏而不愿交流。小家伙渐渐获得对人类语言的初步理解,但这仅限于第二发声,他不能独自使用语言而发出信息；第一发声从他这里消失了；在痛苦与愤怒中，他感受到这种神秘的声音和符号表达上的无力，它像一种根本的精神暴力作用在他身上——皮耶拉·卡斯托里亚蒂斯-奥拉尼耶(1975)称之为"解释暴力"——这还不包括身体遭受的粗暴的物理和化学伤害，更不用说仇恨、拒绝、冷漠、不关心，还有周围人的打击与糟糕照顾，带来的"基本暴力"(Bergeret, 1984)。母亲是婴儿需求必不可少的"代言人"(Piera Castoriadis-Aulagnier, 1975)，但是随着母亲越来越不能支撑这种依赖，这一暴力使婴儿的精神自我产生母亲是迫害者的意象，这会引起可怕的幻想，迫使其调动无意识的防御机制，这会抑制、阻止和破坏前文讲述的幸福的发展；这种摧毁让感觉整合的动力停止了；投射性认同阻碍了反馈形成回路；多重分裂使自体部分和客体部分的团块散落在一个既非内部也非外部的模糊空间；肌肉僵硬带，或运动躁动带，或身体的痛苦带，将构建精神病性的第二皮肤(peau seconde)，或自闭的保护层，或受虐外壳，通过覆盖有欠缺的自我-皮肤，对其进行补充。

第二点分歧是布雷泽尔顿根据刺激-反应模式对行为进行研究，而精神分析学家则对幻想及与之相关的无意识冲突和精神空间的特殊结构进行研究。布雷泽尔顿甚至认为(我认为这是有道理的)在婴儿-母性环境的关系中出现的多数的临时的反馈构成了动力系统，甚至经济系统，并创造了一个心理地形学上的新的精神现实，他称之为"外壳"，但没有详述它是什么。外壳是一个抽象概念，表明了观察者由外部进行的细致观察的视角。不过，婴儿对这个外壳有具体的表现，它由经常带来感官体验的东西，即皮肤，提供，幻想渗透进感官体验。正是这些皮肤幻想，用形象包裹着新生

5. 自我-皮肤的心理成因

的自我,当然这确定是想象的。借用保罗·瓦雷里(Paul Valéry)的表述①,它调动着我们身上非常深沉的部分,同时也是我们的表面部分。正是它们划分了自我构成的诸平面并解释了诸平面的缺陷。其他感官的发展都与皮肤这一"原初"被幻想的表面有关,——这里的"原初"是在 P. 卡斯托里亚蒂斯-奥拉尼耶(1975)所指的意义上讲,"原初"指的是原始的精神功能的先驱和基础。

作为精神分析学家,我在实验结果的分析中发现了第三点分歧。认知主义的心理学家认为,触觉不属于最早发育的感觉之一。味觉、嗅觉、听觉已经被证明自出生就存在,可以帮助婴儿对母亲进行识别(随后向母亲认同),以及帮助婴儿初步建立什么是好什么是坏的区分。之后,当小家伙进入到有意图的交流领域时,相较于我建议命名的触觉模仿,或触觉接触的意义交流,行为模仿、语言模仿、节律模仿起着更具决定性的作用。

认为皮肤在心理发育中扮演微不足道的角色,我持有反对意见。在胚胎时期,即使不算刚出生时,触觉也是最先出现的(参见 p. 13),这无疑是外胚层发育的结果,是皮肤和大脑的共同的神经来源。出生时的宫缩,以及阴道包膜扩张到婴儿尺寸进行分娩,给正在出生的孩子带来了整个身体的按摩体验和全身皮肤的摩擦体验。我们知道,这些自然的触觉接触会刺激呼吸和消化功能开始运转;自然的接触不能满足时,会代之以人为的接触(晃动、沐浴、温暖地包裹、手动按摩)。之后通过听觉、视觉、嗅觉和味觉等感官

---

① 《固着观念》:"人身上最深刻的,是皮肤。""之后是骨髓,大脑……所有为了感觉、受苦、思考必须的东西[……],深刻的[……]都是皮肤的创造!……深挖是没用的,医生,我们是……外胚层。"(P. 瓦雷里,七星文库,第 2 卷,p. 215-216)

交流活动的发育依赖于周围的人抱着孩子的方式,抱紧他的身体来安抚他,支撑他的头或脊椎。就像日常口语中表明的那样,用"接触"来描述各种感觉(用电话与远方看不见但能听得见的人接触;与看得见但不会有身体触碰的人有良好的接触),皮肤是自发关联各种感官信息的基础协调者。皮肤,假定其不占据时间上的先前性,那么相较于其他感官,至少有三点理由让它占据结构上的优先地位。它是唯一遍及整个身体的感官,它自己就包含多种不同感觉(热、疼痛、接触、压力……),这些感觉在物理上的接近会引起心理上的毗邻。最后,正如弗洛伊德(1923)暗示的,触觉是五种外表感觉中唯一具有自反结构的:孩子用手指触碰身体的某个部分时,会感受到两种互补的感觉,感到一块皮肤进行了触摸,同时感到一块皮肤被触摸。正是在触觉自反(réflexivité tactile)的模式之上,其他感觉的自反性得以建立(听见自己发出的声音,闻到自己的味道,在镜子里看见自己),然后思想的自反性得以建立。

自我-皮肤作为分界面的特殊性

现在我可以详细介绍一下我的自我-皮肤概念。母性环境之所以称作"环"境,是因为它用信息构成的外部外壳"环"绕着婴儿,并且带有一定的可以调节的灵活性,与内部外壳及婴儿身体表面保持一个可供使用的间隔,这也是发出信息的场所和工具:成为自我,就是能够感觉到自己具有这样的能力,发出信息且能被他人接收到。

这个量身定做的外壳,通过承认婴儿,确定婴儿的个体性来完

5. 自我-皮肤的心理成因

成婴儿的个体化：他有自己的个性，他有特有的性格，在与别人相似的基础上又与之不同。作为自我，就是感到自己是唯一的（unique）。

外部层和内部层之间的间隔也让自我在进一步发育时有可能不让自己被理解，不进行交流（温尼科特）。拥有自我，即有能力自我反省。如果外部层过于贴近孩子的皮肤（参见希腊神话中有毒长袍的主题），孩子自我的发育就会被抑制，受到周围的自我的侵袭；这被瑟尔斯（Searles，1965）证实是使人疯狂的手段之一。

若外部层过于松弛，自我会失去稳定性。内部层倾向于形成一个平滑、连续、封闭的外壳，而外部层具有网孔结构（参见弗洛伊德接触屏障[barrière de contact]的"筛子"，我会在第98页说到）。外壳的病理性之一在于对结构中的一个进行倒置：周围环境导致/迫使外部层变得僵硬、顽固、封闭（第二层肌肉皮肤），而内部层则表现为穿破的、多孔的（漏勺自我-皮肤[Moi-peau passoire]）。

我认为，布雷泽尔顿发现的双重反馈促使了分界面的建立，表现为母亲和孩子的共有皮肤，一端是母亲，另一端是孩子。共有皮肤将他们连接在一起，不过是对称的，这为他们在将来进行分离做好了准备。这一共有皮肤连接二者，保证了二者之间无中间者的交流、相互的共情和黏着的认同：它是唯一的屏障，它处在二者的感觉、感情、心理意象及生命节律共鸣中。

在共有皮肤幻想建立之前，新生儿的精神由子宫内的幻想主导，这一幻想否定了出生，表达了回到母亲体内的这一原初自恋的特定欲望，——互相包含的幻想和原始自恋融合的幻想，在这种包含与融合当中，幻想或多或少会导致母亲因为孕育的胎儿被生出来而被掏空；这一幻想在以后由恋爱经验重新唤起，按照这一幻想，每一个人都把对方抱在怀里，在包裹着对方的同时，也完全被对方包裹。自闭症外壳（参见 p.267）说明子宫内幻想的固着和获得共有皮肤幻想的失败。更确切地说，由于这样的失败（可能与基因程序的错误、周围环境反馈的欠缺、幻想机能不全等等有关），婴儿过早且病态地进行负面的自我组织反应，避免开放系统的运作，在自闭症外壳中进行自我保护，缩回到封闭系统当中，就像一个无法孵化的蛋。

分界面将精神运作转变为越来越开放的系统，将母亲和孩子推向越来越分开的运作。但是分界面使二者保持共生的互相依赖。下一步需要去除这一共有皮肤，并认识到每个人都有自己的皮肤和自己的自我，要实现这一步并不是不会遇到阻抗，也不是不会有痛苦。这就是剥皮、皮肤失窃、皮肤死亡或者致命的幻想在起作用（参见 Anzieu, 1984）。

如果与这些幻想相关的焦虑能被克服，那么，孩子就能在双重内在化的过程中获得属于自己的自我-皮肤：

a) 分界面的内在化，成为包含精神内容的精神外壳（比昂认为思想的思想机制由此建立）；

b) 母性环境的内在化，成为思想、意象、情感等等的内部世界。

这种内在化需要的条件，我称之为双重的触摸禁忌（参见第10章）。起作用的典型的继发性自恋幻想是一种坚不可摧的、永远不死的、英勇无比的皮肤幻想。

固着于这些幻想当中的这个或者那个，尤其是固着于剥皮幻想,以及为压抑它们、投射它们、将它们转化为它们的反面或对它们进行过度的色情性投注而调动的防御机制,在皮肤病和受虐狂这两个领域中扮演了尤其重要的角色。

D. 伍泽尔(1985a)回顾克莱茵后期的工作,描述了精神空间越来越复杂的组织阶段,这些阶段与我刚刚简述的自我-皮肤的演化异曲同工。第一阶段(伍泽尔以有争议的方式称之为无定形的阶段,事实上以胸部哺乳和肠内发酵为标志),婴儿体验他的精神本质为液体(由此产生了排空的焦虑)或者气体(由此产生了爆发的焦虑);挫折在开始出现的刺激屏障中引起了一些裂缝,为排空或爆发打开了大门;自体的内部稳定性的缺失,我认为似乎应当与自我-皮肤的第一个功能无法构建相关联(它通过依靠支撑性客体来得到支撑)。

第二阶段,原初思想出现(它是缺失、缺少的思想),使挫折导致的外壳上的开放的裂痕能够被容忍。"思想就像是内部骨架。"但我要补充,这是这样的一些思想,它起作用需要通过与支撑客体(之后成为容器客体)连续不断的接触来保障(参见我的乳房-皮肤概念),持续不断地接触会在共有皮肤的幻想中找到其形象化的表现。客体关系建立在黏着的认同之上(Meltzer, 1975)。自体与自我尚很难区分,它被作为有感觉的表面体验着,这容许了有别于外部空间的内部空间的建立。精神空间是双重维度的。"客体的意义在这里与在它们表面上传递的感觉不可分隔。"(Meltzer, ibid)

第三阶段,由于三维性和投射性认同的参与,客体的内在空间出现了,且表现得与自体的内在空间相似但不同,思想可以在这些空间中被投射或被内摄;由于有了对母亲身体内部进行探索的幻想,内部世界开始形成;思想的思想机制建立起来;"精神的出生出现了"(Mahler,引自 Tustin,1972)。但共生仍然持续;时间是冻结的、重复或摆动的、循环的。

之后一个阶段,涉及对原初场景中的好父母的内摄性认同,他们被幻想成富饶的且有创造性的,对好父母的认同促发了心理时间的获得。现在有了这样的主体,具有内部历史,且可经由自恋关系到达客体关系。我总结给自我-皮肤的其他六个积极功能(维持和包含之外)可以继续发展;对容器的自毁的负面功能则变得不再那么可怕了。

两个临床案例

胡安尼托案例

一个拉丁美洲同事听了我的关于自我-皮肤的演讲后,告诉了我这个病例。胡安尼托有先天畸形,出生后不久就不得不在美国做手术。他母亲暂停了自己的家庭和工作活动去陪他,但几个星期里,她都只能隔着玻璃窗看他,既碰不到他也不能对他说话。手术成功了。在严格控制的环境里,术后恢复也很顺利。回国后,他的语言学习很正常,甚至有些超前。但可以想见,小男孩的心理会留下严重的后遗症,五六岁时就需要接受心理治疗。

他的心理治疗的决定性转折出现在一次心理会谈中,胡安尼托从墙上撕下大块干净的墙纸,这种纸可水洗,

5. 自我-皮肤的心理成因

特意粘在墙上,让孩子随意在墙上作画。他将纸剪成小片,脱光了全身衣服,让心理治疗师将纸片贴在他全身,只露出眼睛,特别坚持两个要求,一要用上所有纸片,二要覆盖他的全身不留缝隙(除了眼睛)。在之后的治疗中,他又重复这一游戏,让他的心理治疗师把他的皮肤完整地包裹起来,后来他又对一个赛璐珞裸体玩偶做了同样的事。

胡安尼托住院时,由于与母亲及母性环境的触觉、听觉交流和身体接触的缺失,造成了不可避免的自我-皮肤缺陷,这一缺陷就这样被修复了。每天与母亲保持视觉联系,维护了诞生着的自我:因此,在与心理治疗师的粘贴游戏中必须保持眼睛睁开。这个聪明的小男孩,能够很好地使用语言,能够对心理治疗师表述其身体自我的两个需求:感受皮肤作为连续的表面,和记录收到的所有外界刺激并将其整合成通感(sensorium commune)。

埃莱奥诺尔案例

柯莱特·德东布(Colette Destombes)知道我在研究自我-皮肤,为我提供了这位九岁左右女孩的一个精神分析治疗的片段,她在学业上成绩不佳。这个孩子的智力似乎是正常的,当场能理解老师的讲解,但过了一夜就记不住了。学到的东西她立刻就会忘记。她的症状在治疗中反复出现,让治疗变得越来越困难:小女孩不记得她上一次治疗时说过什么或画过什么。她显得十分抱歉:"您看,人们对我无能为力。"她的治疗师差点就认为她有隐性的幼稚症,而放弃对她进行精神治疗。

在一次治疗中，症状比之前都要明显，她（治疗师）孤注一掷，对小女孩说："总的来说，你有个漏勺脑袋。"孩子的表情和语调都变了："您是怎么猜到的？"这是第一次，埃莱奥诺尔接收到的不是周围环境对她的或明或暗的指责，而是对她的精神运作和她的自我意象的准确表达。她说这正是她的感受，她担心其他人会感觉到，于是想方设法地隐藏，为了掩饰已经筋疲力尽了。自这次的认可和承认开始，她能记得起她的治疗了。在下一次治疗中，她主动向心理治疗师提出要画画。她画了一个口袋。袋子里是一把合上的刀，之后的治疗中，画里的刀渐渐打开。

就这样，埃莱奥诺尔能够告诉某人，她终于找到方式去理解冲动，冲动对她来说是一个问题。袋子，自那时起是她的自我-皮肤的连续外壳，保证了她自体连续性的感受。刀是无意识的攻击性，被否认、闭合，并转向她自己，在她的精神外壳上到处扎洞。众多孔洞使她憎恶和摧毁的欲望涌出，而不会带来分裂、破碎并溅散成碎片的危险。同时，她的精神能量也从这些孔里放空了，失去了记忆，自体的连续就粉碎了，思想也不能包含什么。

虽然自那时开始，心理治疗就进行得很正常，但这不是说就没有困难了。小女孩释放了越来越开放和暴力的攻击性，攻击并威胁她的心理治疗师，但是以一种可解释的方式，相对于之前治疗中的消极反应，这是进展，之前她只是沉默着摧毁心理治疗和思想这些思想机制。埃莱奥诺尔案例证实了自我-皮肤的一种常见形态，这一形态是对容器的精神外壳进行无意识的仇恨攻击造成的：漏勺自我-皮肤。

第二篇　结构、功能、超越

6. 自我-皮肤的两位先驱：
弗洛伊德、费德恩

弗洛伊德与自我的心理地形学结构

重读弗洛伊德时，我与他的大多数后继者一样，惊讶于有多少革新可以在弗洛伊德这里找到萌芽，这些萌芽是一些形象化的思想，还有一些早期提出但后来被抛弃的概念雏形。我会尝试展示弗洛伊德1895年首次描述，又在1896年定名为"精神机制"（apparil psychique）①的东西如何提供了自我-皮肤的预想。通过"接触屏障"概念（他之后再也没有提过这一概念，他生前也没有发表相关论述）的提出，我们能有这样的理解。我顺着弗洛伊德的思想演进，追溯到他关于精神机制的最后几篇描述之一《关于神奇的复写纸》（1925），并努力将这篇文章置于心理地形学模型中，这一模型越来越多地摆脱了解剖学和神经学等的参考，它要求自我拥有一个基于皮肤经验和功能的支撑，这是一个隐含的也许也是原初的支撑。

---

① Lettre à Fliess du 06-XII-1896, in Freud S., 1887—1902, tr. fr., p. 157.

王尔德无疑是在他的文化和科学精神的影响下,想到了机制这个术语,这个词在德语和法语中都是指由零件或器官产生的自然组合,以实现某个实际应用或生物功能。在这两种情况中,我们讨论的机制(作为物质现实)都由一个隐蔽的系统、抽象的现实进行组织,这一系统控制各部分的配合,指挥整体运作,以制造出需要的效果。还用弗洛伊德选用的例子,在人类构想的机制中,有电子机制或光学机制,在有生命体的机制中,有消化机制或泌尿-生殖机制。弗洛伊德的一个新想法是把心理当作机制来研究,并将机制构想为不同系统的连接(就是说构想为一些子系统的系统)。

语言机制

1891年,弗洛伊德在他发表的第一部作品《失语症研究》中,创立了语言机制①的思想和表述。他批判了占统治地位的大脑功能定位理论,明确借鉴了休林斯·杰克逊(Hughlings Jackson)的革命性观点:神经系统是一个具有高度组织性的"机制",正常情况下,包含"与之后的功能发育阶段"相适应的"反应模式",在某些病理学情况下,依据"功能的退化"解除这些"反应模式"(法语译本,p.137)。语言机制连结了两个系统(弗洛伊德称之为"结"[complexe],而非系统),其中一个是词表象(représentation de

---

① *Sprache apparatus*,"appareil à langage"是 J. 纳西夫(Nassif)的翻译(弗洛伊德,《无意识》[*L'Inconscient*],editions Galilee,1977,p. 266 et sq.。第 III 章整章都是对弗洛伊德关于失语症的这本书的评论)。M. 文森特(M. Vincent)和 G. 迪亚特金(Diatkine)提出"appareil du langage"的译法(油印版翻译,精神分析学会,巴黎)。C.范·里斯则在他对弗洛伊德的失语症著作的法语译本中坚持"appareil du langage"的译法;我的引文使用这一译法。

mot），另一个从1915年开始命名为物表象，而在1891年时则称为"客体联结"或"客体表象"（représentation d'objet）。这两个"结"中的第一个是封闭的（或者说是闭合的），而第二个是开放的。

以下是书中的图8和弗洛伊德的评论（前引书，p.127）：

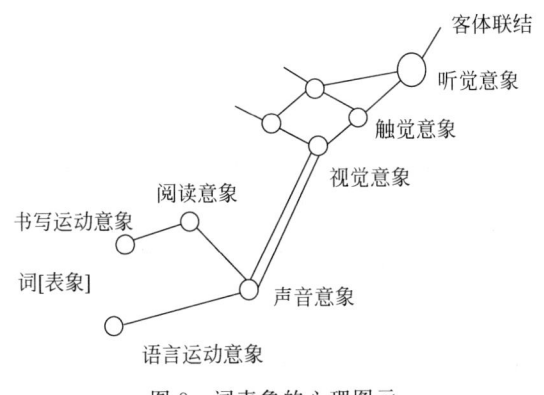

图8 词表象的心理图示

"词表象体现为闭合的表象的结，客体表象则是开放的结。词表象并非在其所有组成部分上都与客体表象相连，只在声音意象上相关。在客体联结中，视觉图像代表客体的方式正与声音图像代表词的方式相同。言语的声音图像与客体其他联结方式之间的关系并不明确①。"

显然，语言机制也建立在神经学模式上。"为了向我们展示语言机制的构成，我们根据这一观察，即上述语言的中心区是向外

---

① 客体联结（听觉、视觉、触觉……）建立了客体表象。1915年，弗洛伊德在《无意识》的最后一部分中对术语进行了修改，开始使用物表象，依然是相对于词表象而言的，并且对物表象和词表象的整体结合的表达，则使用客体表象。

(在边缘)的,是邻近其他对语言功能来说重要的大脑皮层中心,并且它们向内(核)包围着一个没有被定位的区域,该区域可能也是语言场的区域。因此,语言机制是左脑皮层中一个连续的区域,在听觉和视觉大脑皮层神经末梢与语言驱动和手臂驱动神经末梢之间。语言场的这些部分与这些皮层区邻近,在病理解剖学方面而非功能方面,获得了——当然带着必要但还不确定的局限性——语言中心的意义"(前引书,p.153)。

位于其周边的病变切断了与话语有关的某一元素与其他元素的联系,但这并不适用于中心的病变。

正是这个心理学图示使弗洛伊德能够清晰了解神经学图示,并将失语症分为三种:

• 口语失语症,只是词表象的元素之间的联结被扰乱了(这种情况是周边病变,假定的诸语言中心之一被彻底破坏);

• 非符号失语症,切断了客体表象与词表象(周边病变导致了不完全的破坏);

• 失认失语症,对事物的认识能力受到损伤,失认症的影响间接扰乱了言说的动机(这是中心病变引起的语言机制的纯粹功能性混乱)。

从弗洛伊德关于语言机制的理论研究中,我摘取了其思想发展的三个重要方面:之前语言研究与解剖学及神经生理学的材料有着狭窄的术语对术语的关联,弗洛伊德努力把言语研究从中解放出来,寻找口语思想和一般心理运作的特异性;三元分类的必要性(失语症的三个种类,为精神机制的三个机构[instance]做准备);以及是独创且未来会丰富发展的心理地形学直觉:具有"假定

6. 自我-皮肤的两位先驱：弗洛伊德、费德恩

中心"功能的东西是位于"周边"的。

精神机制

1895年，在与布罗伊尔（Breuer）共同撰写的《癔症研究》中，弗洛伊德用的依然是通常使用的"机体"和"神经系统"的术语①。在1895年的《科学心理学大纲》中，他根据三种假想的神经元，将"神经系统"②分为三种，φ、ψ、ω"系统"，还有 φ 和 ψ 系统之间起关键作用的"接触屏障"；整体构成了"φ、ψ、ω 机制"，它自身对外部受数量屏蔽屏障保护，而这个数量屏蔽屏障由"神经末梢机制"构成。

在1899年出版（但标为1900年）的《释梦》中，弗洛伊德首次引入了"精神机制"这个词③。1896年12月6日，他就对弗利斯（Fliess）提到过，他将精神机制清楚地和自己之前的关于失语症的工作联系在一起，更确切地说，他把它与这样的想法联系在一起：记忆属于精神系统而非感知，它对事件有多种而非单一的记录（对痕迹的"再安置"构成了"再记录"）。这一精神机制由三个系统组成，弗洛伊德称之为机构④（Instanz）：意识，前意识，无意识，其独特的相互作用源自一个心理地形学事实，即三者被两种检查分开，同时还源自目的的不同，即三者遵从不同的运作原则。

这一机制——语言机制、φ、ψ、ω 机制、精神机制——的基本

---

① 三十年后，1925年再版时，他将该书最后一句话中的 *Nervensystem*（神经系统）替换成了 *Seelenben*（精神生活）。
② 法语译本使用的是"神经元系统"。
③ 弗洛伊德没有区分 *psychischer*（心理机制）和 *seelischer Apparat*（精神机制）。
④ 根据《标准版弗洛伊德全集·总序》(*SE*, I, XXIII-XXIV)中提到的理由，选择翻译成英语 *agency*（机构）。

属性是建立联想、连接和联系。"联想(结)"这个词在关于失语症的专著中反复出现,要分清这是在神经联结意义上的使用还是在英国经验主义心理学家所重视的观念联想的意义上的使用,这并不总是容易分清的①。

伴随着弗洛伊德的理论演变,不仅有他对临床兴趣的演变,还有他对神经症患者的治疗方法的演变。语言机制时期,他采用电疗法和反暗示的催眠疗法。φ、ψ、ω 机制从宣泄疗法(《癔症研究》中有所展述)发展到手放在清醒的患者前额强制精神集中的方法。与精神机制这个观念同时的还有"精神-分析"这个词和概念,"精神-分析"创立了自由联想的方法,将对梦及一些类似的无意识形成物的解析作为治疗的动力引入。看到1891年词表象的心理学图示的双树状图如何可能勾画前意识中的口语自由联想网络,以及这种口语自由联想在意识(成为开放系统)和无意识(组成封闭系统)两个方向的发展,这令我十分惊讶。

在三十年时间里,不对称的双树状图示一直是弗洛伊德的理论和实践中默认的模型之一。《超越快乐原则》(1920)、《自我和本我》(1923)标志着这一图示的断裂:为表现精神机制,双树状图让位于意象,让位于囊和外壳的概念。其理论重点从意识和无意识的精神内容转移到作为容器的精神现象上。《关于神奇的复写纸》(1925)详述了这一外壳的心理地形学结构,并含蓄地确认了皮肤

---

① 在我的认识中,并没有关于弗洛伊德的联结概念的可靠研究。这样的研究能够展示弗洛伊德是如何从神经学和心理学概念转向自由联想的纯精神分析概念。勒内·卡埃斯有一部关于团体中的联想进程的著作:《话语和联系》(La Parole et le lien),杜诺出版社,1994。

对自我的支撑。在这之间,1895年寄给弗利斯的手稿记录了弗洛伊德在《失语症》中认识论突变的雏形:精神机制(即将被如此命名)不仅仅是诸力的转换系统;它的子系统之间的相对布局还定义了精神空间。在弗洛伊德的内心和想象中,这一精神空间的特殊形态仍十分依赖解剖学和神经学模式,直到在身体表面的投射中找到它的心理地形学基础。在身体表面上,感官经验作为有意义的形象显现。

接触屏障

1895年10月8日弗洛伊德将《科学心理学大纲》寄给弗利斯,但直到他身后才出版。弗洛伊德在书中创造了一个新的概念,"接触屏障"(Kontaktsschrank),但他在之后发表的文章中都没有使用这个概念,而现代的精神分析学家中,只有比昂重新使用了这一概念,并做了明显的修改①。这个概念令人惊讶:这是一个障碍的矛盾,这一障碍封闭了通道,因为它在进行接触,也由于接触而开放了部分通道。尽管弗洛伊德没有明确表示,但他似乎受到了电阻模型的启发。这一概念属于神经生理学猜想,他年轻时进行科学研究的阶段十分重视神经生理学,但1897年10月发现俄狄浦斯情结后就彻底将之放弃了。1884年开始,弗洛伊德断言,细

---

① 在《经验的来源》(Aux sources de l'expérience,1962)的第八章,比昂通过接触屏障描述了无意识和意识之间的临界线。梦是一个典型的临界线,但它在醒着的时候也会产生。它处于持续的形成过程中,由 alpha 元素的汇集和增加构成。Alpha 元素很容易聚集起来,或黏附在一起,或根据时间、逻辑、几何关系排列起来。而 bêta 屏障则是它的病理的对等物。

胞和神经纤维构成了解剖学和生理学的整体,他因此被视为瓦尔代尔(Waldeyer)于1891年创立的神经元理论的先驱。同样地,1895年的接触屏障的概念,要先于谢灵顿(Sherrington)1897年发表的突触理论。为了满足理论的需要,这一概念得以创立。

科学心理学,弗洛伊德想要将之建立在化学物理学模型之上,开始于量和神经元这两个基础概念。这是关于物理量的科学及对这些量施加影响的过程的科学,比如癔症的转变,强迫症神经的过度紧张的表现。而神经元遵从惰性原则,就是说倾向于摆脱量。癔症发作是这样的例证:对起源于性的大量的刺激量的近似反射性的宣泄,除此之外这些刺激量无法以其他方式排出。"卸载过程是神经系统的首要功能"(Freud,1895a;SE,I,p.297;法语译本,p.317)。[①] 但机体制造了以下活动:

- 相较于外界刺激的反射性的简单回应,这些活动要更为复杂;
- 这些活动回应了重要的内部必不可少的需求(饥饿、呼吸、性);
- 并且这些活动的运作需要预先存储一定的量。

满足于生命需求的这一增长的复杂性被称为精神生活。它建立在神经系统继发功能上,这一功能"支撑了被积累起来的量"。那么,这一系统是如何做到这一点的呢[②]?

[①] 这一章之后的内容会参考《精神分析的诞生》的法语译本,巴黎,PUF,1956。
[②] 感谢让-米歇尔·佩托(Jean-Michel Petot),他对文本的详细研究,对我接下米撰写接触屏障的段落有很大帮助。

6. 自我-皮肤的两位先驱：弗洛伊德、费德恩

φ神经元较易渗透（它们对接收到的外界的量进行传导，并让电流通过），而 ψ 神经元较不易渗透；它们既可以是空的，也可以是满的；其终端使它们相互之间能够进行交流，终端有一个接触屏障，它抑制放电，保留着量，或者让它们"部分通过或较难通过"：这是一些"具有障碍价值的接触点"（*SE*, I, p. 298；法语译本，p. 318）。对于精神运作来说，这些接触屏障的性能是多样且重要的。

1）这是量的承载者。或者用比昂的话说，是能量的"容纳者"，因此主体可使用能量。

2）这是柔软且有可塑性的器官；接触屏障允许在这里开辟通道，以使更小的刺激下一次能够通过；因此越来越易于渗透。

3）它们在电流通过后建立阻抗；甚至当通道完全建立后，一些阻抗仍会持续，在所有接触屏障中都是如此；因此不是所有现存的量都流通；一部分保持在贮存当中；它们是能量的调节阀。

4）因此，它们可以分配量，同时根据不同传导路径进行控制：它们是能量的分配者："强烈的刺激借用的路径与较弱的刺激的路径不同……因此每个 φ 路径都会解除其电荷，φ 上更大的量通过多个而非单一的神经元表现出来，这些神经元倾注在 ψ 上……因此 φ 上的量通过 ψ 上的复杂性表现出来"（*SE*, I, 314-315；法语译本，333-334）。弗洛伊德暗示费希纳法则（他认为感觉变化是刺激变化的对数）是这种普遍性的一个特殊例子。量的增加可以通过质的改变表达，质的改变减缓最初强度的增长，制造越来越复杂的感觉性质。

5）接触屏障的阻抗是有限度的。它们有时甚或长时间因增长的量的侵入而丧失能力。这是痛苦的情况，随着增长的量的感

官刺激,痛苦使 φ 系统摇摆,它到 ψ 系统的传输是"无任何障碍"的。这种痛苦"以电闪雷鸣(blitz)的方式",留下持久的通道,甚至彻底解除接触屏障的阻抗(SE,I,307;法语译本,327)。

6)但"痛苦会在外部刺激薄弱的地方突然发生。如果是这种情况,那么痛苦规律性地与一种持续的解决方式相联结。我想说的是,只有在某个外界量(Q)直接作用于 φ 神经元终端而非通过神经末梢机制时,痛苦才会产生"(前引书)。所以说,接触屏障是第二线的防护,其运转需要第一线的参与,至少在与外界关系上需要一个"量屏蔽"(Quantitässchirme),这个量屏蔽的中断为接触屏障的大量排放打开通道。事实上:

"φ 神经元并非在周边,而是在细胞结构中自由终止。细胞结构而非 φ 神经元接受外来刺激。这些'神经末梢机制'(使用这一术语最广义的意义)可以阻止外界量(Q)对 φ 产生全力的影响,也因此对某些量(Q)扮演了屏障角色,只允许部分外部量(Q)通过。

"所有这些与以下事实相吻合:另一种神经末梢是迄今为止最常见的,它们分布在身体内部的外围,它们是自由的一类,完全没有末端构件。此地无须与 Q 量对立的屏障,可能因为对量的容纳($Q\eta$)并不强制要求恢复到细胞间的水平,它们一开始就是在这个水平。"(SE,I,306;法语译本,325-326)。

这是一个不对称的系统。尽管弗洛伊德还没有谈到精神外壳,但已经有了先兆,它被描述为有两层的嵌套,一层是外部层

6. 自我-皮肤的两位先驱:弗洛伊德、费德恩

("量屏蔽";参考植物的纤维素细胞膜和动物皮毛),一层是内部层("接触屏障"的网络;参考表皮的感觉器官,或大脑皮层的膜)。内部层对外部量有所防护,但对内部量没有防护。

7) 量屏蔽(弗洛伊德自1920年的《超越快乐原则》开始称之为"刺激屏障"[pare-excitation, Reizschutz])保护神经机制(弗洛伊德后来称之为精神机制)不受过强的外界刺激影响;量屏蔽构成一个屏障。接触屏障一方面接收这层屏障所放行的外界刺激,另一方面也直接接收内部的刺激(与基本需求相关的刺激)。其功能不再是量的保护,而是分离量,过滤质。其结构不再是屏障而是"筛子"(Sieb)。借用最新的术语,屏障和筛子之间的连接是这样的形态:有网眼的网状结构。弗洛伊德在《科学心理学大纲》手稿中绘制的图13大致体现了这一形态,他明确表示这是一个分支结构,是1891年的词表象图示的右半部分的变形。

以下是弗洛伊德的文中关于这一图示的段落:

"这里,特殊的调整似乎是保持量(Q)远离 φ 。 φ 上的感觉传导诸路径有一个特殊结构:它们不停分叉,产生有众多神经末梢的更厚或更薄的路径。下图(图13)也许可以帮助理解。"

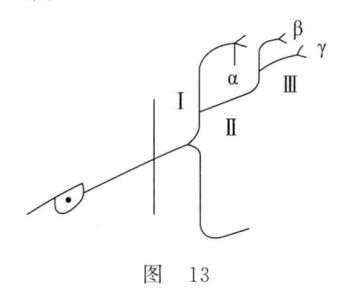

图 13

"强刺激借用的路径与弱刺激的路径不同。比如，$Q\eta\,1$ 只通过 I 通道，将一部分量通过 α 终端传播到 ψ。$Q\eta\,2$（即强度为 $Q\eta\,1$ 的两倍的量）不能将双倍的量传播到 α，但能够通过比 I 狭窄的 II 通道，并在那里打开第二个神经末梢，ψ 神经末梢（在 β）。$Q\eta\,3$ 打开最窄的通道，通过 γ 神经末梢进行传播（如图）。因此，每个 φ 通道都会清除其负荷，φ 上最大的量通过多个而非单个神经元表现出来，并倾注于 ψ"（SE, I, 314-315；法语译本，333-354）。

这些都与量的处理有关。但接触屏障的功能，准确地说是过滤功能，同样也包括质的处理。除了量，外部刺激还具有特性的周期（SE, I, 313；法语译本，332，注释 1），这一周期贯穿神经末梢机制，以对 φ 和 ψ 的倾注为载体，达到 ω（弗洛伊德构想的第三种神经元，用以支持感知-意识进程），成为质。周期的概念也要归功于弗利斯（他区分了男性气质和女性气质，根据其周期确定了其存在的关键时刻），这是将物理学家熟悉的现象移置到心理学上，是考虑精神机制的时间变量的方式。（要补充的是，这是在自我-皮肤及其缺陷的建立中，节奏共鸣或不和谐的预兆）。量在外部构成连续体，"先减少，随后受到断口的限制"。而质是不连贯的，"某些周期并没有起到刺激作用"（SE, I, 313；法语译本，332-333）。"φ 刺激的量通过一种复杂性在 ψ 上表现出来，而质则通过心理地形学得到表现，因为根据它们在解剖学上的关系，不同感觉器官只能通过特定的 ψ 神经元进行交流"（SE, I, 315；法语译本，334）。我们可以将接触屏障的第六种功能概括为：用于分离量和质，并为意识

6. 自我-皮肤的两位先驱：弗洛伊德、费德恩　　121

带来对感觉的质的认知，尤其是对快乐和痛苦的感知。

8）由它们相对于量的特性可知，ψ神经元的整体与φ神经元不同，可以记录变化，支持记忆（mémoire）。通道的改变"带来了记忆再现的可能性"（SE, I, 299；法语译本，319）。"记忆通过ψ神经元中打开的通道的不同而得到再现"（SE, I, 300；法语译本，320）。"存在一种通过同时性进行联想的基本法则，这一法则[……]是ψ神经元中所有联系的基础。我们认为，当α和β神经元同时接收到来自φ（或别处）的电荷时，意识（也就是电荷量）从一个α神经元传递到一个β神经元，因此α-β同时的电荷促使接触屏障打开通道"（SE, I, 319；法语译本，337）。

记忆和感知之间是有分离的，除了在满足的体验这种极为特殊的情况下。为解释这一分离，弗洛伊德假设有两种神经元，一种持续可变，就是说可打通（ψ神经元），另一种不可变，随时准备接收新的刺激，或者说临时可变，因为它们允许量通过，但刺激（φ神经元）通过后又恢复为之前的状态。这种记忆和感知的分离，虽然不完全归结于接触屏障的作用，但也离不开接触屏障。

因此，接触屏障的网状结构构成了区别于量屏蔽屏障的登录界面（我建议这样命名），登录界面为自我保护而与量屏蔽屏障相连接。

总而言之，接触屏障具有分离无意识与意识、记忆与感知、量与质的三重分离功能。

接触屏障的心理地形是不对称的双面外壳（但外壳的概念还没有被弗洛伊德证实），一面转向φ神经元传递的外界刺激，且受量屏蔽屏障的保护；内侧的一面转向 *Körperinnerperipherie*（身体内部周边）。内部生成的刺激只有在恢复到之前的状况时才能被识别,就是说要被识别只有投射到外部世界,与视觉、听觉、触觉等的表象相结合(参见梦的"日间残留"),并最终被接触屏障网络记录下来。因此,冲动只有通过精神表象才能被识别。

但弗洛伊德注意到,精神系统并非自主的:最开始它注定要遭受原始痛苦(*Hilflosigkeit*),且必须有母亲作为精神生命来源的介入。

作为分界面的自我

1923年,弗洛伊德在《自我和本我》的第2章(章题也是"自我和本我")中,重新定义了自我概念,使之成为精神机制这一新概念的重要部分。

这一定义由一个长期被弗洛伊德的法语译者和评论者忽视的图示所呈现,这一定义建在几何学性质的比较之上。简图和文字的对比都有同样的意义:精神机制不再被从经济角度(即精神能量在量上的转变)考虑;心理地形学角度变得更重要;过去的地形学(意识、前意识、无意识)被保留下来,但进行了深入的更新,加入了图示中的重叠部分,自我和本我。精神机制能够从心理地形学角度表现出来,并用主体地形学的术语进行了概念化。

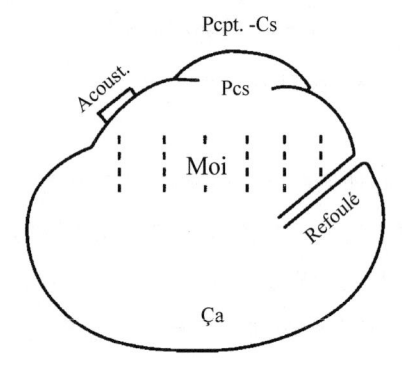

6. 自我-皮肤的两位先驱:弗洛伊德、费德恩

图中使用的缩略词是弗洛伊德使用的缩略词的翻译:

Pcpt.-Cs: 感知-意识 (W-BW)(*Wahrnehmung-Bewusstsein*)
Pcs.: 前意识 (Vbw) (*Vorbewusste*)
Acoust.: 听觉(感知)(Akust)(*Akustischen Wahrnehmungen*)
Moi 自我 (Ich)
Ça 本我 (Es)
Refoulé 压抑 (Vdgt) (*Verdrängte*)

弗洛伊德在《自我和本我》中介绍了这一图示(*GW*,13,252; *SE*,19,24-25;新法语译本,237)。

我们发现几乎所有病理学描述的区别都只与精神机制表层相关,这是我们仅知道的。我们可以简单画一张图说明这些关联,当然,图中的轮廓只是为了表现意象,并不能用作具体说明①。也许我们可以补充,自我戴着一顶有"听觉的帽子"(*Hörkappe*),就像我们从脑解剖当中所知道的,它只有一边有,也许可以说它歪戴着的。

在这个图示出现之前及之后的弗洛伊德的文本中,这一图示与地形学的比较多次出现:

---

① 我认为评论者单从字面解释这一审慎的宣言是不对的。弗洛伊德高度强调了意象作为物表象和借助于字母书写的语言思维(更不用说解释模糊的梦境)之间的中介者角色,这样就无须在前概念的图示中"看到"它们,因为前概念尚不能诉诸语言,还处于图像思想阶段。我认为,可以在较大团体的心理剧中运用它,构建一个群体的精神机制,以便测试这一图示的有效性(Anzieu,1982a)。

> "我们已经知道这里连接的是哪个环节。我们说[①]意识是精神机制的表面,就是说我们将之视作系统的功能,这一系统是第一个在空间上来自外部世界的系统。空间上,不只是在功能的意义上,也是在解剖的意义上。我们的研究也同样,应将这一感知表面视作出发点。"
> (GW,13,246;SE,19,19;新法语译本,230)

在将意识当作分界面进行描述之后,接下来是"皮层"与"核"的接合;自我被明确指明是精神"外壳"。这一外壳不只是一个用以容纳的口袋;它扮演了与外部世界进行精神交流以及收集和传递信息的主动角色。

> "个体,据我们看来,是精神上的本我,未知且无意识,其表面是自我,自我以前意识系统为核心发展而来。如果试着用形象来表现它,我们还会加上自我不能完全包裹住本我,但只在前意识系统构建其表面的范围内包裹住了本我,近似于蛋中的胚盘。自我并不完全与本我分离,在其内部部分与本我相融合[②]。(GW,13,251;SE,19,243;新法语译本,236)

[①] 弗洛伊德在《超越快乐原则》(à Au-dela du principe du plaisir,1920)第4章介绍了精神机制与原生质囊泡的决定性对比。感知—意识系统与大脑外胚层相似,被描述为大脑皮层。位于"区分外部和内部的界限上"的位置,使其能"接收两边的刺激"(GW,13,29;SE,18,28-29;法语译本,65)。精神机制的意识"皮层"现在看起来像是数学家称为"分界面"的东西。

[②] 弗洛伊德在别处说过,自我是本我的内部分化。临床证实了弗洛伊德关于自我和本我之间融合的中间带的观点(参见温尼科特的过渡空间)。

6. 自我-皮肤的两位先驱：弗洛伊德、费德恩

这里，弗洛伊德无须重复精神分析的一条基本原则，心理根据这条基本原则，持续参照着身体经验发展。他以相当凝缩甚至是简略的方式得出了一个结果，他详细指出了自我具体来自于哪种身体经验：精神外壳借由身体外壳的支撑而衍生出来。他尤其提到了"触摸"，并间接通过"身体本身"的"表面"的表达而提到了皮肤：

> "在自我的出现及其与本我的分离之中，除了前意识系统的影响，另一因素似乎也在起作用。外部和内部感知同时来自于身体本身，尤其是其表面。身体本身被视为陌生事物，但同时它将触觉感受分为两种，其一可与内部感知相似[①]（GW，13，253；SE，19，25；新法语译本，238）。

在弗洛伊德那里，自我的原始状态与我建议命名的自我-皮肤相吻合。关于身体经验（自我依托于身体经验而构成）的更仔细的观察，令我们考虑到至少两种被弗洛伊德忽视的其他因素：冷热的感受也是由皮肤提供的；呼吸交换，伴随着皮肤交换，甚至可能是皮肤交换的一种特殊变形。相对于所有其他种类的感觉，触觉具有典型特点，使其不仅成为心理的起源，也能为心理持续提供某些可以称为精神基础的东西，精神内容在此背景上成为意象，或使精神机制能够有内容物的容器外壳（第二种观点，借用比昂（1967）的话，我会说先有思想，随后是"对思想起作用的思想机制"；我要补充比昂的是从思想到思维的过程，也就是自我构建的完成需要双

[①] 弗洛伊德强调了视作和触觉，新法语译本遗漏了这一细节。

重支撑,它发生在母亲带给婴儿的容器-内容物的关系上——比昂很好地认识到了这一点——以及在我看来是决定性的关系,即容纳外界刺激的关系上,儿童自己的皮肤——当然首先受到母亲的刺激——为儿童带来体验的关系)。触觉实际上同时提供了"外部"感知和"内部"感知。弗洛伊德暗示了一个事实,我感受到触碰到皮肤的物体,同时也感受到皮肤被物体触碰到。很快——我们知道,也能看到——触觉的两极促使儿童对物体进行积极的探索:他用手指主动触碰身体的各部分,把大拇指或大脚趾含在嘴里,同时尝试着客体与主体的互补位置。可以想象,这种对触觉感知的内在两重性,为依托于触觉经历的有意识的自我的双重自反做了准备。

弗洛伊德跳过我刚刚重建的这一环节,对必要结论进行说明:"自我首先是身体自我(*köperliches*),不只是作为表面的存在(*Oberflächenwesen*),其本身也是表面的投射"(*GA*,13,253;*SE*,19,26;新法语译本,238)。在英文版的这一段中,自1927年开始,在弗洛伊德的同意下补充了下面这段注释,对于重要的英语术语,我在给出自己的翻译的同时,也在括号中注明了德语原文:

"换种说法,自我归根结底来自于身体感受,主要来源于身体表面的感受。除了如上文所述,即我们可以视之为精神机制表层(*superficies*)的代表之外,还可以视之为身体表面(surface)的精神投射"(*SE*,19,26,注释Ⅰ;新法语译本,238,注释5)。

《自我与本我》第Ⅱ章最后一行简要地重复了这一基本思想:"有意识的自我首先是身体-自我(*Körper-Ich*)"(*GW*,13,255;*SE*,19,27;新法语译本,239)。因此,意识出现在精神机制的表面;更进一步说,意识就是这一表面。

6. 自我-皮肤的两位先驱：弗洛伊德、费德恩

精神机制地形图示的完善

1932—1933年《精神分析引论新编》第31讲中对1923年的图示做了修改（GW,15,85；SE,22,78；新法语译本,《精神人格的剖析》,p.108）。

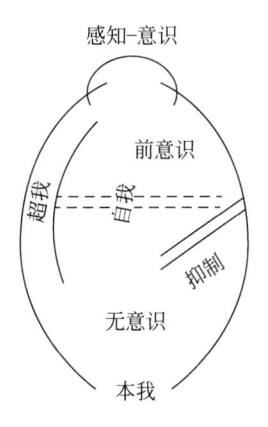

[图示：椭圆形，标注有"感知-意识""前意识""超我""自我""抑制""无意识""本我"]

两处主要的改动产生了重要的后果。第一处是引入了超我，被置于自我的内部，放在1923年"听觉的帽子"的位置，但当时"听觉的帽子"是在外部。超我在两种情况中紧邻自我的周边，但有时在外侧，有时在内侧。尽管弗洛伊德没有言明，只是在文本和图表中暗示了这一点，但超我的域外或内部的外围对应于精神机制的不同发展阶段，也对应于不同的精神病理形式；因此，在精神分析治疗中，这些心理病理学形式需要在解析当中采取不同的形式。还要注意超我的地形位置的另一种形态，它只占据了精神机制边缘的一个圆弧；按照弗洛伊德的直觉继续推理，由此，就有了描述心理病理组织的一种不同类型的可能性（以及必要性），在这种情

况下,超我倾向于使自己与整个自我的表面共存,并取代自我成为精神外壳。

新图示中的第二处改变是外壳的底部是个开口,而在1923年的图示中外壳则完全包围着精神机制。这一开口是本我及其冲动与身体及其生理需求的连续性的有形表述,但其代价是在表面上造成了不连续。它证明了自我构建完整精神外壳的失败(1923年已经注明了这一失败)。这表明本我这边有一种对立的、可能更古老的倾向,本我想要成为整体外壳。这一双重张力(精神表面的连续性和不连续性之间;在超我、自我及本我各自都想构建这一表面的倾向之间)导致了临床形态的多元性,也呼唤着不同的分析策略,以适应连续性或不连续性过度或缺乏,及适应这个或者那个机构的膨胀。这些推论没有明确出现在弗洛伊德的文中,但我认为新的图示显然隐含了这些推论。

在讨论过程中,我已经指出了精神机制的一些特征,一个新的材料技术的发明(神奇的复写纸)使弗洛伊德在1925年注意到这些特征。简要概括一下这些特征:

• 自我的双层结构;赛璐珞外层代表刺激屏障(参考甲壳、兽皮、皮毛);蜡纸的底层代表外部刺激的感觉接收,其痕迹在蜡层上的登录。

• 在自我内部区分(有意识的)感知和(前意识的)记忆。感知正如表面(赛璐珞层),警觉又敏感但无法保存,记忆则记入并保存这些登录(蜡纸)。

• 内源的投注,即本我对自我系统进行冲动的投注;这一投注是"周期性的","点燃并熄灭"意识,使意识不连续,并为自我提供时间(temps)的初级表象。

我建议对弗洛伊德最后的这一预言进行发展,建议提出:在自我-皮肤构成外壳的情况下,自我获取其时间连续性的感觉,这一外壳在与环境互动时必须足够灵活,且足够包容精神内容。所谓的边缘的案例,从根本上说是由于他们对自体的连续性感觉出现了问题。这就像精神病患者的问题与他们的自体统一感有关,神经症患者的问题是被他们的性别认同所威胁。从弗洛伊德在《自我与本我》与《关于神奇的复写纸》中所提供的模型出发,并在其中加入后来通过临床实践对这一模型所做的修改,相应的地形学形态需要被确认并且清楚表达。

费德恩:自我感,自我边界波动感

费德恩的独创性

每位精神分析学家都有一两个擅长的领域以进行自我分析训练。对西格蒙德·弗洛伊德来说是夜晚的梦境,或是白天他为自己写的或者写给弗利斯的文章,他通过写作将之重构,随后通过自由联想又将之解构。梦境是了解无意识的王道:弗洛伊德证实了这一点,但这只是对他来说十分正确。在维也纳,弗洛伊德崭露头角约三十年后,保罗·费德恩(1871—1952)通过关注自己的过渡状态,开启了一系列发现:不是通过在睡眠状态下经历自己的梦,也不是通过口误,也不是通过清醒状态下的过失行为,而是通过睡眠和清醒之间的过渡,更广泛地说,是在自我的不同清醒水平之间的过渡。在这些时刻,精神机制当中成形或变形的身体意象是什么? 精神自我经历了什么感觉? 它是如何与身体自我相区别或相混淆的? 费德恩观察了他自己在每天入睡或醒来时的类催眠幻觉,或者特殊经历的体验(比如手术前的麻醉)中的幻觉,甚至是(尽管他没有明确提到这一点)创造性退行时的感觉。他将这些与他的病人的叙述进行了比较,不仅与病人在类似状态下的情况做了比较,还与他们在催眠状态下的情况做了比较,或者与人格解体或异化的关键时刻的情况也进行了比较。这两组材料的结合逐渐为费德恩开辟了另一条道路——也许不是太"王道"——通向精神分析对精神病(psychose)的理解和治疗。

弗洛伊德认为这样的事情是不可能的:为此,费德恩只在大师去世和他移居美国后才得以全身心投入其中。弗洛伊德曾专注于将梦与神经症相比较。然而,夜间的梦是一种幻觉,也就是说,一个精神病发作的时刻。这种幻觉是如何发生的? 在进入睡眠的渐进阶段如何逐渐形成的? 这意味着,在自我内部以及在自体与外部世界之间,发生了什么样的分离? 以及主体清醒过来时需要通过哪些阶段? 这是费德恩在 1924 年到 1935 年间①将自己投身其

---

① 1926 年,费德恩同时用英语和德语发表了关于自我感的文章。他关于自恋、关于梦境中与清醒时自我感的变化的文章发表于 1927 年至 1935 年之间。这些文章和他之后的关于精神病治疗的文章,在 1952 年汇编成一部著作,1979 年被译为法语,题为《自我心理学和精神病》,后面的引文就出自这部著作。——费德恩关注一种极为特殊的情感形式,即自我感(相较于情感更倾向于是精神状态)。同时,另一位较晚涉足精神分析的维也纳精神病专家保罗·施尔德(1886—1940)则对自体意识紊乱(1913)、身体图示的神经学概念(1923)感兴趣。他在 1930 年移居美国后,于 1933 发表了著名的《身体意象》(参见 Schilder,1950)。二人的研究互相独立又互相补充:施尔德证实了无意识表象,费德恩证实了前意识感受。

间的一个经验的独特领域。他感觉到,如果按比昂后来所说的,人格中的精神病部分主宰了他们的精神功能,那么,人就会变成精神病患者,而如果非精神病部分得到恢复并确认,他们以后又会变得正常。在维也纳,维克多·陶斯克(Victor Tausk)已经对将精神分析理论推进到精神病领域表现出极大的兴趣。在他的《论精神分裂症中"邪恶机器综合征"的生成》(1919年)中,陶斯克已经预言了精神自我和身体自我之间的关键区别。但他对谵妄而不是对幻觉更感兴趣,对一个人如何进入精神病状态而不是如何从这种状态中走出来更感兴趣。这种兴趣无疑植根于他的个人问题,这些问题最终导致他在1919年,即这篇文章发表几个月后,以可怕的方式自杀了。

保罗·费德恩是一位关于边缘问题的思想家。他认为边缘不是一个障碍或壁垒,而是能够使精神机制在自身内部进行分化的条件,也是区分什么是精神的和什么不是精神的条件,以及什么从自体生发和什么来自于别处的条件。他预先使用了物理数学的分界面概念。由分界面造成分离是必要的,使局部制度与别处不同。分界面的形式发生变化,是根据区域的数量以及制度的性质。有些变化可能是些"灾难"(勒内·托姆定义了其中的七种数学类型)。从这些分界面效应出发,根据托姆的说法,有可能发展出一门关于形式的起源、发展和转化的普遍科学——形态发生学。在涉及自我和自体的结构方面,费德恩预见到了这种认识论模式,在这一点上,他是在追随弗洛伊德的步伐,正如我们所看到的,弗洛伊德在1913年将自我描述为具有双重表面的结构,并将其提升为具有自己特定功能原则的机构的地位。弗洛伊德的第二个拓扑图为费德恩提供了一个框架,在这个框架内他可以实现自己的发现,他可以依靠这个框架,同时也可以质疑其边界。他对弗洛伊德的忠诚度总结如下:他保存了弗洛伊德的思想,但是完善了它①。弗洛伊德首先对事物的核感兴趣,无意识是精神的核,俄狄浦斯情结是教育、文化和神经症的核。在保罗·施尔德创立身体意象概念的同时,费德恩关注于皮层以及边缘的现象。弗洛伊德发现了初级和次级精神进程;而除了这些精神进程,费德恩还研究了自我的状态,因为如果对后者不了解也不解释,任何对自恋型人格的精神分析治疗都是不完整或无效的。而且,他还是按照弗洛伊德制作的图示来做的,这个图式在弗洛伊德的文章《论自恋:一篇导论》(1914)中有所描述。

费德恩认为,自我的边界"是永恒变化的"。边界会根据不同的个体变化,在同一个人身上,会根据白天和夜晚的不同时刻、根据生命的不同阶段变化,且包含的内容也不同。我相信,可以联系精神分析治疗进行理解:在治疗过程中,精神分析家不仅需要注意病人自由联想的内容和风格,还需要注意患者的自我波动;分析家必须分辨这些波动发生的时刻,必须帮助病人的自我充分意识到自身边界的变化(且此意识在精神分析结束后能持续存在)。分析

---

① 1902年开始,费德恩是围绕弗洛伊德成立的小团体"周三晚上的心理学社"的成员,这个学社于1908年成了维也纳精神分析协会。费德恩、希奇曼(Eduard Hitschmann)和塞吉尔(Isidor Sadger)是仅有的几位直至1938年德奥合并,协会被纳粹解散时仍在协会中的创始成员。弗洛伊德患癌症时,他将维也纳精神分析协会副主席的位置交给费德恩。当不得不移民时,他又将维也纳精神分析协会的原始手稿交给了费德恩。费德恩带着这些手稿逃亡去了美国,并致力于将其公开出版,最终他的儿子恩斯特(Ernst)在 H.农贝格(Herman Nunberg)的帮助下完成了出版。

的及时性和有效性来自于此：根据费德恩，言语将自我的两个边界相连并产生关系，而这又反过来使力比多经济学产生变化："静止的"冲动投注可以被"运动的"投注代替。

自我感

根据费德恩的说法，自我感从生命之初就已经呈现了，但其形态模糊，内容很少。我想补充的是，对自我边界的感受更不确定，似乎有一种无界限的原初自我感受，这种感觉在后来的人格解体或某些神秘（mystique）状态中会被重新体验到。在创造性（créateur）激情的个体退行解离状态中（即创作的最初阶段），也在团体幻觉（illusion groupale）的集体性退行融合中，我同样描述过这种界限不确定的感受（Anzieu, 1980a）。此外，对恋爱中的情侣进行的精神分析研究表明：在爱情中，两个伴侣确实相互依赖，他们的精神界限是不确定、不充分或有缺陷的。

因此，有一种自我感，在主体正常的运作状态下，主体对其并没有意识，但在运作失败时，它就会显示出来。自我感是原始的、稳定的和可变的感受。自我，弗洛伊德将之塑造成一个实体，它当然存在：人类对它有一种主观的感受，感受而非幻觉，因为它对应于本身也具有主观性质的现实。自我既是主体（我们用代词"我"来指代它），又是客体（我们称它为"自己"[Soi]）。"自我既是意识的载体，也是意识的客体。我们把作为意识载体的自我说成是'我自己'"（Federn, 1952, 法语译本, p.101）。

这种自我感包括三个构成要素：时间中的整体感（连续性感），当前空间中的整体感（确切地说是临近感）和因果感。费德恩认为自我具有活力和灵活性，这是弗洛伊德没有提到的。但和弗洛伊德一样，他赋予了自我心理地形学表象：自我感是它的内核，除了严重的病理情况之外，它是稳定的。自我边界感构成了它的外围器官：与它的内核所经历的感受有所区分，在正常状态下，对边界的感受是一种其边界不断波动的感受。

对于无意识系统，时间并不存在（因此，自我感既没有起点也没有终点，是永恒的自我）。与之相反，意识系统则具有时间中的自我整体感；这使其能够按照时间先后顺序对经历的事件进行排列（因此，有过去到现在的时间流动感；也因此有叙述故事的传统顺序）。在前意识的运作中，时间中的自我整体感是十分多变的；可以至少被部分保存；除了被缩减为仅有一个画面的闪现的梦，梦中事件的时间顺序感得以保留（这可以解释为梦中的众多人物反映了主体自体的不同部分，通过解构原有知识和意识状态，梦被创作者用作探索工具）。如果时间中的自我整体感在清醒的生活中消失，就会导致人格解体现象和似曾相识（déjà-vu）的现象。

就其内容物而言，自我感包括精神感觉和身体感。在正常生活中，它们一起出现，人们不会意识到这种二元性；如果不注意苏醒或入睡过程的话，也不会将它们两者区分开，二者在苏醒和入睡的过程中是分离的（困难之处在于如何在清醒度下降的状态中保持足够的注意）。还存在第三种感受，即精神自我和身体自我之间波动的边界的感受。清醒状态中，我们感到精神自我处于身体自我内部。身体自我依托于身体进程的周期性，获得了对时间进行客观评估的能力（这个评估是意识和前意识的，比如，能够让我们准时醒来）；相比之下，梦中的精神自我的强度与无意识中的时间缺失相结合，解释了梦中不正常的时间流速和长度感受。自我的精神感受（或精神自我的感受）遵循"我思故我在"的理性表述。它确保了在主体那儿自身身份的维持与感受。它经常与超我结合在一起，但仍然是纯粹精神上的（因为超我不具有流动性，能够作用于注意，但不能作用于意愿）。比如，强迫性的冲动和想法来自于超我，它们伴随着这样的感受（其程度根据无意识投注的量改变），即，它们将要达到一种运动性的释放，但在现实中从未真正地达到（在强迫症患者那里，这种心理的自我感受极为尖锐）。自我的心理感受是"内部自我"的感受。这一感受是波动的：这些心理进程可能不再归于内部的精神自我，也就是说，它们不再被认为是心理的；在癔症中，它们转变为身体现象；在精神病中，它们被投射到外界现实中。

自我的身体感是"一种集合了运动和感觉机制的力比多投注的整体感受"（前引书，p.33）。它是"合成的"：它包括许多不同的感受，而且不等于其中的任何一个；比如，涉及我们自身的感觉和运动记忆；涉及身体组织的我们自身身体的感知整体。

自我边界感

人类对于精神自我和身体自我之间的界限具有一种无意识感。此外对自我和超我之间界限也有着无意识感。让我们和费德恩一起来看看，这些边界感是怎样参与到过渡状态中的。

入睡一方面使自我的精神感受和身体感受相分离，另一方面也使自我和超我相分离：

"在伴随突然入睡的投注撤回中，自我的身体感比自我的心理感或超我感更早消失。身体自我在睡着时可能完全消失,而心理自我则保持活跃,会对睡觉的我重新投注并唤醒自体自我。这样,我们能够主动延迟睡眠。对多数迅速入睡的人来说,超我可能在自我之前就失去了能量投注。"(前引书,p.34)

在醒来的正常进程中,1)身体自我和心理自我同时醒来,心理自我感稍稍提前,但不会有任何陌生感:我们会愉快地发现新的一天开始了;2)超我只会在自我之后醒来。不过,当我们从梦境中醒来时,心理自我最先醒;身体自我与之分离;身体本身甚至可能被幻觉为一个陌生的在场。

在晕倒时,我们会发现两种感觉最极端的分离:这种分离建立了身体和灵魂是独立存在的幻觉。

正常的梦境,如果对其有完整的、鲜活的回忆,往往有两种类型:

a) 其中大多数没有任何身体感受;梦中的自我限于心理自我;力比多被从身体中撤回,向本我撤退,它没有朝向身体自我进行重新定向;在撤退过程中,自我遇到一些客体表象,力比多的投注将它们激活,直至产生好像是现实的幻觉;尽管梦很鲜活,但做梦者感受不到自己的身体。

b) 有时相反,缺少自我心理感,鲜活的感受是身体的感受;这些是"典型的"飞行、游泳、裸露的梦;做梦者出现在那里,自己代表自己,梦中可能出现的只是一些碎片化的客体;一些装饰、风景和人物的细节十分鲜活(色彩鲜明、意象清晰),也就是说,是外部现实。

埃德加案例①

在梦中,力比多投注不足以至于不能同时产生欲望客体的表象和身体的表象;如果自我的精神和身体两种感受都被投注,梦就会醒来。

"一个清醒时没有人格解体的患者告诉我一个值得注意的区分精神自我和身体自我的例子。他有一个极完整和鲜活的春梦,梦中有非常生动的客体呈现和性享受的自我感受。梦发生在他的房中,但不在他的床上。他忽然醒来,发现自己躺在床上,处于完全的人格解体状态;他感到他的身体躺在他身边,但不属于他。他的精神自我先醒来。自我的身体感没有与精神自我一起醒来,因为可用于自恋的力比多对于自我身体感的觉醒是必不可少的,而在这个梦中,所有力比多都投注在鲜活的客体呈现上。这一罕见事件清楚地显示了自我的投注与性客体的投注是互补关系。"(前引书,p.38)

自我边界波动感

现在来谈谈自我边界感的力比多投注的变化及其结果,陌生感或恍惚感。

"每当出现自我感的投注变化时,我们都会感觉到自我的'边界'。每当身体或精神的印象产生冲突时,都会冲击自我的边界,自我边界通常由自我感投注。如果这一边界没有任何自我感受,

---

① 是我为费德恩的这位匿名患者命名的。

我们会对这一印象感到陌生。因此,长时间没有印象和自我感边界发生冲突,就会失去自我边界的意识。自我的精神感受和身体感受可以都是积极的或都是消极的。"(前引书,p.70)

自我感是自我的原始自恋性投注。起初,它没有任何客体。后来,当客体力比多的投注达到自我与外界的边界时,或者被投注到边界然后又被撤回时,继发性自恋就出现了。

"构成自我的投注状态的范围是可变的;其某一特定时刻的边界即自我的边界,同时它渗透到意识中。当自我的边界充满强烈的力比多感受,但其内容物并不被理解时,就会导致恍惚感;另一方面,当它只被理解而不能被感受到时,则会造成陌生感。"(前引书,p.102)

当自我的外部边界失去投注,外部客体仍然被主体清晰感受到,甚至能引起主体的兴趣,但是它们的感觉是陌生的、不熟悉的,甚至是不真实的(这可能导致现实感的丧失)。在康复过程中,增加对边界的力比多倾注,会令人对客体的感觉更热烈、更鲜明。当 a)它被自我排除在外;b)它所产生的印象撞击着被充分投注的自我边界时,我们不需要借助任何现实检验,就会将某一事物视作真实的。

自我状态的压抑

压抑不仅作用于幻想表象,而且也作用于自我状态。因此,自我的无意识部分似乎是由分层的自我状态组成的,它们可能被唤醒,比如通过催眠或梦境(或者依我所说,创造性退行),唤醒一系列与它们相关的经验、记忆或者态度。

6. 自我-皮肤的两位先驱:弗洛伊德、费德恩

当自我投注存在缺陷时,一个高度发展和组织良好的自我不能保持对其所有边界的适当投注,所以,它有可能被无意识及其虚假的现实所入侵。回到自我早期状态要求更少的自我投注消耗,所以,这可以作为一种防御手段。在这种情况下,自我的边界被降低到早期状态的边界。由此,虚假的现实侵占精神,思考的能力也会失去,这是精神分裂症(schizophrénie)的主要特征。

费德恩认为,治疗精神病患者是帮助其保存而不虚耗精神能量;是令其创造压抑而不是解除压抑。不是回忆既往病史,因为过去精神病发作的记忆可能导致复发;是使其加强精神现实和外界现实之间薄弱的自我边界;是纠正虚假的现实,引导患者进行正确的现实检验;是引导其了解身体的三重身份,即作为自我的一部分,作为外部世界的一部分,以及作为自我和世界之间界限的一部分。

7. 自我-皮肤的功能

我的理论建立在两个基本原则之上。其一是弗洛伊德特有的原则：任何精神功能的发育都依托于身体功能，精神功能在心理层面转变了身体功能的运作。尽管让·拉普朗什（1970）建议保留支撑观点（concept d'étayage），即性冲动是由有机体的自我保存功能所支撑的观点，但我支持一个更加广义的概念，因为精神机制的发育需要经历与它的生物基础相断裂的几个阶段，断裂一方面使其能够摆脱生物法则，另一方面令其必须为所有的精神功能找到在身体功能中的支撑。第二个原则同样来自弗洛伊德，即杰克逊原则（jacksonien）：进化过程中神经系统的发育有一个相较于其他有机系统的特殊之处，即最新也最接近表面的器官——大脑皮层——指挥着神经系统，并整合其他神经子系统。意识的自我也是如此，自我占据精神机制的表面，与外界保持联系，控制这一机制的运作。要知道，皮肤（身体表面）和大脑（神经系统表面）产生自同一个胚胎结构——外胚层。

对于像我这样的精神分析学家，皮肤具有极重要的地位：皮肤为精神机制提供了自我及其主要功能的构成性表象。这一观察也属于一般进化理论的范畴。从哺乳动物发展到人类，不只有大脑在增大并变得复杂，皮肤也失去了硬度和毛发。毛发仅存在于头

7. 自我-皮肤的功能

盖骨上，为大脑提供了多一层的保护，以及面部及躯干开口周围，以加强这些地方的敏感性，甚至是感官的愉悦（sensualité）。正如伊姆勒·赫尔曼（1930）所言，对于人类这个物种来说，婴幼儿紧紧抓住母亲的冲动更加难以满足，这一冲动的代表表象（représentant）必将面对着早期且持久的强烈焦虑（这一焦虑来自于对失去保护和缺少支持性客体的害怕）和原初性的痛苦。另一方面，由于人类童年相应地比其他物种更长，依恋冲动对人类幼儿而言反而更重要。这种冲动的目的是为了在母亲和接替母亲的家人那里搜索到一些信号——微笑、温柔的触摸、拥抱时的体温、各种各样的声音、结实的承载、轻轻的摇晃、能否给予食物、关怀和陪伴——这些信号一方面为外部现实及婴儿对外部现实的使用提供指引，另一方面也为同伴所经历的情感（尤其是回应婴儿情感的情感）提供指引。在此，我们不再只满足于生命自我保存的基本需求（食物、呼吸、睡眠）——以此为支撑，性欲和攻击欲将会得到建构，还需要交流（前言语期的、次语言的）——以此为支撑，语言交流会在适当的时候到来。

这两种需求经常同时运作：比如吃奶也提供了触觉、视觉、听觉、嗅觉交流的时机。但我们知道，若只对基本的物质需求予以满足，而系统性地缺乏这些感官和情感交流，可能会造成住院病或自闭症。我们还注意到，随着婴儿的成长，婴儿和周围人进行的独立于自我保存活动的交流会增加。婴儿最初的交流是在现实中，但更多是在幻想中发生的，这是一种直接的、无媒介的、皮肤到皮肤的交流。

在《自我和本我》（1923）中，弗洛伊德指出，除了防御机制和性格特征,精神机构也是依靠着身体在活动,是从身体活动中转换而来的;构成本我的精神冲动来自生物本能;他所谓的超我"具有听觉根源";自我的构建首先开始于触觉经验。我认为有必要补充,在此之前还有一个更早期、也许更原始的地形学结构,以及自体(Soi)存在的感受:自体与听觉外壳和嗅觉外壳相符,自我自触觉经验开始与自体分开,内部刺激和外部刺激都投射在自体的外部。当视觉外壳——尤其是在触摸的原初禁忌的影响下——取代触觉外壳为自我提供主要支撑时,当物表象(主要是视觉的)与词表象(由话语获得而提供的)在当时发展起来的前意识中相关联时,当自我和超我、外部刺激和冲动的兴奋得到区分时,第二地形学理论(本我、自我及其附属理想自我、超我及与其为成对的自我理想)就形成了。

在我1974年关于自我-皮肤最初的文章中,我指出自我-皮肤有三种功能:自体的容器性和统一性的外壳功能,精神的保护屏障功能,对原始痕迹(premières traces)的交流和记录的过滤功能(这一功能使表象成为可能)。这三种功能对应三种形象:口袋、屏障、筛子。帕舍(Pasche,1971)关于珀尔修斯之盾的研究使我开始思考第四种功能:反映现实的功能。

自我-皮肤的八种功能

现在我开始更系统地将皮肤功能和自我功能进行对照,并尝试详细解释机体和精神的对应模式,与这一功能的病理学相关联的焦虑种类,以及临床为我们带来的自我-皮肤紊乱的形象表现。

7. 自我-皮肤的功能

我将要遵循的顺序不符合任何一种严谨的分类原则。我也不认为这个功能列表巨细无遗，因为这仍然是一张开放的列表。

1. 正如皮肤具有支撑骨骼和肌肉的功能，自我-皮肤也具有对精神的维持（*maintenance*）功能。生物学功能通过温尼科特所说的抱持进行，也就是说通过母亲支撑婴儿身体的方式。精神上的功能通过将母亲的抱持内化得到发展。自我-皮肤是将母亲的一部分内化——尤其是她的双手，它维持着运作中的精神，至少在清醒时是这样，正如母亲同时维持着婴儿身体的统一与稳定。婴儿维持自己的身体的能力是能够坐、站立和行走的必要条件。婴儿从外部依靠着母亲的身体使他获得脊椎的内部支撑，正如坚固的骨骼使其能够直立。"我"（Je）的早期核心之一是由一个内在的母性（更宽泛地说是双亲的）阳具的感觉意象组成的，它为正在构成的心理空间提供了第一个轴，这个轴是垂直的，是与重力进行对抗的，它为属于自己的精神生活的体验做准备。自我正是背靠着这个轴开始运行最早期的防御机制，例如分裂（clivage）和投射性认同。但只有当他从身体上确信他与母亲（及他早期环境中的人们）的皮肤、肌肉和手掌有紧密且稳定的接触，同时他精神的周边与母亲的精神互相环绕（萨米-阿里（1974）称之为"互相包含"）时，自我才能彻底安全地依靠这种支持。

早年丧母的布莱兹·帕斯卡（Blaise Pascal）很好地理论化了人们对这种内部空洞的恐惧。这种支持性客体的缺失对精神找到重心来说是非常必要的。在此以前，它长期被归为自然原因，他为此首先建立了物理学理论，后来又建立了心理学和维护宗教的理论。弗兰西斯·培根（Francis Bacon）在他的画作中绘制液态的身体,皮肤和衣服提供了表面上的统一性,但没有脊柱以支撑身体和思想:皮肤是偏液态而非偏固态的,这与酗酒者的身体形象是一致的[①]。

这里的关键问题不是对提供食物的胸部的幻想性整合,而是儿童对他紧靠着的、支撑着他的支持性客体的原始认同;是对紧紧抓住的冲动或依恋冲动的满足,而非对力比多的满足。儿童和母亲的身体面对面地连结在一起,这与性冲动相联系,性冲动在吃奶和搂抱这一充满爱意的举动中获得口唇层面的满足。相爱的成年人通常也会重新找到这种连结,在此过程中性冲动获得生殖层面的满足。而对支持性客体的原始认同意味着不同的空间位置,这种空间位置有两种互补性的变形:比昂的学生,加利福尼亚人格罗特斯坦(Grotstein,1981)首先明确指出了这两种变形:儿童的背部依靠着支持性客体(back-ground object)的腹部,儿童的腹部依靠着支持性客体的背部。

在第一种变形中,支持性客体让儿童的背部依靠着自己,他自己弓着身子。儿童感到从背后被保护着,背部是他自己的身体中唯一看不到也摸不到的部分。在发烧的孩子常做的噩梦中,有褶皱的、翘起来的、裂开的凹凸不平的表面,这形象地体现了对儿童与支持性客体共有皮肤的安全性表象的攻击。这一衰败的表面在梦中可能呈现为蛇的波浪形爬动,如果只将其理解为石祖的象征物,可能会造成错误的解释。众多爬行的蛇与一条直立起的蛇具

[①] 参考我的两篇专题论文《从空洞的恐惧到思想:帕斯卡》和《弗兰西斯·培根画中的皮肤、母亲和镜面》,转载于《作品中的身体》(Anzieu,1981a)。

有不同意义。格罗特斯坦提到了一名小女孩的这一类型的梦,小女孩的妈妈在与他的分析当中讲述了这个梦。

"她的女儿在半夜醒来,看到到处都是蛇,甚至她脚下的地板上也有。她跑去母亲的房间,爬到她身上,把自己的背部依靠在母亲的腹部上。只有在这里她才感到安慰。尽管病人是母亲而非孩子,但她对这一事件的联想很快就让她建立了与孩子的认同。她就是那个小女孩,她想要躺在我的身上,来获得'支持'(backing)、保护和'殿后'(rearing)①,而她觉得她被自己的父母剥夺了这些东西。"

第二种变形是儿童伸展着身体,身体的前部贴着起支持性客体作用的那个人的背部,这给当事人带来的感觉和感受是:他的身体最珍贵也最脆弱的部分,即他的肚子,被这个维护着他的人的背部保护着,这个人的身体也是保护屏障,是最初的刺激屏障。这种经验通常是从父母中的一人(或两人)而来;且会在同睡一张床的兄弟姐妹那里长时间持续(直到与比昂开始精神分析,塞缪尔·贝克特(Samuel Beckett)还只能通过靠着兄长睡觉来克服失眠的焦虑)。我的一位女病人,被暴力且不和的父母抚养长大,她直到青春期之前都是依靠着同床的妹妹一起睡觉,以获得内在的安全感。她们二人中最害怕的那个人要"当椅子"(用她们的话说)以迎接并抱紧另一个人的令人安心的身体。在她分析的一个阶段里,她都在移情中隐晦地请我来"当椅子";她要求我与她交替进行

---

① 感谢安尼克·莫弗拉·杜·沙泰利耶(Annick Maufras du Chatellier)使我知道这段文章,并为我提供了法语译文。

自由联想,坦白地告诉她我的想法、感受和焦虑;她提出要我靠近她的身体,不能理解为什么我拒绝她坐在我的膝上。因为她的请求从外表看起来具有一个癔症性诱惑的外壳,我起初难免把她的请求分析为防御性的性化行为;之后,我们才谈到了她对支持性客体缺失的焦虑。

格罗特斯坦还介绍了另一种典型案例:"分析中的病人们经常向我报告他们从后座开车的梦。对这些梦的联想几乎一成不变地通往有缺陷的'支持'(backing),以及由此导致的个人自主*的困难。"格罗特斯坦还提出了一个文字游戏,不过它无法翻译成法语:由于支持性客体是站在"后方"或"下方"(he under stands)的,他就提供了"理解"(understanding)的范式。

2. 皮肤覆盖住整个身体表面,所有的外部感受器官也都嵌在皮肤上,与此相对应的是自我-皮肤的容器功能。这一功能主要通过母亲的摆弄实现。当母亲对婴儿身体的照顾适应了孩子的需要时,这就唤醒了皮肤如同口袋一般的感觉意象。在母亲的身体和孩子的身体之间的游戏中,在母亲对婴儿的感觉和情绪的回应中,在动作和声音的回应中(因为听觉外壳重叠在触觉的外壳之上),在循环性的回应中(母亲和孩子彼此模仿另一个人的声音和动作),在使得婴儿能够感受到这些属于他自己的感受和情感的回应中(这种感觉是渐渐得来的,前提是婴儿不会感到自己要被摧毁),自我-皮肤这一精神表象出现了。R. 卡埃斯(1970a)区分了这一

---

* 此处涉及一个双关语,个人自主的法语为"autonomie",其词根"auto"也表示"汽车"。

功能的两个方面。严格地说,"容器"(contenant)坚固且不可移动,为婴儿的感觉—意象—情感提供了被动式存放的容纳之所,这些感觉、意象和情感是被中立化后保存的。"容纳者"(conteneur)对应的是积极的方面,对应的是母性梦化(rêverie maternelle)(比昂)、投射性认同以及制作、转换和修复当事人可表象化的感觉—意象—情感的 alpha 功能。

正如皮肤是整个身体的外壳,自我-皮肤也以成为整个精神机制的外壳为目标,这一目标在之后看起来是过度的,但在开始时却是必不可少的。自我-皮肤被视作一层外壳,冲动的本我是内核,二者互相需要。自我-皮肤只在需要容纳冲动、需要定位冲动在体内的来源并在之后对冲动进行区分时,才成为容器(contenant)。冲动在精神空间中展开,只有当它在其中遇到界限和特殊的插入点时,只有当它的源头被投射到身体中具有特殊兴奋性的区域时,它才被感觉为推力、驱动力。自体的连续感正是建立在这一外壳和内核的互补性之上。

自我-皮肤这一容纳者(conteneur)功能的缺乏会导致两种形式的焦虑。在第一种情况中,对于一种扩散的、持续的、散乱的、不可定位的、不可鉴别的、无法缓和的冲动性兴奋的焦虑,表现的是一种只有内核而没有外壳的精神地形;个体在肉体痛苦或精神焦虑中寻找一种替代性的外壳:他将自己包裹在痛苦中。在第二种情况中,外壳是存在的,但它因为有漏洞而失去了连续性。这就是漏勺自我-皮肤;思想、记忆都很难被保存,会流走(见前文埃莱奥诺尔案例,p.88)。这时此人有一个空洞的内在,尤其是他必须依靠攻击性来肯定自己,这是相当令人焦虑的。这些精神的漏洞可能会在皮肤的毛孔中找到支撑：后文会说到的客西马尼的病例（p.203）展示了一个在治疗中出汗的病人，他对精神分析师释放了一种令人作呕的味道，这种攻击性是他无法控制也无法制作的，因为他漏勺自我-皮肤的无意识表象没有得到解释。

3. 表皮的表层保护其敏感层（游离神经末梢和触觉小体即位于这一层）和整个有机体，使其不受物理攻击、辐射和过度刺激的伤害。自1895年的《科学心理学大纲》开始，弗洛伊德就认识到自我有刺激屏障功能。在《关于神奇的复写纸》（1925）中，他明确表示自我（同样还有表皮：但弗洛伊德没有详细提及这一点）具有双层结构。在1895年的《科学心理学大纲》中，弗洛伊德暗示母亲是婴儿的辅助刺激屏障，并且——这一点是我补充的——这一辅助功能一直会持续下去，直到成长中婴儿的自我在自己的皮肤上找到足以保障这一功能的支撑。总的来说，在婴儿出生时，自我-皮肤是一种虚拟结构，它在婴儿与早期环境的关系发展中现实化；这一结构最早的起源可以追溯到生物体出现之初。

刺激屏障的过度和不足会带来极为不同的情况。弗朗西丝·塔斯汀（1972）描述了两种身体意象，分别属于原生和次生自闭症：自我-章鱼（没有获得任何自我-皮肤的功能，无论是支持、容器，还是刺激屏障，双层结构也没有发展），自我-贝壳，具有坚硬的保护壳，替代了缺失的容纳者，并且阻止了自我-皮肤其他功能的运行。

精神侵入的妄想型焦虑体现为两种形式：a) 有人偷了我的思想（迫害）；b) 有人强加给我思想（邪恶机器）。此处，刺激屏障功能和容纳者功能是明显存在的，但都不足。

有时候，当儿童被母亲交给她自己的母亲（也就是孩子的外婆)抚养时,而外婆对儿童的照顾在质和量上都求全责备,这使得儿童没有寻找自我支撑的可能和必要,那么,儿童对失去那个充当辅助性刺激屏障的客体的焦虑就会达到最大化。于是毒瘾(toxicomanie)就可以理解为一种在自我和外部刺激之间构建烟雾屏障的方法。

缺少表皮时,人们可能会在真皮上寻找刺激屏障:这就是第二肌肉皮肤(E. 比克),性格盔甲(W. 赖希)。

4. 有机体的细胞膜能够区分异物和相似/互补物质,并且拒绝异物通过,允许相似/互补物质进入或结合,细胞膜以这种方式来保护细胞的独立性。人类皮肤的纹理、颜色、质感、味道不同,使其呈现出相当的个体差异。这种个体差异可能会导致自恋层面,甚至社会层面的过度投注。这种个体差异能够让人在他人那里辨别出依恋和爱的客体,也能使人作为拥有自己皮肤的个体得到自我确认。自我-皮肤保障了自体的个体化(*individuation*)功能,为自体带来"是独一无二的存在"的感受。弗洛伊德在《令人不安的诡异感》(*inquiétante étrangeté*,1919)中描述的焦虑就与自体独立性(individualité)受到威胁有关,而这种感觉来自于自体边界感的削弱。

在精神分裂症中,所有的外界现实(与内部现实不能很好地区分)都被视作危险且难以消化的,现实感的失去是不惜一切代价来维持自体唯一感(sentiment d'unicité de Soi)的方式。

5. 皮肤是一个有囊和腔的表面,这些囊和腔容纳着除触觉外的其他感觉器官(触觉器官是嵌入在表皮中的)。自我-皮肤是一个精神表面,它连接着不同性质的感觉,并使这些感觉在原先的触觉外壳的基础上凸显出来:这就是自我-皮肤的交互性感官(*intersensorialité*)功能,这一功能建立了一种"通感"(sens commun)(中世纪哲学体系称之为 sensorium commune),它在根本上参照的仍是触觉。这一功能的缺失导致一种焦虑,这种焦虑的对象是身体的碎片化,确切地说是身体的解体(Meltzer,1975),即不同感觉器官独立的、不受控制的运转。我之后会介绍从容器性的触觉外壳到交互性感官空间的发展,对于触摸禁忌所起到的决定性作用,而交互性感官空间则为符号化(symbolisation)做了准备。在神经生理学现实中,对来自各种感觉器官的信息的整合是在大脑中进行的;因此,交互性感官是中枢神经系统的功能,或者总的来说,是一种外胚层功能(从外胚层中同时发展出了皮肤和中枢神经系统)。相反,在精神现实中,这一交互性功能是未知的,在那里皮肤的想象性的表象是作为背景存在的,是一个原始表面,感觉间的相互联系在其上展开。

6. 婴儿的皮肤是母亲的力比多投注的对象。哺乳和照顾伴随着皮肤与皮肤的接触,这些接触通常是愉快的,且为自体性欲做了准备,并将皮肤的快感确立为性快感的常见背景。性快感位于某些可勃起的区域或某些开口区域(或突起或囊状),在这些地方,真皮的表层较薄,且与黏膜直接接触会产生一种过度的兴奋。自我-皮肤充当了性兴奋的支持(soutien de l'excitation sexuelle)的表面的功能,在正常的发育中,性感区域会被定位在这一表面,性别的差异会被承认,两性之间的互补性会成为欲望的对象。这一功能的运转能够让自身得到满足:自我-皮肤以它整个的表面接收力比多的投注,并成为整体性的刺激外壳。这一形态奠定了可能是最早的儿童性欲理论的基础,根据这一理论,性欲表现为皮肤间接触的快感,妊娠是简单的身体拥抱和亲吻的结果。如果缺乏足够的卸载,这一性感刺激的外壳可能会转化为焦虑的外壳(参考后文泽诺比娅案例,p.242)。

如果对皮肤的自恋性投注多于力比多的投注,这一刺激外壳可能会被一个鲜亮的自恋外壳取代,让拥有这个外壳的人认为自己是无懈可击、拥有不死之身的英雄。

如果性兴奋的支持功能没有得到保证,个体成年后就无法感受到足够的安全感,用来投入到一段令双方的生殖器官均获得满足的完整的性关系中。

如果性的凸起和开口区域感受到的更多是疼痛感而非性欲,有漏洞的自我-皮肤形态就会被强化,迫害性焦虑会加重,旨在将痛苦转为快感的性倒错倾向就会增加。

7. 皮肤还是一个因受外部刺激而持续产生感觉运动紧张感的表面,与这一点相对应的自我-皮肤功能,是精神运作的力比多补给(*recharge libidinale*)功能,这一功能维持着内部能量张力和其在精神子系统间的不均衡分配(参考弗洛伊德在 1895 年的《科学心理学大纲》中提到的"接触屏障")。这一功能的失效会产生两种相对立的焦虑:在刺激过度的情况下对于精神机制产生爆炸的焦虑(例如癫痫发作,参见 Beauchesne,1980);对于涅槃(Nirvana)的焦虑,即对张力减少至零的愿望得到满足时将会发生什么事的焦虑。

8. 皮肤,及其包含的触觉器官(触摸、疼痛、冷热、光感),直接提供关于外部世界的信息(随后"通感"用听觉信息、视觉信息等等对这些信息进行核对)。自我-皮肤具有触觉的痕迹登录(inscription des traces)功能,皮耶拉·卡斯托里亚蒂斯-奥拉尼耶(1975)称之为象形符号功能,F.帕舍(1971)认为这一功能如同珀尔修斯之盾,在镜中照出了现实的形象。由于对于婴儿来说,母性环境起着"客体呈现"(Winnicott,1962)的作用,因此这一功能被母性环境所强化。自我-皮肤的这一功能的发育需要生物和社会的双重支撑。生物:对于现实的第一幅素描是铭刻在皮肤上的。社会:个体对社会群体的归属是通过切口、划痕、涂色、刺青、化妆、发型及其对等物服装来体现的。自我-皮肤是原始的羊皮纸,它以重写本的方式保存着那些被划掉、擦掉、涂改掉的草稿的痕迹,而这种草稿就是由皮肤痕迹构成的前语言的"原始"笔迹。

与这种功能相关的第一种形式的焦虑是超我给与的侮辱性的、不可磨灭的铭刻,这种焦虑会在身体和自我的表面留下痕迹。(贝特尔海姆[Bettelheim,1954]认为,它包括了红斑、湿疹、具有象征性的伤口等,卡夫卡的《在流放地》[1914—1919]中的地狱机器,在囚犯皮肤上用哥特体字母刻下他触犯的法律条款,直至他死亡)。相反的焦虑或是担心过多的铭刻反而导致铭刻的消失,或是担心失去保留痕迹的能力,比如在睡眠中。

对自我-皮肤的攻击

之前所说的所有功能都是为依恋冲动和力比多冲动服务的。难道没有一种自我-皮肤的消极活动,是为死亡冲动(Thanatos),以及皮肤和自我的自我毁灭服务吗?由人体对器官移植的排斥研究开启的免疫学的进步,使我们开始对关于活生命体的问题进行研究。捐献者和接受者的器官不相容,证明了世界上没有两个一样的人(除了同卵双胞胎),同时使人们注意到"生物人格"(personnalité biologique)的分子标记(marqueur moléculaire)的重要性;捐献者和接受者的标记越相似,移植成功的可能性越大(让·汉布格尔);这种相似性存在于不同组的白血球的多元性当中,这些标记组可能不只是白血球的标记组,也是整个人格的标记组(让·多塞)。

生物学家在没有意识到的情况下,使用了类似自体、非我这样的概念,这些概念是弗洛伊德的一些后继者为完善精神机制的第二地形学概念而制作的。在许多疾病中,免疫系统可能敌我不分,将身体自体的器官当作移植器官进行攻击。这就是自身免疫(auto-immune)现象,它指的是,活的有机体产生了针对自身的免疫学反应或免疫反应。免疫细胞是用来抵抗异己组织的——生物学家所说的非我,但它们有时会盲目地攻击自体,而在健康状态下则完全不会,因此自身免疫疾病通常很严重。

作为精神分析学家,我对自身免疫反应,以及冲动转而针对自身、负面的治疗反应、对关系的普遍性攻击(尤其是对精神容器的攻击)之间的相似性感到惊讶。我同样注意到,对熟悉与陌生的区分(施皮茨),对自我与非我的区分(me and not me,温尼科特)具有细胞层面的生物学根源。我的假设是,皮肤作为身体的外壳,构成了细胞膜(收集、分拣、传输关于离子是否陌生的信息)与精神分界面(即自我的感知-意识系统)之间的中间现实。

心身医学专家们在对过敏结构的研究中,描述了一种安全与危险信号的反转:熟悉的部分不再是保护性、宽慰性的,而被当作坏的部分来避开;陌生的东西不再是令人不安的,而显露出吸引力。在过敏和毒瘾的矛盾反应中,有益的东西被避开了,有害的东西却令人着迷。过敏结构常以哮喘-湿疹的交替形式出现,这使我们能够详细了解自我-皮肤的形态。最初,问题的关键是要克服口袋自我-皮肤的不足,并划定一个具有体积的内部精神领域,也就是说,从精神机制的二维表象发展到三维表象(参见 Houzel,1984a)。这两种疾病对应着与这一领域的表面进行接触的两种方式:从内部、从外部。哮喘是患者试图从内部感受躯体自我的构成性外壳:患者不断吸气,直到从底部感受到身体的边界,并由自体扩展后的界限而获得确定感;为了留住这种自体-口袋充满气的感受,他憋着气,冒着打乱呼吸节奏并窒息的危险。潘多拉的案例就体现了这一点(参见 p. 141)。湿疹则是患者试图从外部感受自体的这一身体表面,在痛苦的撕裂伤中,感受它粗糙的触感,它羞耻的视感,以及感受这一热量和弥散性的性刺激外壳。

在精神病中,尤其是在精神分裂症中,矛盾与过敏一起出现,达到顶点。精神的运作由反生理学反应(antiphysiologique)(Paul Wiener,1983)控制。对有机体自然运作的信任被摧毁了,或不曾获得。自然的被体验为是人工的;生命体被与机器相类比;对生命有益的事物,在生命中的好事物,都感到有致命的危险。这样的矛盾精神运作,通过循环反应,使身体运作的感受发生改变,又在矛盾中被加强。自我-皮肤底层的矛盾形态使人无法进行基本的区分:清醒-睡眠,梦境-现实,有生命-无生命。欧律狄刻的案例(Anzieu,1982b)就是这样的一个例子:一位女病人不是精神病,但她承受着精神混乱的威胁。重新建立对于自然且顺利的有机体运作的信心（这要求有机体在环境中找到对其需求的足够回应）是精神分析师与这类病人进行工作的主要目的之一，这是一项需要不断重复的艰难工作，因为患者的无意识企图麻痹被矛盾性移情（参见 Anzieu,1975b）所捕获的精神分析师，并把他拖入病人自己的失败中。

对精神容器的无意识攻击，可能是有机体的自身免疫现象，在我看来，它来自于一部分的自体，这部分的自体被合并到本我固有的自毁冲动的表象中，它被驱逐到自体的外围，被包裹在自我-皮肤这一表层的囊中，在那里，它侵蚀自我-皮肤的连续性、破坏它的黏结力，通过转移它的目标而改变其功能。覆盖着自我的想象性皮肤成为一层有毒的、窒息的、灼烧的、分裂的膜。可以说这是自我-皮肤的**有毒的**（*toxique*）活动。

其他功能

自我的这八个精神功能，对应着皮肤的生物学功能，提供了验证事实的框架，当然这一框架仍是开放且可以优化的。

关于我没有提及的皮肤功能[①]，我们也可以将它们与自我的其他功能建立起对应关系：

- 储存功能（比如储存脂肪的功能）：类似于记忆功能；但记忆功能属于精神机制的前意识范畴，而不属于——弗洛伊德坚持

[①] 感谢我的同事，精神生理学家弗朗索瓦·文森特，引起我对它们的注意。

认为——具有感知-意识系统特征的精神机制的"表面";

• 生产功能(比如毛发、指甲):类似于自我区域(也包括前意识,甚至无意识区域)所产生的防御机制;

• 传播功能(比如汗液、信息素):与前一种生产功能类似,但这是投射,投射实际上是自我最古老的防御机制中的一种。它应该和一种特殊的地形学形态联系起来,我称之为漏勺自我-皮肤(参见 p.88 埃莱奥诺尔案例和 p.203 客西马尼案例)。

我们也可以将某些不确定的自我-皮肤功能与皮肤的结构特性(而非功能特性)联系起来。例如,在所有身体器官中,皮肤具有最大的表面积和最重的重量,与此相对应的是自我有这样的意图:想要囊括整个精神机制,在精神机制的运作中占最重的分量。同样,自我-皮肤的外层和内层的交错,以及精神外壳(感受、肌肉、节奏)的交错,似乎也与构成表皮、真皮、皮下组织的皮层的交错(p.38)不无关系。自我的复杂性及其功能的多元性,同样可以与皮肤进行对照,皮肤从一点到另一点同样存在着众多重要的结构和功能差异(比如,不同种类腺体、感觉小体等的密度)。

一个倒错受虐狂案例

M 先生案例

在我第一篇关于自我-皮肤的文章之前(1974),米歇尔·德·穆赞(Michel de M'Uzan,1972 和 1977)提到了 M 先生这个较为独特的案例,我要讲的不是精神分析治疗,只是与穆赞的两次谈话

7. 自我-皮肤的功能

的内容。关于自我-皮肤的八种功能的观点，让我能够在事后对其重新解释，同时在这类严重的受虐狂案例中，我们也明显看到自我-皮肤的八种功能几乎全部发生了变质（我的清单也得到间接证实），以及在他们那里，借助倒错行为来重建这些功能的必要性。

M 先生是一位无线电技术员（当然，他做这个工作也不是出于偶然），他在整个皮肤下植入了金属片和玻璃片，尤其是在睾丸和阴茎处植入了针，这让他的皮肤支持功能以人工的方式得到了保证（此处的第二层皮肤并非肌肉的，而是金属的）。当施虐者与其进行肛交时，通过位于阴茎顶部和阴囊根部的两个钢环，以及背部切成长条的皮肤构成的带子，将 M 先生挂在屠夫的钩子上（这是 p.70 提到的希腊马尔绪阿斯神话中，关于悬挂之神的神话的现实化）。

自我-皮肤容器功能的失效不仅体现在他身体表面遍布的无数烧伤和撕裂伤的伤痕中，还体现在对于凸起的切割中（他的右乳被切除，右脚小趾被金属锯子锯除），体现在对某些凹陷处的填补中（他的肚脐被熔化的铅填满），体现在某些开口处的人为扩大中（肛门，龟头的缝隙）。容器功能通过重复建立一个痛苦的外壳得到重建，而这依赖于五花八门、稀奇古怪、残忍的虐待工具和技术：倒错受虐狂被剥皮的幻想一定是持续而强烈的，他们才会为自己重新塑造一个自我-皮肤。

刺激屏障功能被重创，直达不可逆的极值点，在这个极值点上，对有机体来说危险将会是致命的。M 先生从未达到这一极值点（他没有患上严重的疾病，也没有精神错乱），但他年轻的妻子（与他一起在进行倒错受虐的极值点发现过程中）最终因不堪忍受持续的受虐而衰竭至死。M 先生在这个欺骗死亡的游戏中下的赌注太高了。

自体个体化的功能只有在生理（虐待）或精神（羞辱）的痛苦中才能实现；皮下的非有机物质的系统性植入，食用令人作呕的物质（同伴的尿液和粪便）显示了这一功能的脆弱；他不断地对自己的身体与他人身体的区分产生怀疑。

交互性感官功能可能是最完好的（这解释了 M 先生优秀的职业和社会适应力）。

自我-皮肤对性兴奋及力比多补给的支持功能同样得以保存，且相当活跃，但代价是之前提到的极度痛苦。在倒错行为结束时，M 先生并不感到沮丧或抑郁，甚至不感到疲惫：虐待使他兴奋。他并非从插入或被插入中获得性享乐，而是在开始时通过自慰，之后通过唯一的倒错场景（比如他的妻子被施虐狂残忍对待的场面）获得性享乐，同时他整个皮肤也因遭受虐待而获得兴奋。"我的整个身体表面都因疼痛而变得敏感。""痛感最强烈时会射精……射精之后我就只是在忍受痛苦。"（前引书，1977，p. 133-134）

信号登录功能过于活跃。众多纹身覆盖了除面部的整个身体。比如在臀部："与美丽的尾骨约会"；大腿和腹部："受虐狂万岁"，"我是一只有活力的小狗"，"让我像娘们一样为您服务，您会享受的"，等等（前引书，p. 127）。所有这些登录都体现了他特别认同女性的身体构造，他将整个皮肤表面的性欲都唤起，并且邀请同伴通过这些不同开孔（口部、肛门）获得享受，尽管他自己并不能从这些部位得到享乐。

最后，我称之为自我-皮肤的有毒的活动（即自毁）在这个案例

7. 自我-皮肤的功能

中达到了顶点。皮肤成为毁坏过程的起点和对象。但生冲动和死冲动的分裂只是暂时性的,这与精神病不同,对于精神病来说,这种分裂是决定性的。一旦与死亡的游戏变得致死的那一刻出现,同伴就停止虐待,力比多就以"野蛮的"力量回归,M先生得以享乐。

至少,他总是有足够的心理辨别力来选择这样的同伴;他这样表示:"施虐者总是在最后一刻泄气"(前引书,p. 137)。米歇尔·德·穆赞评论道:这是对全能的欲望。我想要补充的是:在毁坏中寻找全能,这对于倒错受虐狂而言,是通往性全能幻想的条件,对产生快感是必不可少的:剥皮并没有完全实施,自我-皮肤的功能没有被不可逆转地摧毁,从濒死的最后关头恢复过来使他们产生了一种"狂喜般的承受",这比拉康在镜子阶段描述的快感要强烈得多(因为这种快感同时是身体上和精神上的),而在这个过程中自恋的经济学也同样非常显著。

我希望我已经表明了,这些众所周知的防御机制(冲动的分裂,转向自身,被剥离的重新出现,对受伤机体及精神功能的过度的自恋性投注)只有在特定的自我-皮肤中才能像这样有效运行,这一特定的自我-皮肤暂时性地获得了这八种基本功能,它重复经历着被剥皮的幻想和失去几乎所有功能的悲剧,因此,它才在重新获得时感到如此强烈的兴奋。拥有自己皮肤的幻想对于发展精神的自主性而言是必不可少的。但是因为先前的幻想使这种拥有自己皮肤的幻想从根本上变为有罪的:自己的皮肤需要从他人处取得;而这样做的最好方式是,让他人从自己这里把它拿走,让他获得愉悦,从而最终自己又得到它。

潮湿的外壳

包裹

包裹（Le pack）是一种治疗严重精神病患者的技术，出自19世纪在法国精神病学中使用的潮湿外壳，也与非洲治疗性丧葬的仪式或西藏僧侣的冰浴有类似之处。包裹于1960年左右被美国精神病学家伍德伯里（Woodbury）引入法国。伍德伯里在物理外壳——确切说是布料——之外增加了紧密围绕着患者的治疗团队。这意外地为本书从一开头就在强调的自我-皮肤的双重支撑假说提供了证明：生物性支撑在于身体表面；社会性支撑在于有围绕着他的人在场，且这些围绕的人对当事人正在经历的感受保持着一致的关注。

患者可以根据自己的意愿穿着内衣或裸体，被护理人员用潮湿冰冷的布料包裹起来。护理人员先分别紧裹患者四肢，随后连同四肢包裹整个身体，头部除外。被包裹好后，护理人员为患者盖上被子，让他重新温暖起来，或快或慢。他平躺45分钟，可以随自己意愿选择是否口述其感受（无论如何，亲自感受过包裹的护理人员表示，过程中的感受和情感都过于强烈且特殊，以至于难以用语言描述）。护理人员用手触摸被包裹起来的患者，用目光提问并作答；他们急切地渴望捕捉到在他身上发生的事。包裹的使用会在他们之间建立很强的集体精神，以至于可能会引起其他人的嫉妒。在这里，我发现了对我另外一个假说的证明，这个假说指出，身体外壳是集体的诸多无意识精神组织者之一(Anzieu,1981b)。寒冷会带来对整体环境的感受,这会导致一个较短暂的焦虑阶段,在此之后,被包裹的病人体验到一种全能感,以及身体和精神上的完整性。我将之理解为一种退行,这种退行到达了一个无限的原始精神自体。有些精神分析学家提出了关于这一无限原始精神自体的假说,它对应一种精神自我和身体自我分离的体验,就像某些集体的参与者、神秘主义者或创造者所体验到的那样(参见 Anzieu,1908a)。这种舒适的感受不会持续很久,但会随着包裹的重复进行而变得更持久(建立在精神分析模式之上的完整的治疗可能会持续很多年,并以每周三次包裹的频率进行)。

包裹为患者提供了双重身体外壳的感受:温度外壳(冷感,随着周围血管对寒冷产生反应而扩张,产生热感),这一外壳控制体内温度调整;触觉外壳(整个皮肤上紧贴着潮湿的布料)。这暂时性地重建了他的自我,这个自我与他者分离,同时又与他者是连续的,这是自我-皮肤的地形学特点之一。包裹的一位实践者,克洛德·卡夏(Claude Cachard,1981)称之为"生命的膜"(同样参见 D. de Loisy,1981)。

包裹同样适用于儿童精神病患者和盲聋儿童(对于他们来说,触觉是他们与周围人进行有意义的沟通的唯一通道)。包裹为他们提供了结构性的"救助外壳",暂时取代他们的病理外壳,这些"救助外壳"能够使他们放弃一部分防御(这种防御是通过运动震动和声音震动进行的),感受到统一和稳定。但首先他们会对包裹产生抵抗:让儿童完全无法活动,会使他们产生致命的恐慌和罕见的暴力行为。

三点意见

包裹使我产生了三点意见。第一,婴儿的身体似乎必须有容器外壳的体验;若缺乏适当的感觉材料,这一体验仍会利用能用到的材料进行:不连贯的噪音和运动性的躁动的屏障构成了病理外壳;病理外壳保障的不是冲动的受控卸载,而是机体对生存的适应。第二,教育者矛盾性的抵抗来自于教育者和儿童之间身体自我结构的程度差异;对教育者来说,这一抵抗也来自于退行的危险,退行会消除身体自我结构之间的差异并导致精神混乱。第三,"救助外壳"的治疗(包裹,以及按摩、生物能、心理团体)只起到暂时的效果。这是在正常人身上能够观察到的一种现象的放大化,即正常人需要通过具体的经验,定期地重新确定他们自我-皮肤的基本感受。这也说明了,在严重缺乏的情况下,发展替代性和补偿性装置的必要性。

8. 基本感觉-运动区分混乱

在本章中，我只考察一种基本的感觉-运动区分，即完全吸入和完全呼出的呼吸。其他方面我将在第三部分中进行研究。关于这个主题，读者们也可参考我的文章《生命与非生命的原始混乱：一个三重误解的个案》(D. Anzieu, 1982b)。

关于完全吸入和完全呼出的呼吸混乱

普罗米修斯为人类盗取天火。作为报复，奥林匹亚诸神将潘多拉嫁给他的兄弟厄庇墨透斯。潘多拉十分美丽且富有魅力，她的语言充满诱惑，双手十分灵巧，诸神照着众女神的样子打造了她，赋予她各种天资和计谋。厄庇墨透斯将充满空气、封着各种灾祸的坛子交给她，并让她不要打开。潘多拉出于好奇打开盖子，灾祸飞了出来，它们的气息从此在大地上扩散开来。这则神话（我要用它为我即将介绍的案例中的女病人命名）告诉我们：某些病人，他们在肺部留住仇恨的气息是很必要的，因为他们感到仇恨对于他周围的人是具破坏性的。这种仇恨最初针对的是一位抑郁而沉默的母亲，婴儿无法与她进行生命所需的呼吸交换，也无法与她进行由空气支持的语言交流。

此外，我们知道，出生后呼吸反射的启动是宫缩和阴道包裹对孩子全身按摩的结果；要想维持这一反射，婴儿的整个身体还需要在吃奶和受照顾时被反复刺激。与物理环境的呼吸交流依赖与人类环境的触觉交流。这种依赖随着声音交流而发生转变，声音交流利用空气来承载语言。"呼吸性内摄"的概念在不同意义上得到了发展，它是奥托·费尼谢尔（Otto Fenichel）1931 年的成果，随后也被克莱茵学派的克利福德·斯科特（Clifford Scott）所关注，不过我不准备在这里展开这个概念。呼吸的自我保存功能支撑着原始交流的功能，这一功能是与自我-皮肤的早期形成同时产生的。玛格丽特·利布尔（Margaret Ribble，1944）通过对六百个新生儿的观察得出结论："新生儿出生后几周内的呼吸都十分轻微，不稳定，且不充分。不过当吮吸和与母亲身体接触时，它会不由自主地受到决定性的刺激。不用力吃奶的婴儿无法深深地呼吸，没有被经常抱在怀中的婴儿，尤其是用奶瓶喂养的婴儿，时常会表现出呼吸问题和肠胃问题。他们最终会吞咽空气，并产生我们一般说的肠绞痛。他们会产生排泄问题，并会呕吐。"

J.-A. 让德罗和 P.-C. 拉卡米耶（J.-A. Gendrot and P.-C. Racamier，1951）的文章《呼吸功能和口触癖》（Fonction respiratoire et oralité）虽然年代比较早，但详细梳理了关于呼吸问题的心身医学和精神分析学研究。可能是由于精神分析正统性的原因，两位作者强调了呼吸和消化的神经调节之间的联系；他们更强调口腔的关系而不是触觉交流，且忽视了呼吸问题产生过程中躯体的前-自我（我更愿意称之为自我-皮肤）的早期缺陷。不过，他们合理地区分了吸气问题和呼气问题。他们指出，呼气障碍与内化的坏客体有关："哮喘患者注定无法咳出他拼命吸收的东西"（p.470）。他们还指出了在所有的呼吸停滞的案例中，对保持饱满状态的需要和对排空的焦虑。

J.-L.特里斯塔尼（J.-L.Tristani,1978）在他更具理论性而非临床性的著作《呼吸的阶段》中，指责弗洛伊德在构建理论时，缺乏对呼吸的关注，而在其临床观察中，呼吸的问题是呈现得很清楚的（朵拉的神经性咳嗽；可以同时被理解为喘气和"哺乳"*的原始情景；在1895年的《科学心理学大纲》中，弗洛伊德认为哭喊是最初的人际关系）。特里斯塔尼提出了一些有趣的假说：

- 呼吸与营养一样都是自我保存冲动的一部分，因此也是自我冲动的一部分，在此之后，性冲动以此为支撑得到了发展（但特里斯塔尼遗漏了对鼻黏膜作为性感带的描述）；
- 假哭之于呼吸正如吮吸之于口部摄入营养；
- 重大的两难困境（dilemme vital）：要么我，要么别人会处在某些严重的呼吸问题之中（特里斯塔尼提到了F.鲁斯唐[F. Roustang]的一位精神病患者："我只呼吸很少的一点空气，好留一些给我的父母。为了让他们能呼吸，我快要窒息了。"）
- 呼吸系统和消化系统之间有两种混淆。吸气对应口部的摄入，呼气对应肛门的排泄，但吸气和呼气使用的是相同的开口，在相同的开口处，进和出交替进行（呼吸功能是循环往复的，而消化功能是线性的，进出发生在相反的两端）。第一种混淆是呕吐：消化系统以呼吸系统的模式运作，嘴摄入食物，又吐出，就像在呼

---

* 喘气（halètement）与哺乳（allaitement）在法语中的发音是完全相同的。

吸食物一样。第二种混淆是空气吞咽症：呼吸系统以消化系统的模式运行，它吃掉空气，吞咽空气，消化空气（导致胃部疾病和肠绞痛）。最后，呼吸的开口有两个，鼻子和嘴：我们可以使用其中一个呼吸，或将其中一个用作进口，另一个用作出口，让空气循环起来（比如老烟枪们的做法）。

潘多拉病例

潘多拉给我寄了一封求救信。她很绝望：如果精神分析也不能帮助她的话，她就没有办法了。她对自己的生活很陌生。她很害怕自己的自杀倾向。她会做一些可怕的焦虑梦，梦中她知道自己要被杀掉，但她并没有做什么来阻止自己被杀，在梦里她被强奸、闷死或淹死。

她第一次来时，看上去是一位高挑美丽的女子。她打量着我的办公室，我的办公室被书架环绕着，堆满了文件，天花板不太高。她说她觉得这里太挤了，"体积（volume）不够大"，但她又表达了另一个意思，这里的书册（volume）太多了：这样，她立刻就向我展现了她关于空和满的基本区分对立的问题。她总结说与我"行不通"。她显然缺乏空气，但没有明确表示。我立刻用一个有些长的结构性的解释回应了她：她在我的办公室里重新体会到了她与某个人第一次会面的场景，她原先曾对他充满期待，但那次会面让她感到失望；她感到压抑，是与小时候照顾她的人的态度相关：没有给她足够自由的空间，或没有正视她的欲望、想法和焦虑；而她自己长期

8. 基本感觉-运动区分混乱

在内部寻找边界,在这些边界,她能够认识自己、与自己重逢。听了我的话,她的呼吸缓和了。她证实了我的解释:我提到的两种态度都是存在过的;第一种是她外祖母的态度,第二种是她母亲的态度。访谈结束时,她决定开始和我一起工作。我提议每周进行一次面对面的精神分析治疗,每次一小时,她同意了。在治疗过程中,潘多拉长时间保持沉默且一动不动,避开视线接触,但她会突然确认一下我的视线是不是总在她身上,我是不是一直在关注她。如果我疲倦了,不说话了——不再针对她生活中的不顺利提出一些假设(比如那个星期她做的焦虑梦,或是工作上的冲突、爱情上的挫折),如果我不再看着她或想着她,她就会立马起身摔门而出。我从此推断,她的母亲可能对她漠不关心,既不看她也不对她说话。她讲述她的母亲在自己的母亲(潘多拉的外祖母)帮助下,给她喂食,对她进行适当的照顾,但其他时间,母亲不与她交流,背对着她,长时间在公寓的阳台上沉默发呆。有些时候潘多拉沉迷在一种强烈的自毁欲当中(通过药物、她叔叔的手枪、尖锐的玻璃碎片对性器官进行伤害),似乎她在这些时候的恐惧,再现了从前她被母亲卷入虚空的恐惧:正如比昂(1967)所说的"没有名字的恐惧";这是一种对"死去母亲"的认同,如安德烈·格林(1984,第6章)补充的那样,她想要在相互完成中与母亲融为一体,不是生冲动的完成,而是涅槃原则的完成。

潘多拉让我对她难以理解,试图将我置于一个困境:

如果我不说话，只是等着她提供一些材料，让我对她有正确的理解，那么就表示我猜不到在她身上是显而易见的东西；如果我说话，她就责怪我总是说不到重点。但随着她认识到我们可以一起呼吸和说话，对此获得了双重的确信，我们的同盟关系还是逐渐建立了起来。

当潘多拉无法在某次治疗中说话时，她会在之后给我写信或打电话说明原因。我后来才知道，对她而言，空气传输了被分裂和投射的自体的坏的部分：因此对她而言，书写比说话更容易。我总是会对她的信做出回应，可能是回信，也可能是在下一次治疗时口头回应。在我这边，经过一点一点的猜测和摸索，我每次都会做出大量的解释，我认为她被解释包围住对她而言是至关重要的，事实证明我是对的。她很快也意识到了这一点，她通过讲述一段记忆，一个梦，一件最近令她失望的事，列举了她幼年时受到的一系列创伤，这些创伤导致她为自己打造了一个充满幸福的想象世界，使她看待现实世界时仿佛隔着一层玻璃，并伴随着仇恨，且不得不以挑衅和嘲弄的方式参与其中。她越来越多地在治疗中呈现出呼吸困难的时刻。

生理学家认为笑、抽泣和呕吐都是呼吸运动的变形。对精神治疗中病人的观察证实了将这些反应作为三种不同形式的呼吸是重要的。潘多拉的治疗体现了前两种，我猜测她对我隐瞒了第三种（呕吐）。我们从笑开始。往往在治疗快要结束时，在我解释的帮助下，潘多拉能连续

8. 基本感觉-运动区分混乱

克服哮喘性的呼吸障碍和说话的障碍,她一边哈哈大笑,一边说她感到充满了生命力,说所有这些障碍都不能阻止她享受自己的身体、享受友情、享受她的艺术爱好,说我让她印象深刻等等这样的话——她因呼吸被调整过来而放松,我一般会跟她一起大笑。在此,病人对他人产生了认同,因为这个他人重新给了她一个"自然"运转的心理生理意象,病人因此能够对拥有自己的自然运转建立信心。现在来看看抽泣。

在一次治疗中,我将精神分析的工作集中在她的防御上,她防御的方式是退出交流,肌肉保持静止,封闭情感,潘多拉提到了一个与父亲发生冲突的场景,她曾经简短而满不在乎地讲过这件事。我提醒她,她只讲述了事实,而没有说出她的情感。忽然,她哭了起来,几乎要抽泣。她重新找回了两种情感:充斥着她的强烈的羞辱感和犯罪感,因为她清晰地意识到自己的弑父冲动。这种情感的回忆伴随着移情的加强。潘多拉责怪我让她重新经历这些难以承受的情感,折磨她,让她违反基本的家庭禁忌:孩子不允许哭。因此,没有什么事情是比精神分析所建议的自由联想更危险的,因为自由联想可能会将犯罪冲动暴露在空气中,就像潘多拉打开的坛子里的东西,它会四处扩散,会对周围的人实施巫术,会引起其他患者抽泣。在我的经验中,这一反应与双重幻想的调动有关,在这种幻想中,精神分析只会对他们造成伤害,而空气正适合传播这些致命的欲望。

渐渐地,潘多拉的治疗取得了进展。精神治疗的过程稳定下来。但每次的治疗仍然很艰难。以下是一次特殊的"治疗"的例子,它的特殊之处既在于强烈的戏剧性,也在于我不得不承受它与传统的精神分析框架的不同。一个星期天早上,潘多拉从住处给我打电话,声音几乎听不见。挂断前她告诉我她怀孕了,这是她和她丈夫都想要的(治疗的进展使她能够结婚并成为母亲)。因为感到疲惫,她得到了十五天假期,并且被强烈建议待在户外有太阳的地方。但从前一天的晚上开始,她的哮喘就发作了,还在恶化。她除了呼吸的焦虑,还对做决定感到焦虑:她通常使用的药物现在不建议服用,因为这些药可能会对婴儿的健康甚至生命造成威胁;但如果不服用这些药物,她自己的生命会受到威胁:她会窒息。医生使她陷入这个困境,且催促她尽快入院,告诉她,她可能要面临终止妊娠。她不知所措。我不得不让她重复她的话,因为我几乎听不见她的话。随后我将这个两难困境的结构解释为:"是母亲,还是孩子","是自己活下来让别人死去,还是让别人活下来自己死去",就像她讲述的她小时候与母亲的关系:"如果我活着,可能会导致母亲死去。"潘多拉纠正道:"是相反的。我有好几年都想要替我的母亲死去,她一直不停地谈论死亡。我觉得如果有谁应该死去的话,那个人是我,我想死,好让她能活着。"因此,不呼吸是为了将空气留给母亲。我们现在要进行一次电话治疗。我告诉她这些,同时强调我现在有时间为她服务

（相反她母亲总是没时间）。她回想起她自己的出生有多困难，并将其联系到她的孩子未来的诞生上，我对她说了一个假设，即，作为一个母亲，虽然她期待着她的孩子即将出生，但是，她现在是在强迫性地重复她的母亲对生下一个她不想要的孩子的抵抗。潘多拉答道："一定程度上是这样的。昨晚，我想到我可能甚至做得还不如我母亲，我可能没法生下一个孩子。"我请她详细告诉我她所知道的她出生时的情况。她表示太长了没法说。我鼓励她，同时指出：就在她对我说到，与她的母亲相比她无法妊娠之后，她就提出无法与我交流。潘多拉的声音响了一些："我试试。"

与她以往的习惯不同，她这次说得很详尽，还提供了关于这个事件的新的细节，而之前她总是简单略去。她出生时缠着脐带，大家都以为她已经死了，她已经发黑，人们猛烈地晃动了她很多次，拍打了她的屁股很多次，她才开始呼吸。这段叙述是以对话的形式进行的，我对她的每句话都做出了回应，并且也通过摇晃和刺激推动她说下去，这些摇晃和刺激是与触觉刺激对等的语言，也是她在早期缺少的（但我没有告诉她这个比较）。我提醒她，她的呼吸机制只需要适当的推动就可以运行，她能幸存下来就证明了她当时能呼吸，也一直能呼吸，现在与从前一样。

随着对话的进行，我放松下来（她的电话让我非常担心，我想这一点就无须赘言了），我感到她也放松了。我有所反省,同时滔滔不绝地大声地做着解释,我幻想我是一个母亲,生下一个女孩,给她空气让她呼吸。

一个小时后,我问潘多拉她的呼吸怎样了("呼吸好多了"),我们能否停下来("可以"),她打算做什么("我决定好了。小心起见,我要去住院,我不会吃对我的孩子有害的药")。

她的怀孕过程还经历了两三次激烈的插曲,使潘多拉觉得她坚持不到最后,但我掌握了足够的资料,继续发展并补充我的解释:她顺从了母亲的诅咒,这一诅咒禁止她成为妻子和母亲;她大逆不道地想要与母亲等同,窃取她的生殖能力;她担心会无法抵抗抛弃孩子的冲动,就像她母亲在她小时候有抛弃她的冲动一样。这几次迫害性的插曲都是由梦引起的,我很快察觉到了这些梦的存在,我要求她讲述这些梦,并解释了梦的内容。

分娩很轻松。潘多拉和她的孩子都活了下来,她用母乳喂养孩子,这是一个名副其实的蜜月,其中夹杂着突如其来的风暴,这些风暴对她而言预示着最糟的灾难,但她坚持进行心理治疗,这让风暴每次都能消散。她的哮喘也会发作,但不再那么频繁,也不那么严重了。我对她的哮喘的发作已经有了一个解释的框架。移情,从偏执性的怀疑和类精神分裂的退缩,发展到一种半自恋半俄狄浦斯的诱惑,又发展到通过我,逐渐且强烈地建立起一种对父亲形象的移情之爱。

这个治疗片段体现了一个心理生成的观点:当母亲对新生儿

8. 基本感觉-运动区分混乱

的力比多投注和自恋投注的不足体现在对肢体接触的回避时，婴儿在出生和最初的几周里，如果他的呼吸系统没有因皮肤的兴奋而受到足够的刺激，他就容易产生呼吸问题。潘多拉的案例同样体现了一点技术问题。精神分析师除了传统的握手外，有着触摸禁忌，避免触碰患者，或避免患者与自己产生肢体接触①。但精神分析师需要找到与触摸符号性等价的语言，这些语言发挥着身体自我和精神自我的功能，患者成长过程中缺少这些语言的刺激。对原始的触觉交流的这种符号形式的重建，使患者能够重新找到交流的自信，不是与所有人的交流（那是一种全能和角色互换的幻觉），而是与精挑细选和合理征求意见的对话者的交流。事实上，强迫性重复常常导致脆弱的主体依赖同伴，而同伴会再度造成他们的缺乏、创伤和矛盾，这些都是由最初环境引起的，是最初的病理学状况的延伸。我提议将这一过程称为负面依恋（attachement négatif）。因此，精神分析师并非要填补自恋的缺陷，或提供真实的爱的客体，而是使病人发展出足够的自我和他者的意识，使其能够在分析之外寻找、找到并留住能够满足其身体需求和精神欲望的客体。鲍尔比说，精神健康，就是选择与不会使我们生病的人一起生活……

---

① 在某些情况中，为了重建自我在皮肤上的支撑，少量短暂的触摸是可以被破例接受的，比如病人在离开的时候将头在精神分析师的肩上靠一下（参考 R. 卡斯皮［R. Kaspi］转述的奥吉夫人的治疗，1979）。

9. 自恋型人格与边缘性人格的自我-皮肤结构的扭曲

自恋型人格与边缘性人格的结构差异

自六十年代开始，疾病分类学、精神分析临床和技术中都遇到了一个难题，这一难题是：能否将"自恋型人格障碍"（多少与性格神经症相混淆）与"边缘性人格"（有时与"前精神病"结构相混淆）区分开来。在美国，科胡特（1971）和科恩伯格（Kernberg, 1975）就此展开了激烈的讨论，他们前者赞同这一区分，后者反对这一区分。

概括而言，这场讨论似乎是这样的[①]。边缘性人格承受着类似于过渡性精神病期的退行，一直是有可能恢复的，但通常很困

[①] 在法国，这场讨论被详细记录在贝热雷的两部著作中（1974, p. 52-59 及 p. 76; 1975, p. 283-285）。贝热雷更偏向科胡特而非科恩伯格。他指出，边缘性人格不能被视作"神经症"（哪怕是自恋型神经症），边缘性人格比自恋型人格更缺乏自恋，从自恋型人格到边缘性人格，再到前精神病性结构（这一结构事实上掩盖着一种尚未失调的精神病结构），对于自恋的缺乏是增加的。贝热雷认为，真正的原始自恋疾病是精神病；神经症当然也包括自恋欠缺，但它本身不是一种"自恋疾病"。我要感谢雅克·帕拉西（Jacques Palaci）帮助我厘清这些问题。

难，需要在生活中和/或在精神分析治疗中遇到辅助性自我（Moi auxiliaire）。辅助性自我能够维持紊乱的或暂时性毁坏的精神功能的正常运转，这种破坏来自于患者自身充满仇恨的部分的无意识攻击，但被自体认为是异己的。边缘性人格非常容易丧失自体连续感。

自恋型人格障碍则会产生一种较高级的感受，即自体凝聚感。自恋型人格障碍与自体发展的不足有关。科恩伯格认为，自体来自于早期客体关系的内化。而科胡特认为，自体是自恋内在变化的结果，自恋内在变化的发展相对独立于与客体关系的发展，且它的发展要经过一个"自体-客体"关系的特殊构造，在这一构造中，自体和客体尚未被足够分化；这些关系是由自恋投注的（而客体关系是由力比多投注的）；通过对两种特殊的自恋性移情——镜像移情和理想化移情——的认识，"自体-客体"关系能够得到分析。自恋型人格障碍的病人保持着相对自主的精神运作，保持着忍受欲望延迟满足、承受精神痛苦、向客体认同的能力，这些能力会在自恋受损时丧失，不过，是可修复的，尤其当他人对他们表现出共情时。

相反，科恩伯格则根据性格病态的严重性区分了边缘性人格的众多种类。不同程度的边缘性人格包含着不同的自恋障碍，这些自恋障碍之间也有很大差异，从正常自恋，到自恋型人格，到自恋型性格神经症，一直到病态的自恋结构，这种病态自恋结构的特点是病态自体的力比多投注，病态自体即夸大自体，它是理想自体、理想客体和自体当前形象的融合。夸大自体的功能是防御性的，既是为了抵抗破坏性自体的内部碎片的原初意象，也是为了抵抗早期客体关系中的迫害性客体的原初意象,这些早期意象被力比多投注,且这种投注具侵略性。

我的自我-皮肤概念是从地形学角度进行研究的,这一角度可以为自恋型人格和边缘性人格的区分带来一个补充性的论据。"正常的"自我-皮肤不会把整个的精神机制包围起来,它具有内外两面,这两面之间的空隙为一些活动留出自由空间。在自恋型人格那里,这个限制和空隙会消失。病人需要在他自己的精神外壳中自给自足,并且不与他人共有皮肤,这一共有皮肤表明且激发着他对他人的依赖。但他没有足够的办法来实现这种奢望:他的自我-皮肤才开始构建,尚且脆弱,需要加固。对此有两种操作方法。其一是消除自我-皮肤的两面(外部刺激和内部兴奋;自我形象和他人映照出的想象)之间的空隙;他的外壳在成为关注中心的过程中,甚至是在成为双重关注中心(对于自己和他人来说)的过程中被加固,力图包裹住整个精神。被扩大和固化的自我-皮肤为他带来了确定感,但这一自我-皮肤缺少柔韧性,即使很小的自恋受损也会使其撕裂。另一种方法是在个人的自我-皮肤外部,增加一层象征性的母性皮肤,比如宙斯的神盾,或患有厌食症的年轻女模特们常穿的华丽服饰,当精神容器在无意识中受到被粉碎的威胁时,精美的服饰暂时维持了她们的自恋。在自恋性的幻想中,母亲不与孩子共有皮肤,而是将皮肤给孩子,孩子得意地穿上了它;母亲的慷慨馈赠(她脱去自己的皮肤以使孩子在生命中获得保护和力量)有一种潜在的益处:孩子想象自己是命中注定的英雄人物(这可能会使他最终成为这样的人)。这一双重外壳(自己的和母亲的合并在一起)是出色而理想的;它为自恋型人格提供坚不可摧及永

9. 自恋型人格与边缘性人格的自我-皮肤结构的扭曲

生不灭的幻想。它在精神机制中通过"双层隔膜"(double paroi)的现象得到表现——我下文会介绍这一现象。在受虐狂的幻想中,残忍的母亲只是假装将皮肤给孩子,这是个恶毒的礼物,其险恶的意图是夺取孩子独特的自我-皮肤,孩子的自我-皮肤将会被粘在这层皮肤上。母亲不顾孩子的痛苦,要把孩子的自我-皮肤从他的身上剥下来,以重建与他共有皮肤的幻想,以获得孩子对她的依赖,重获孩子的爱,即便这种爱的代价是失去独立性,以及孩子自愿遭受的精神上和身体上的创伤。

有了自我-皮肤的双层隔膜结构,自恋型人格的容器-容纳者关系得到保存,精神自我被整合在身体自我当中。思想活动乃至精神的创造性工作依然是可能的。

相反,对于边缘性人格来说,伤害不只限于周边;自我-皮肤的整个结构都发生了病变。自我-皮肤的两面只剩下一面,而仅存的这一面以莫比乌斯带的方式被折磨着,拉康①最早将莫比乌斯带与自我进行了比较:在此对于什么来自内部、什么来自外部的区分是混乱的。有一部分感知-意识系统,在正常情况下位于外部世界与内部现实的分界面上,现在它被从这里剥离下来,抛在了外部观察者的位置上(边缘性人格的病人从外部参与其身体和精神运作,漠然地旁观自己的生活)。但继续作为分界面存在的那部分感知-意识系统使得主体对现实有足够的适应,因此他不是精神病。幻想的产生及其对周围人的影响都比较少了。至于构成个人存在内

---

① 拉康认为,在正常情况下,自我的结构就是如此,这一结构导致倒错和精神错乱。而根据我的经验,莫比乌斯带的形态是边缘性人格特有的。

核的情感，由于其难以被容纳（由于自我-皮肤的畸形）使其由中心向周边迁移，占据了由于部分感知-意识系统向外部移动而留下来的空间，并在此处成了无意识，这些情感形成了包囊，被分割成隐藏自体的碎片，而当其突然回归到意识中时，就会像鬼魂现身一样令人畏惧。这其中的第二种矛盾同样服从于莫比乌斯带的结构：外部成为内部，再成为外部，不断往复，无法被容纳的内容成为无法容纳的容器。最后，自体的中心位置被过于暴力的原初情感（悲痛、恐惧、憎恶）抛弃，成为一片空地，而对内部中心空虚的焦虑成为这些病人抱怨的主要内容，除非他们能够用一个客体或理想事物（一个理由，一个主人，一个充满激情的爱，一个思想体系，等等）的想象将之填满。

文学中的自恋型人格案例

我将用一个文学寓言，而非临床案例，来说明自恋型人格，这个例子出自小说《莫雷尔的发明》①，这本小说的作者是阿根廷人比奥伊·卡萨雷斯（Bioy Casares），是博尔赫斯（Borges）的朋友和合作者。叙述者逃亡到一个荒岛上，他在日记中记录了他所听说的事："岛上有一种神秘的疾病，会由表及里地致死。先是指甲、头发脱落，随后是皮肤、角膜，之后的八到十五天，整个机体就会死去。曾经有一艘轮船在这里停靠，船上人的皮肤都被剥了下来，也

---

① 此处引用的是 10/18 系列（UGE, 1976）中再版的《莫雷尔的发明》(*L'Invention de Morel*) 的法语译本，第一版 1973 年由罗贝尔·拉封出版社出版。

9. 自恋型人格与边缘性人格的自我-皮肤结构的扭曲

没有头发和指甲——当被日本巡洋舰 Namura 发现时,他们已全部死亡"(p. 12)。这一身体外壳——从这个词的各种含义上来说——的疾病最终感染了叙述者。他在日记的倒数第二页记录道:"我失去了视力。触觉也逐渐失灵;皮肤脱落;感觉模糊而痛苦;我强迫自己避开这些感觉。看到屏风上的镜子时,我才知道自己没有了胡子和头发,没有了指甲,微微发红"(p. 120)。这种侵蚀是分为两步的:先是感染表皮,随后感染真皮。

这个例子证实了我关于存在双层精神皮肤的想法——一层外部皮肤,一层内部皮肤,后文可以为二者的关系提供解释。疾病越来越深入地感染皮肤,为比奥伊·卡萨雷斯的小说提供了主旋律,小说围绕这一主旋律创作了一系列的变故。第一个变故:叙述者受到了错误的判决,他为逃脱终身监禁,逃到这个被遗弃的小岛上避难,而从此,这个小岛成了他永久的监牢。他就像一个被迫害者,因受到的痛苦而一直处于敏感状态*。在这个不宜居住的地方,挫折和创伤在他身上堆积,不断侵蚀他脆弱的自我-皮肤。这个岛本身是第二个变故,它被描述为失败的象征性皮肤,不能包裹、容纳、保护其居民:海浪会淹没它,沼泽会困住它,它被蚊虫侵害,被树木侵蚀,池塘中满是毒蛇、蟾蜍、水生昆虫,植被因为太过繁茂而自取灭亡,他在所谓的博物馆(实际是个旅馆)中发现的给养也坏掉了。皮肤的瓦解日益威胁着身体和精神内部的生命,这种瓦解的第三次加重具有一种哲学-神学的形式。当叙述者没有

---

* 原文为 écorché vif,从字面上理解即一个被活剥的人,在法语中这个表达指的是由于遭受了心理创伤而变得高度敏感的人。

为眼前的生存问题绞尽脑汁时，占据他思想的是永存的问题：如果说身体表面将消失殆尽，那么意识，作为身体内部的生命，能否在死后继续存在呢？如何控制身体表面的瓦解呢？

比奥伊·卡萨雷斯的小说将这种自我-皮肤从外部到内部的感染，与叙述者的一段令人不安又亲切的体验、一个感知错误和一种信仰的混乱联系在了一起。他本来相信自己在荒岛上是安全的。从日记的第一页开始，他从惊讶变得恐惧，这也是为什么他决定写日记。岛上忽然回荡起古老的歌曲，这歌声是从一个看不见的留声机里传出来的。"博物馆"里满是侍者和暑期度假的游客，他们的穿着打扮很奇怪，是二十年前流行的时髦样式。玩耍的游客使看上去废弃的游泳池热闹起来。他们在岛的高处散步。叙述者躲着他们，听着他们谈话，并记下了他们交谈的片段。对叙述者而言，这个岛不宜居住，建筑也很奇怪，但对这些人则相反，他们举止自如，充满安全感。他最先担心会被这些人发现，被他们抓住并向法院揭发他。但似乎没人关心这个。他被一种更加深刻的不安感占据了：他因为一些失误，本应该引起人们的注意，而且他还试图接触其中一位与众不同的波希米亚风格的女士，因为他爱上了她，但这些幻影对他漠不关心，尽管它们是真实活着的。"他的目光穿过我，就像看不见我一样"(p. 32)。他对他们越熟悉，就越感到他们的古怪。他相信他们的存在，但这些"鬼魂"不相信他的存在，他担心自己会陷入想要杀人的或变得疯狂的绝境。

最终，叙述者明白了这一信仰的混乱是他自己的混乱。"现在看来，真实的情况并不是前几页所写的情况；我所处的境况并不是我以为的境况"(p. 68)。事实上，在重新登船的前夜，他目睹了一

9. 自恋型人格与边缘性人格的自我-皮肤结构的扭曲

个场景,莫雷尔在向别人介绍他的发明。他在岛上装备了三种机器,在人们不知道的情况下将他们拍摄、记录下来,他捕捉了他们的影像,以进行保存和放映——不只是电影或电视那样的视觉和听觉影像,还有触觉、热感、嗅觉、味觉影像。如果,正如英国经验主义哲学家们所宣称的那样,意识仅仅是我们感觉的总和(我认为这一假设正是莫雷尔理论的先决条件),那么这些能够再现个体所有感觉的影像将会获得灵魂。不只是参与放映的观众会感到这些个体是真实的,被拍摄下来的演员在放映过程中也会同时感到自己是有生命、有意识的。莫雷尔,他,徒劳无功地爱上的女人,还有一起在岛上度过一个星期的同伴们,就这样永生了。每一个大浪都在为深藏在博物馆地下的发动机充电,并在自然中放映他们的假期。所以,那些令叙述者无比担心的幻影只不过是一些影像,是真实存在的鬼魂,是大概二十年前,他还是个孩子时存在过的人的幽灵,简而言之是一些幻象(idoles)①。莫雷尔的发明具有双重寓意。文学寓意:小说不也是一台制造人物角色的机器吗?它赋予人物角色各种各样的特质,读者感知到了这些特质,并认为这些人是有鲜活生命的。元心理学寓意:莫雷尔的机器具有用于感知、记录和放映的三种装置,它是弗洛伊德精神机制的一种隐喻:感知-意识系统被分为两份,记录对应着前意识,而无意识……被遗忘了。与脆弱、易腐蚀、会被洞穿的人类皮肤相反,莫雷尔的机器体现了一种不易腐烂的理想皮肤。叙述者的自我-皮肤是如此脆弱,

---

① 古希腊人将对物体的视觉解释为:一层看不见的薄膜从物体上脱落,将其形态传送到眼睛里,眼睛接受后就产生了印象。幻象(来自动词 idein,看)是令物体能够被看到的非物质的复制品。

相比于爱慕真实的生命,他着迷于他们的理想薄膜,更喜爱他们的幻象——确切地说,这应称为偶像崇拜。

莫雷尔的机器拍摄了莫雷尔及其同伴一周时间,之后不断反复放映这一周的内容。但为了将他们转移到放映出来的影像上,机器记录的是真人的生命特征和意识。"当一个人被拍摄成影像时,其灵魂就转移到了影像中,这个人就死了,我记得,有些人恐惧自己被再现在影像中,这正是基于这种信念:[……]影像具有灵魂这一假设似乎是基础性的,当传送者被机器捕捉时,他们就失去了灵魂"(pp. 111-112)。出于他所谓的"轻率"(p. 110),但更多的是由于他的信仰中所固有的逻辑必然性,叙述者在自己身上进行了验证。他将左手放在记录机器前进行拍摄,完整的手的影像被保存在博物馆的档案中,他时不时会去放映一下,过了不久,他真实的手变得干瘪。于是,他知道了莫雷尔和他的朋友们的死因:他们被永久地记录了下来。而厚颜无耻的莫雷尔是其中唯一知情且自愿的人:"可怕的是,此人为追求自己的理想,策划了一场集体死亡,并擅作主张让他所有的朋友与他一起赴死"(p. 112)。伴随着永生幻觉的是团体幻觉,这并不令我感到惊讶:有了莫雷尔的发明,"人们可以选择一个隐蔽而美好的地方,把他最喜爱的一群人召集在他身边,在这个私密的天堂里永生。若用以永存的场景是在不同时刻拍摄的,那么同一个花园可以容纳许多天堂,这些天堂是个人的,花园里的群体互不相识,但将同时、几乎在同样的地点,履行它们的职能,且不会产生冲突"(pp. 97-98)。

叙述者——作为莫雷尔的对等形象——将莫雷尔的发明及这一幻想的逻辑推到了极端。他爱上了永生的福斯蒂娜,尽管福斯蒂娜无法感知到他。于是,经过极大的努力,他学会了控制机器的运转。他放映出福斯蒂娜出现的场景,将自己添加进去,重新拍摄了这些场景,就好像他陪伴着福斯蒂娜,还与她互诉衷肠。他将不得不死去,他的皮肤已经开始剥落了。但他在放映机中用新的录像取代了旧的,这段录像从此将会永远地放映下去。怀着将来有人能发明出更完美的机器的希冀,他的日记和生命都终止了。他希望这个更完美的机器将使他进入福斯蒂娜的意识——那将是一台能消除感知和幻想、外部表象和内部表象之间的一切差异的机器。

双层隔膜幻想

永生的幻想,群体的幻想,爱的幻想,小说人物真实性的幻想:这些都是与自恋有关的问题。自恋外壳还必须有过度的投注,因此,自恋外壳看起来非常像干硬皮肤幻想的防御性对等物:面对外部/内部攻击的持续危险,无法行使刺激屏障和精神容器功能的自我-皮肤的形象需要被重塑。地形学的解决方法是消除自我-皮肤外部和内部间的间隙,将分界面想象为双层隔膜。当这一方法在大部分意义上是"想象的"(也就是说,它产生的自体形象是欺骗性的,不过是安慰性的),病人就属于神经症的范围,但若这一方法涉及自我-皮肤的实际改变,那么病人就是自闭症,或心因性缄默症,正如安妮·安齐厄在《从肌肉到语言》(1978, p. 129)中试图解释的那样:"躯体的外部皮肤外壳的的确确被感觉器官、肛门和尿道口'穿透'。我们可以假设,这些开口的感受性被从中通过的物体牵引而朝向身体的外部,这让幼儿产生了困惑:身体及内容物与作为界限的皮肤隔膜间的内部交流,相较皮肤与周围客体的外部交流并无不同。这意味着儿童被视觉意象、声音、气味穿透,成为这些东西的容器和通道,同样,他也是粪便、尿液、奶水和泪水的容器和通道。于是,内部外壳也会被客体的感知所攻击或穿孔。某些焦虑情境使这一幻想现象演变为持续的迫害,它对婴儿身体内部产生破坏和动摇,婴儿为了对抗它,必须关闭所有可控的开孔,不论采取什么办法。

然而,我注意到,由于不能区分外部表面和内部表面,《莫雷尔的发明》的叙述者产生了双层隔膜的幻觉。他借助通风口成功定位了机器所在的地下室,地下室极为密闭,他用铁棍将其凿开裂缝才得以进入。停止的机器的景象使他惊讶,但他更震惊于"无限的欣喜和钦佩:墙壁、天花板、地板都由青瓷构成,所有一切,甚至空气[……]都像瀑布的泡沫一样晶莹剔透"(p. 20)。发现莫雷尔的意图后,他立刻回到机器处,尝试理解掌握其运作。他在机器开始工作后进行了研究,但一无所获,他还是不能理解机器的运作机制。他看向房间四周,忽然感到迷茫。"我寻找之前凿出来的裂缝。它不见了[……]。我向一旁移动,想看看幻觉是否持续[……]。我摸遍所有墙壁。我从地上捡起开凿入口时砸下的碎瓷片和砖块。我花了很长时间触摸同一地方的墙壁,不得不承认墙壁被修复了"(pp. 103-104)。他又用铁棍敲砸墙壁,但砸下的碎片立刻又恢复了原装。"这幻觉如此清晰,转瞬即逝,但却不可思议,我眼睁睁地看着天蓝色瓷壁没有断开,这层隔膜变得完整无缺,房间又闭合了"(p. 105)。出口消失了,他感到自己被围住了,成为巫术的受害者，不禁惊慌失措。随后他恍然大悟："这些墙壁[……]是机器投射的。它们与人工建造的墙壁重合（这是机器记录下墙壁，并将它投射在原来的墙壁上）。即便我打破、推倒了第一层墙壁，还有投射的墙壁。因为这是投射，所以只要发动机还在运转，就无法穿过或推倒这面墙[……]。莫雷尔肯定想用这双层隔膜的保护来保证没有人能够接触到机器，以此来确保他的永生"（p. 106）。

关于自恋外壳，以及自恋外壳对飞行员、英雄人物和发明家的影响的深入研究，我推荐安德烈·米森纳德的著作《自恋与破裂》（André Missenard, 1979）。

边缘性人格及信仰的混乱

信仰是人类生存的必需品。如果我们不相信自己活着，我们就无法生活。如果我们无法相信外部世界的真实性，我们就无法感知外部世界。如果我们不相信自体的同一性和连续性，我们就无法成为一个人。如果我们不相信自己是醒着的，我们就无法保持醒觉状态。自然而然地，这些令我们坚信自己的存在、让我们能够安心生活的信仰并非知识。当我们从正确与否的角度去审视它们时，它们看起来是有争议的。哲学、文学、宗教、心理科学都为了它们而大费周折，有时为了证实它们，有时又为了突出其中的虚无。

具有这些信仰的人类必然会对信仰产生怀疑。但不具有信仰的人类则又需要获得这些信仰，以感受其存在和福祉。没有这些信仰，人们会感到痛苦，会抱怨其缺失。边缘性人格的临床（而不是自恋型人格），以及抑郁症、某些心身疾病（即精神容器经常性或持续性衰弱的状态）的临床正体现了这一点。温尼科特（1969）为理解这一信仰的缺失提供了一种理论论据。精神自我的发展需要支撑，但也需要从身体自我中分化和分裂（clivage）出来。人类具有一种整合的趋势，这一整合的目的是"实现精神和体质（soma）的统一，同一性建立在这样的切身经验之上：这种切身经验位于精神（或者说心灵）与精神的整体功能运转之间"。这一倾向自婴儿成长开始就潜伏着，被与环境的相互作用加强或阻碍。未整合的原初状态之后是整合：精神迁入体质中，并伴随着精神与身体统一带来的愉悦，这一统一对应着温尼科特所说的自体。我要补充的是，在这一刻，婴儿建立了一个由三个部分组成的信仰，这三个部分分别是他的持续存在、他意识中的同一性和他身体的自然运转。这个信仰奠定了生命最初的快乐，服从快乐原则。但这一原则的特征之一是，在某些情况下，摆脱不快乐的倾向（正如比昂指出的）变得比寻找快乐的倾向更加强烈，这些情况即先天的不足，不足够好的环境，极端性或长期性的早期创伤。于是，主体为了应付残疾、挫折或绝望所带来的痛苦，进行了防御性的解离，哪怕是以扭曲基本信仰为代价，或者以丢失全部或部分的生命最初的快乐为代价。因此，温尼科特认为，成年人精神与身体的解离是一种借助精神和体质间早期分裂（clivage）的剩余物而进行的退行现象。对于心身疾病的患者来说，如果他相信身体和精神世界是整合为一（unifier）的，那么这两者中的一个受到了攻击，他整个人就会被摧毁，因此，精神与躯体的分裂是为了保护他逃离这样的风险。这种

9. 自恋型人格与边缘性人格的自我-皮肤结构的扭曲

分裂是舍车保帅，牺牲一者来保全另一者。若这一防御在第一时间得到照料者足够的尊重，那么，心身疾病患者的内心就会获得足够的安全感，整合的倾向就会在他身上浮现出来，并进行下去。但这里，由于这一分裂，就会表现出信仰的缺失和对空虚的焦虑。

塞巴斯蒂安娜案例

与比奥伊·卡萨雷斯小说中涉及的自恋型人格不同，塞巴斯蒂安娜是边缘性人格结构，她的漫长的第一段精神分析结束得并不愉快，那位"精神分析师"给出的解释很少，并且每次会谈的时间也非常短，而她第二段与我面对面进行的分析让情况有所好转。在我看来，她处于严重的抑郁状态中，且这种状态由于她刚刚中止的分析，以及她对精神分析师剧烈的去理想化而被加重了。以下是她在放长假之前的最后一次会谈的摘录，放假引起的中断令她害怕，这加重了她因自体连续性的断裂而产生的焦虑。

"有些事情发生了，开始了，然后……啪！就像我开始相信它的时候，突然，假期来了……恰恰是假期来临时，关于'就像我开始相信它'的问题浮现了出来。我害怕。我正在跟谁说话？发生了什么？别人正在对我做什么？上次您跟我谈论的关于我小时候的事（她异父（或异母）兄长与她玩了令人焦虑的性游戏，她克制自己的快感，并显得精神与身体相分离了），我觉得其中有巨大的谎言。您让我说了些我不知道的事情，这些事发生时我并不在场（我提到，当她要去面对那些她本应该感受到的感觉时，她产生了晕眩）。还有更糟的。在对您说这些话时，我没有说全，我讨厌自己，我讨厌您。我受够了[……]。我为什么要留在这儿？可能您需要处在一个不同的地方,而不是我此刻努力把您投射到的地方。这样我才能继续和您说话。您才能继续回答我。我才能活下去。"

她的罪恶感很浅显,而她的羞耻感很深刻,这与不能充分行使刺激屏障功能的自我-皮肤相关,也由于自我-皮肤的缺陷,她想要隐藏的感觉、感情和冲动遭受着会被他人看到的风险。掉落在内部的空洞中是一种从他人的目光中消失的方式。兴奋与俄狄浦斯的幻想无关;兴奋当中的性的意味没有被认出,还被体验为是机械化的,因此彻底失去了意义。对这些兴奋进行卸载的尝试,也就是说用量的解决方法来解决它的尝试,最终导致了失败:青少年时期的手淫以及现在使她达到性高潮的性交,并不能缓解总是在她体内弥漫的紧张感。她的感觉遭受了质的转变;舒适这一性质与感觉解离了,分裂成众多分散的碎片,因此,舒适的性质就被摧毁了。塞巴斯蒂安娜的首要原则是不惜一切代价避免不愉快的原则,而不是寻找快乐的原则,她宁愿放弃对快乐的寻找,也要将力比多从对客体的投注中转移出来,将其用在自我的自恋性目和自体的保护上。比昂认为,这一选择是精神机制的精神病部分本身带有的,而这一部分没有被环境或思想所容纳。清空感觉的这种方式即使不是为了清除不快(因为不适的感觉是持续存在的),至少也是为了将之维持在感知-意识系统之外。这是一种救援性的清空,精神机制将其用作替代品,来替代失效的自我-皮肤无法提供的具有理解力的容器外壳。因此,由于感觉的清空(而她其他的身体功能和智力功能基本未受损),塞巴斯蒂安娜活着,却并不相信自己活着,不相信自然运转的可能。她的生活从她的身边流过。她隔着一段距离参与着自己身体和精神的机械化运作,与我进行的三

9. 自恋型人格与边缘性人格的自我-皮肤结构的扭曲

年精神分析治疗主要是为了重建这一运作。她对我表现出的恨意越来越深，这有三个原因：一、她对这一改善感到不满，这一改善带来的是没有乐趣的自动运转，且减弱了她原先很重要的直觉能力；二、因为治疗重新勾起了她的力比多，且她的力比多重新朝向了客体，再度投注于她的性感带，这威胁到了她靠清空而获得的平衡，她依然在依附着这一平衡；最后，因为移情的发展，让她不再在我身上寻找依赖性的支持，这类似一种足够包容的环境，且让她面对着具引诱性和虐待性的男性阴茎的可怕意象。同时，矛盾的是，对于另一种运作模式的希望被唤醒了，这种模式是建立在快乐原则上的，是可能会给她带来幸福的：长假在她开始"相信它"的时候突然到来了。于是，我需要去解释她的强迫性重复，去解释她的一种等待，或者说是挑衅性的期待，她一直在等待再次体验到一种失望，这种失望是在她童年的早期，由母亲对她的侵占或是矛盾性的要求造成的：母亲对女儿的身体的照顾是丰富和令人兴奋的，她对女儿的爱也表现得格外强烈，但面对孩子所表达出的自我的需求，她又突然变得态度生硬、道貌岸然、拒人于千里之外。

但不止于此。她的母亲是一个会去参加宗教活动的非宗教人士，如果我可以这么说的话，热衷社会工作。她经常不在家，委托一个女邻居照看塞巴斯蒂安娜，这位女邻居是位强壮的农民，朴实而诚恳，她的右手要忙着做家务，左手或松或紧地将婴儿抱在怀里。此外，她还系着一条巨大的皮围裙，围裙上沾满了油，从不清洗，婴儿穿着羊毛鞋子的脚在围裙上滑来滑去。因此，找不到物理依靠这一基本支撑的绝望，以及缺少支持性客体的焦虑，加重了失去母亲的焦虑。我花了一些时间在移情的重复中去接近这一缺陷，这一缺陷妨碍了自我-皮肤的首要功能；事实上，我产生了一种不舒服的感觉，即无论我如何尽心尽力，无论我的解释多巧妙，我的病人都会从我的指尖滑走。

很长一段时间里，塞巴斯蒂安娜的身体姿态使我很好奇：她坐在我正对面的位子上，但她的身体并不正对着我的身体；从我的方向看，她向右转了大概二十度，她在整个治疗过程中都保持这个姿势；她对我说话或听我说话时，只用左眼看着我。我想，她与我建立的是一种"斜的"交流；此外，她总是会曲解我的解释；我对她说话的时候，就像在打台球，我不能直接击中红球，而要借助球台边的弹力，经过反弹击球。事实上，这个姿态是由多种原因导致的：从俄狄浦斯情结角度看，这一姿态保护着她，让她不会再次体验到与异父（异母）兄长的正面接触；从自恋角度看，她通过身体表现出了自我-皮肤莫比乌斯带形态的扭曲，我之前说到过，这种扭曲是边缘性人格的特点。这一由感知-意识系统构成的分界面的扭曲导致她对周围人发出的情感和肢体信号进行了错误的感知，随后误解和挫败加剧，最终因愤怒而爆发，这令她自己和家人都疲惫不堪。

塞巴斯蒂安娜正面对着我坐，而不是侧面对着我坐着的那一天，她认为她的分析结束了。她面对着我说了两件事：一方面，她需要停止这段分析，因为这花了她太多时间和金钱，并让她再次陷入太多痛苦和憎恶，将她的过去放到了现在，并过度延长，使她不能够正常生活；另一方面，她的精神不再扭曲，最近的顿悟对她而言如同脊椎正位，她感到自己现在能够应对自己的失望和憎恶的反应，将之控制住并使自己从中解脱出来。

9. 自恋型人格与边缘性人格的自我-皮肤结构的扭曲

在其他患者那里,我看到过自我和自体在突然间重组的可能性:即,通过移情,与他人重建未扭曲的交流带来的效应。对于自恋型人格的疗愈来说,自我-皮肤容纳功能的重构通常就已经足够了。正如塞巴斯蒂安娜的案例所体现的,边缘性人格的治疗则需要更多,需要重构自我-皮肤的维持功能、刺激屏障功能和力比多补给功能。

10. 双重触摸禁忌，自我-皮肤超越的条件

　　我提出触摸禁忌的假设有四个原因。一是历史和认识论原因：弗洛伊德在他的实践中默认了这一禁止后（但并没有提出相关理论），才发现了精神分析（分析设置，神经症的俄狄浦斯结构）。

　　二是心因性原因：当孩子开始移动（运动性的）和交流（次言语和前语言的）时，家庭中的其他人会对孩子发出最初的禁令，这些禁令主要涉及触觉接触；正是依托于这些各种各样的外部禁令，孩子才会构建起一种内部的禁止，这种内部的禁止是相对持久的，也是自主的，我将详细讲述这一禁止的性质，它的性质并非单一的，而是双重的。

　　三是结构原因：借用弗洛伊德的表述，自我本质上是一个表面（精神机制的表面）和一个表面（身体表面）的投射，并且最初它是以自我-皮肤的构造运作的。如果是这样，它如何转换成另一种运作的系统（即思想的运作系统，这一系统是精神自我所有的，这一系统与身体自我相区分，又与身体自我相连接）呢？在此转换中，在触摸的双重禁忌的作用下，它放弃了至高的皮肤快感，以及其后的手部快感，并且把具体的触觉体验转变成了基础表象，让感官交互对应系统得以在此基础上建立（这种建立首先是形象层面的，它

10. 双重触摸禁忌,自我-皮肤超越的条件

维持着对接触和触摸的符号性参考,随后,是完全抽象层面的,脱离了这种参考)。

最后是辩论的原因:随着所谓的"人本主义"或"情感主义"精神疗法的飞速发展,在鼓励甚至是强制参与者之间的身体接触的"心理团体"的压力下,近几十年来,精神分析技术的严格性和节制触摸的规则一直在遭受着威胁,精神分析家们需要对此做出回应,而不应该装聋作哑、不屑一顾,或充满激情地改用"新"方法(这些方法往往只是前精神分析时期的"暗示疗法"的调整和变种)。

按照精神经济学的组织模式,触觉的刺激具有哪些效果:自恋修复、性兴奋、暴力创伤? 在最初的交流中,触觉交互的游戏具有什么样的意义? 在哪些情况下,再次进行这样的游戏是可以考虑的,甚至是必需的,而在哪些情况下,再次进行这样的游戏是无用的,甚至是有害的? 精神机制对自我-皮肤的构建,以及之后超越自我-皮肤进入思想自我(Moi pensant)这一过程的成功或失败,会给此后的性生活带来哪些激发性或是抑制性的影响? 根据弗洛伊德的观察(及临床经验),感官质量是精神生活的基础,为什么当代精神分析的观点常常倾向于忽视这一点呢? 我们必须对触摸禁忌进行重新认识,而以上这些问题都是与之相关的问题。

弗洛伊德默认的触摸禁忌[①]

在动物磁气说(magnétisme animal)中,麦斯麦(Mesmer)通

---

① 现在版本的这一章节中,我参考了 G. 博内(G. Bonnet,1985)就我 1984 年的《触摸的双重禁忌》一文提出的一些意见。

过手的触摸、眼神、声音，与病人建立"联系"，直到促使病人进入一种情感依赖状态，病人的意识麻痹，进入兴奋的状态，在这种状态中，通过手对身体的直接接触，或通过棍子对磁桶的震动引起的间接接触，病人会经历一种精神的宣泄。随后，催眠师的手只通过在病人眼前晃动来模仿触摸，病人坐着或躺着，陷入人为制造的催眠中。为了更好地应用对癔症症状的反暗示技术，沙柯（Charcot）要求被他催眠的患者闭上眼睛。催眠师运用声音中的热情、坚持、坚定，使患者入睡，使症状被禁止。但沙柯的手仍通过触摸癔症区域进行治疗，企图实验性地在公众面前引起癔症的爆发。手有时被声音或者眼睛替代——眼睛不只是用来注视，声音也不只用来说话，目光和话语也能够进行包裹、理解、安抚，也就是说，眼睛和声音具备了触摸的力量——催眠师（通常为男性）的手对成年人，尤其是年轻女性，特别是癔症患者，进行着实在或符号意义上的暗示，起到了额外的诱惑作用：这是这一操作附带的好处（更确切地说是弊端）。

在弗洛伊德对自己的梦进行自我分析，并开创精神分析之前的十到十二年间，作为一个催眠治疗师，弗洛伊德用得更多的是眼和手，而非语言。一次事件让他在事后理解了布罗伊尔和安娜·O.的遭遇，注意到了引诱的风险。一次，弗洛伊德通过催眠治愈的一个女护士搂着他的脖子亲吻他，要对他投怀送抱。弗洛伊德既没有让步，也没有害怕：对此，他发现了——根据他自己的说法——移情现象。他没有说的是——因为这是不言而喻的事情——心理治疗师应该避免与病人进行任何身体上的接触。然而，虽然由于色情化的风险，直接的肢体接触被禁止了，但医生在诊断病人的痛点时依然要用到手——比如按压艾米·冯·N.夫人的卵巢位置,触碰伊丽莎白·冯·R.小姐的大腿区域——在这些部位,兴奋因不能在快乐中卸载而堆积。后来,弗洛伊德因精神分析而放弃了催眠疗法,他的手也从发生了躯体转变的癔症区域向上移动,来到了导致疾病的无意识记忆活动的头部。他请病人躺下,闭上眼睛,将注意力集中在这些记忆上(当然,这些记忆是视觉的;但也可能是听觉的,当某些话语通过符号化的过程原封不动地铭刻在身体上时)以及相应的情感上,这些情感是在他问到病人症状的起源时突然浮现出来的。遇到阻抗时(病人的大脑一片空白),弗洛伊德就将手放在病人的前额上,并告诉他们,当他抬起手时,那些被欲望着又被压抑着的画面就会出现。这样,病人就在自己身上看到和听到了一些事情,他们只需要把这些事情说出来,就能获得解脱。这依然是一种暗示,尽管这种暗示是有局限的。同样的潜在性负载依然存在着。我的一个病人讲述的梦可以为此作证。在这位年轻男子的梦里,我没在我的办公室里接待他,而是在一个可能是我的乡村别墅的地方,我对待他的态度也格外亲切。我坐在一张很大的藤制扶手椅上,请他坐在我的膝上。事情发展得很迅速,我亲吻他的嘴,凝视着他的眼睛,将手放在他的额头上,在他的耳边轻声说:"告诉我这让你想到的所有事情。"病人因我的行为,确切地说因我的不端行为愤怒地醒来,而完全忽略了他才是做梦的人这一事实。

在弗洛伊德做催眠治疗师时,令他收获最多的,对思考未来的精神分析框架的基本特征帮助最大的女病人可能是艾米·冯·N.夫人(Frau Emmy von N.)。从1889年5月1日开始,她就要求他:"别动!别说话!别碰我!",此后她也经常这样责备弗洛伊德(弗洛伊德,布洛伊尔,《癔症研究》,1895,法译本,p. 36)。但是,在1895年7月24日这一天,他的另一位女病人,艾玛(Irma),他与弗利斯共同治疗的这位病人,促使他做了一个梦,这是他自我分析的第一个梦。在梦中,他检查了艾玛的喉咙、胸部、阴道,发现她的旧病复发与一次"注射"有关,这次注射有些"轻率",注射药品的三元化合物与性的"化学物质"有关。对躯体疾病、对疼痛和癔症发生区域的医学诊断是必须在身体上进行的。而精神分析对色情区域的诊断则只能是精神上的和符号意义上的。弗洛伊德(1900)听到了对他的这个警示。他放弃了注意力集中,采取了悬浮关注,于是发明了精神分析这一术语,他将治疗的设置建立在两条规则之上——即和盘托出和节制,他中断了与病人的所有触觉交流,只保留语言交流——不过这一交流是不对称的,因为病人需要让自己自由地言说,而分析师则只能在恰当的时机说话。在眼神交流方面,不对称性更为明显:分析师能看见病人,但病人不能也不应看见分析师(在弗洛伊德不再要求病人闭着眼睛后依然如此)。

在此情况下,弗洛伊德的病人们越来越经常做梦,弗洛伊德也会回应他们。对这些梦——无论是他的还是他们的——的系统性分析令他在1897年10月发现了俄狄浦斯情结。因此,乱伦禁忌所扮演的结构性角色是在触摸禁忌被默认后才被阐明的。从这一点来说,弗洛伊德个人的发现史概括了普遍的婴儿史。触摸禁忌——对身体暴力行为或性诱惑行为的禁止,先于俄狄浦斯禁忌(禁止乱伦和弑父/弑母),也为俄狄浦斯禁忌做好了准备,使之成

10. 双重触摸禁忌，自我-皮肤超越的条件

为可能。

语言交流划定了治疗的边界，这种交流是有效的，这完全是因为它另辟新径，采取了符号性的方式来处理先前在视觉和触觉领域的交流。弗洛伊德《性学三论》中的注释 79（1905，p. 186）可以为此作证：一个三岁男孩在一间没有光的房间中抱怨自己怕黑，想让他的阿姨对他说话；阿姨拒绝了，认为既然他看不见她，那么说话并没有什么用；男孩对她说："从有人说话的那一刻起，一切就变得清楚了。"在另一个谈论涉及触觉和视觉的各种前戏的章节里，弗洛伊德补充道："在分析之后，视觉印象可以被归结为触觉印象"（前引书，p. 41）。触觉在必要时得到禁止，才具有建构性。"说出所有"这一处方离不开一个补充，那就是对行动的禁止，更准确地说，是对触摸的禁止。触摸禁忌——对病人和分析师都适用——之外，还有视觉禁忌（interdit visuel）——专门针对病人：病人不能试图在分析之外"见到"精神分析师，也不能和他"接触"。

精神分析框架将窥视冲动（pulsion scoptophilique）与其身体支撑——视觉分离开（也就是用思维的"洞见"代替了感知的"看见"）；将控制冲动（pulsion d'emprise）与其身体支撑——手分离开（需要去触碰的将是真相，而不再是身体，也就是说，要从快乐-痛苦的维度过渡到真-假的维度）。这让这两种冲动，再加上求知冲动（pulsion épistémophilique），共同构成了吉贝洛所说的"知识客体"（Gibello，1984），它与力比多的客体是不同的。

对弗洛伊德而言，这样的禁忌是尤为合理的，因为他的病人中有很多是年轻女孩和患癔症的女人，她们令视觉色情化（通过引起关注并上演她们的性幻想），并寻求肢体接触（被触摸、安抚、拥

抱）。因此，与她们工作需要保持必要的距离，才能建立起一种思想的关系、一个精神空间、一个双重的自我（其中一部分是自我观察的）。弗洛伊德在与强迫性神经症工作时遇到了其他的难题，对于这些病人来说，精神分析设置强化了远距离的客体关系（根据后来的布韦［Bouvet］的概念），比如精神自我与身体自我的分裂（clivage）、思想的色情化、接触恐惧症、对传染的担忧、对被触碰的恐惧。

对于被我们划分为边缘性人格和自恋型人格的病人来说，这个问题看起来更严重。在他们的体验中，疼痛要大于性欲；相对于寻求快乐，他们更倾向于避免不快；他们处于一个分裂样的位置上，尽可能远离客体，收回自我，憎恶现实，逃避在想象之中。弗洛伊德称他们是无法进行精神分析的，因为他们不能投入到由移情神经症和符号化发展所主导的精神分析进程中。并且，在与他们工作时，精神分析设置往往有必要做出调整。与这种病人的治疗可能是面对面进行的，这建立了一种视觉的、姿态激发的、模仿的、呼吸的交流：视觉（voir）禁忌被解除了，而触摸禁忌依然保留。精神分析工作不只是解释幻想，也是创伤后的重建，是有缺陷的精神功能的锻炼；这些病人需要内摄一个足够容纳性的自我-皮肤，一个整体的表面，使得性感带能够在其上成形。我所使用的精神分析技术旨在重新建立听觉外壳，它将附加在原始的触觉外壳之上；目的是向病人显示他可以在情感上"触摸"我；同时也为了在符号意义上弥补欠缺的触觉接触，我用真实而丰富的词语来"触摸"他，甚至会模拟一些有意义的动作。脱衣服、裸体、触摸分析师的身体、被分析师的手或其他任何身体部位触碰，这些禁忌仍是被保留的：这是精神分析的最低要求。没有哪个人被强制实践精神分析，人们总是可以为每个个案寻找最适合他的治疗方式。但若我们指明了要进行精神分析，或想要实践精神分析，那么我们就要遵守其精神和要求——也就是触摸禁忌。某些身体治疗师会滥用精神分析，他们自称从事的是精神分析，来为他们的工作方式进行担保，但又不遵守精神分析的基本规则。

明确的基督教禁忌

弗洛伊德"发明"的禁忌（这种发明类似于发现了隐藏的宝藏）原先就已为人所知；在很多文化中，集体意识都注意到了其存在：索福克勒斯、莎士比亚都用俄狄浦斯禁忌来推动戏剧冲突。狄德罗也曾描述过它。弗洛伊德借助这个精神现实中的"模糊的感知"在众多神话、宗教、文学名著和艺术作品中的表现，将之命名为俄狄浦斯禁忌。触摸禁忌也是一样的。事实上，它几乎无处不在，只是由于文化差异而略有不同。那么在传说故事中，有没有一个场景能对其做出清晰的表述呢？

在参观马德里的普拉多博物馆时，我在科雷吉欧（Correge）的一幅画作前驻足，我既被画作吸引，又感到困惑。这幅画作是大约在1522或1523年，科雷吉欧三十岁左右时创作的。从两个人体，到衣着、树木、云，还有背景中正在出现的日光，都充满了波浪般的韵律，使作品具有独特的节奏。画中出现了除紫色外的所有基本色彩：白色的金属园艺工具，黑色的阴影，褐色的长发，从男子蓝色的长袍下露出的大片苍白的胸脯——不过，这是一个人吗？

《不要摸我》(科雷吉欧画)

10. 双重触摸禁忌，自我-皮肤超越的条件

——金发女子的肤色灰白，穿着宽大的金色长裙，隐约可以看见她身后的红色斗篷，天空和植物是各种渐变的黄色和绿色。这不再是一个人，但也还不是神。这是战胜死亡的耶稣基督，于复活之日站在髑髅地的花园里，准备升天，前往圣父之所在，他左手食指指向天空，右手垂下，手指抬起且分开，做出了禁止的手势，但这个禁止带着一丝温柔和理解，这样的感觉因协调的身体韵律和和谐的背景色调而显得更为突出。抹大拉的马利亚跪在他脚下，面带哀求，心痛欲绝，她的右手从姿态上来看是被耶稣基督推开的，撤回到臀部，左手在另一侧臀部处握住斗篷下摆，或者说，紧紧抓住这里而不让自己倒下。目光、姿态和对话（根据唇部动作猜测的）这三重交流吸引了观众的注意力；画作完美地呈现了进行中的激烈交流。画家用耶稣基督说出的话为这幅画命名：Noli me tangere（不要摸我）。

这句话出自《约翰福音》(20:17)。复活节后第三天，安息日后的清晨，抹大拉的马利亚开始行动了。她的姓氏和中间名抹大拉都来自她出生的提比利亚海边的村庄。根据《约翰福音》的记载，抹大拉的马利亚独自一人"来到坟墓前，看到坟墓上的石头已经被移走了"，不过根据《马太福音》(28:1)，当时在场的还有另一位马利亚，即雅各和约瑟的母亲，根据《马可福音》(16:1)的记载，在场的还有第三个女人，撒罗米，而在《路加福音》(24:1-12)中，在场的是一群圣女。她担心耶稣基督的遗体被偷，便告诉了西门-彼得和约翰，他们进入坟墓，发现坟墓是空的，于是猜测耶稣基督复活了。两个男人离开了，只留下她在基督的埋葬之地独自哭泣。她遇到两个找她问话的天使，又遇到一个她以为是墓园看守的黑影。这

个黑影不停地说:"女人,你为什么哭?你在找谁?"她问这个她以为是看守的黑影,你把遗体移到了哪里。结果黑影叫出了她的名字。"耶稣:'马利亚'",马利亚认出了黑影是耶稣,"并用希伯来语对他说:'拉波尼(夫子)'。"此时,耶稣说出了那句令我们感兴趣的话:Noli me tangere(别摸我),随后他让抹大拉的马利亚,这个他复活后第一个看到他现身的人,向他的门徒们传达这个好消息。

把拉丁文《圣经》中耶稣的这句话翻译成法语既简单又困难。简单,是因为从字面上看,它的意思就是:"别摸我。"但若要体现其精神上的意义,就很困难了。在由牝鹿出版社出版的《圣经》中,教会翻译负责人所选用的表达是"别挽留我",并附有批注:"耶稣想要告诉马利亚,前往圣父之处将会使他产生改变,这将带来一种新的关系。"因此,我认为触摸禁忌在最初的基督教表达中,有时关乎与所爱客体的分离("别挽留我"),有时关乎伴随着放弃肢体语言只进行基于话语的精神交流("别摸我",言下之意:"只要听和说")。复活的耶稣不再是一个人,他的身体不能再被触碰:他回到了降生前的状态,重新成为纯粹的圣子。博内(1984)认为,《新约》提出触摸禁忌,与《旧约》是相悖的,《旧约》强调的是表象禁忌。

Tangere(触摸)在拉丁语中,与法语中的触摸(toucher)一样,具有身体上和感情上的多重含义,比如既指"把手放在……上",也表示"使感动"。此外,在四位暗示了抹大拉的马利亚与复活的耶稣基督会面的福音作者中,只有约翰指出了耶稣的禁止命令。如果触摸禁忌针对的是一个女人,而不是一个男人的话,那这也许就不是巧合了。当然,性的禁忌引发了一个以抑制为目的的力比多,令对伴侣的性爱"升华"成对同类的去性化的爱。触摸禁忌也是如此，我引用的福音片段证实了弗洛伊德提出的观点：宗教与强迫性神经症相似。

不过基督教的触摸禁忌并不简单。其中有许多矛盾，以下这个矛盾就不小：它一经提出，就被违背了，正如我们会在《约翰福音》的后文中紧接着看到的。耶稣基督于复活之夜，在秘密集会的男性门徒中现身了。但缺席的多马［低土马］没有亲眼看到他，也没有亲手摸到他的伤口，因此拒绝相信他的复活。"过了八日，门徒们又聚在了房中，多马也和他们同在。"耶稣再次现身，对多马说："把你的指头伸过来，看着我的手；伸出你的手来，探入我的肋下［……］"（《约翰福音》，20：27）。因此，作为男性的多马被邀请去触摸作为女性的抹大拉的马利亚只能隐隐约约看见的地方。多马被说服后，耶稣又说："你因看见了我才信。而那些没有看见就信的人是有福的。"这一结论混淆了触觉和视觉，但圣经的注解者们都未就此事发表言论。他们对此事的注解很正式："从今以后，信仰不再基于视觉，而是基于那些见过的人的证词。"其中潜在的认识论问题也可以这样提出：真相是看得见、摸得着的，还是可以听得见的？我想顺便提一个我不能回答的问题：相较于其他文化，触摸禁忌是基督教文明所特有的吗？无论如何，在基督教文化的国家中，精神分析实践的确有更多的发展，它与基督教文化的共同点是：它坚信，在精神上，语言的交流比肢体间的交流更为优越。

触摸的三个问题

在传统习惯中，《新约》中不同的三位女性被混为了一个人，她们都叫抹大拉的马利亚这个名字。

抹大拉的马利亚是一位年老的病人,她中了邪,耶稣治愈了她,从她身上赶走了"七个鬼"(《路加福音》,8:2;《马可福音》,16:9);从此,她与圣女们和十二位男性门徒一起,一直跟随着耶稣。

伯大尼的马利亚(Marie de Béthanie)在宴会上,用昂贵的香膏涂抹耶稣的脚和头发,这个宴会是她和她的姐妹马大(Marthe)为纪念她们的兄弟拉撒路的复活而举行的。犹大为这种浪费而惋惜,马大也抱怨妹妹让她做了所有接待工作。耶稣回答说,马利亚提前给他的身体涂抹防腐的香膏,是预知了他的死亡(也暗示了他的复活),而她跪坐着聆听他的话,则是选择了上好的福分(《约翰福音》,12:3;《路加福音》,10:38-42)。

另一个马利亚是一个不知名的女罪人,同样来自伯大尼,她出现在了法利赛人西门为感谢耶稣治愈了他的麻风病而设的宴会上;她的泪水沾湿了耶稣的脚,她用头发将之擦干,亲吻它们,并为耶稣的双脚涂抹上香膏;宴会主人很惊讶耶稣没有猜出这个"触摸他的女人"是个妓女;耶稣反驳说她比他更尊重自己,她表现出了极大的爱,因此他赦免了她的罪(《路加福音》7:37-47)。传统习惯在没有任何文献或神学有效论证的情况下,将这位改过自新的妓女与抹大拉的马利亚等同为一个人,这种传统遵循着民间的信仰,认为不同性别的两个人之间的触摸行为必然有性的内涵。

事实上,福音书中的三个女人将触摸的三个问题具象化:女罪人体现了性诱惑的问题;伯大尼的马利亚体现了身体照料的问题,这种对身体的照料对于自我-皮肤和自体性欲来说是构建性的;而抹大拉的马利亚体现的是触摸问题,是被触摸客体存在的证明。

俄狄浦斯禁忌（不能娶母弑父）是触摸禁忌的换喻性的衍生品。触摸禁忌为俄狄浦斯禁忌提供了性前期的基础，为其做好了准备，使其成为可能。精神分析治疗能让我们尤为清晰地在每一个案例中体会到这种衍生品是在经历什么样的困难、失败、反投注和过度投注后才得以发生的。

禁忌及其四种二元性

所有禁忌本质上都是两面的。这是一个在相反的两极间的压力系统；这些压力在精神机制中发展出的立场抑制了某些功能，并迫使某些功能发生了改变。

第一种二元性：性冲动和攻击性都遭到了禁止。禁忌引导了冲动的萌发；它限定了冲动的身体来源；重组了冲动的对象和目的；建构了两大类冲动之间的联系。这对俄狄浦斯禁忌来说尤其明显。触摸禁忌同样与两种基本冲动有关：不能触摸那些易碎或易伤害到自己的无生命的物体，不能对他人的身体部分使太大的力（这一禁忌是为了保护孩子不受自己和他人攻击性的伤害）；不能持续触摸自己和他人身体上容易感到快乐的部位，因为孩子可能会被一种兴奋淹没，这种兴奋是孩子无法理解也无法满足的兴奋（这一禁忌是为了保护孩子不受自己和他人性冲动的伤害）。在这两种情况下，触摸禁忌所防范的都是兴奋的过度，以及兴奋过度的后果——冲动的爆发。

对触摸禁忌而言，性欲和攻击欲在结构上并无不同；总体上，作为对冲动暴力的表达，二者是相似的。相反，乱伦禁忌则将二者进行了区分,将它们置于一种相反的对称关系上,而不是相似关系上。

第二种二元性:所有禁忌都有两面,一面朝向外部现实(接收,迎接,过滤周围的禁止指令),一面朝向内在现实(处理代表表象和冲动的情感)。精神内部禁忌依托于外部禁止,但外部禁止是精神内部禁忌产生的时机而非原因。它产生的原因来自于内部,是精神机制自我区分所需要的。触摸禁忌有助于自我和本我之间的界限和分界面的建立。俄狄浦斯禁忌则完善了自我和超我之间的界限和分界面的建立。我认为,从这个意义上说,弗洛伊德在他的第一个理论中所设想的两种审查机制(一种是无意识和前意识之间的,一种是前意识和意识之间的)依然是实用的。

最初的触摸禁忌是由周围环境提出的,是为自我保存原则服务的,比如不能用手触碰火、刀、垃圾、药物,因为这会威胁到身体的完整性,甚至危及生命。触摸禁忌因此而产生:从窗口探头时、过马路时不能松开手。这些禁止(interdiction)定义了外部危险;而禁忌(interdit)体现了内部危险。在这两种情况中,我们默认内部和外部是得到了区分的(否则禁忌没有任何意义),而禁忌也加强了这一区分。所有禁忌都是一个分界面,这个分界面区分了具有不同精神特质的两个精神区域。触摸禁忌区分了熟悉的区域(受保护和保护性的区域)和危险的令人不安的诡异区域。在我看来,这一禁忌真正地组织了婴儿在九个月左右所发生的转变,而施皮茨将这一转变简化为对熟悉面孔和陌生面孔的区分。不再紧贴在父母身上,主动接受自己有一个与父母分开的、可以用来探索外部世界的身体;这可能是触摸禁忌最原始的形式。此外还有不再

10. 双重触摸禁忌，自我-皮肤超越的条件

毫无防范地去触摸陌生的物体，因为这可能会对自己造成伤害，这是触摸禁忌的更进步的一种形式。禁忌鼓励孩子去触摸熟悉的、家里的事物以外的东西，通过触摸来了解这些东西。而禁止则预防了无知和冲动带来的风险；不能什么都摸，也不能想怎么摸就怎么摸。抓住一个物体，是为了体验它是怎样的，而不是为了把它放在嘴里，也不是因为喜欢它就要把它吞掉，更不是因为我想象它对我有恨就把它打坏或摔碎。在身体和身体间最初的触觉体验中，现实的秩序是混乱的，触摸禁忌能够将其明确：你的身体与他人的身体是有区别的；空间是独立于占据空间的物体的；生命的客体和没有生命的客体是不一样的。

俄狄浦斯禁忌颠倒了触摸禁忌的背景：由于爱和恨的冲动的双重投注，熟悉的（这也是家庭带来的第一个意义）成了危险的；这种危险与乱伦和弑父（或兄弟姐妹间的残杀）一同出现；它的代价就是阉割焦虑。当然，在男孩长大以后，他在某些情况下就有权利，甚至有义务对抗家庭、族群、国家之外的男人，并且选择一个家庭之外的女人。

第三种二元性：所有禁忌都是在两个时间点上形成的。弗洛伊德提出，俄狄浦斯禁忌是以生殖器阉割的威胁为核心的，它根据性别和代际的秩序对爱恋关系进行了限制。梅兰妮·克莱茵所研究的早期、前生殖的俄狄浦斯阶段则是在这之前的，为其做好了准备：在这一时期，有食人禁忌——禁止吃掉被欲望的乳房；有幻想——摧毁竞争性的儿童-粪便的幻想和摧毁母亲腹中的父亲阴茎的幻想；有断奶期——它被感受为是对吞食欲望的惩罚。触摸禁忌本身也有两种理解方式。在这里，我们有必要区分触觉体验

的两个结构；a) 对身体的压迫性的接触，接触面是大面积的皮肤，在这种接触中，人们感到压力、冷热、舒适或痛苦，产生运动感觉和前庭感觉，这种接触隐含着共同皮肤的幻想；b) 支撑婴儿身体的手部触碰，随着儿童成长，当他能做出某些指示性手势和能够抓握东西的时候，他对这种触碰的接触会逐渐减少，通过教育，他会认为这种肌肤间的接触太幼稚、太色情或太野蛮，从而让自己只做出温情的动作，或是控制肌肉力量的动作。因此，两种触摸禁忌是互相嵌套的，第一重禁忌是对整体接触的禁忌，也就是说对身体的粘连、融合和混淆的禁忌；第二重禁忌是对手部触摸的选择性禁忌：不能触摸生殖器官，更宽泛地说，不能触摸性感带及其分泌物；不能粗暴地触摸他人、物体，触摸要被限制在适应外部世界的方式上，只有当触摸的快乐服从现实原则时，这些快乐才能得到保留。根据文化差异，这两种触摸禁忌的这种或那种可能被加强，也可能被减弱。被干预的儿童的年龄，以及干预的范围也有很大的区别。但没有哪个社会环境是不存在这两种禁忌的。对违反禁忌的惩罚也是千差万别的，从体罚到威胁体罚，甚至包括仅通过语气体现出的简单的道德上的谴责。

　　原初触摸禁忌将生物学意义的诞生转换到精神层面上。它为正在发展为个体的生命赋予了分离的存在。它阻断了回归母体内部的道路，使之仅能成为幻想（这一禁忌在自闭症病人那里并不存在，因为他们在精神上始终生活在母体内部）。对于孩子来说，这种由母亲主动采取的禁止意味着母亲要在物理上与他拉开距离：在她把孩子从乳房前移开时，在孩子伸手抓她的脸而她躲开时，在她把孩子放在摇篮里时，她都远离了孩子，也让孩子远离了她。当

10. 双重触摸禁忌，自我-皮肤超越的条件

母亲未能进行禁止时，周围总会有其他人来禁止，不过这个禁止是语言层面的，这个人就是禁忌的发言人。孩子的父亲、奶奶、邻居或儿科医生会提醒母亲，她有在身体上与婴儿分离的义务，这样婴儿才能够入睡，才不会受到过度刺激，才不会养成坏习惯，才能够学会独自玩耍，才能够自己走路而不是被抱着，才能够长大，才能够留给母亲一点时间和空间好让她为自己而活。原初触摸禁忌专门针对的是依恋的冲动和抓握的冲动。相应的身体惩罚威胁或许是一种剥皮幻想，是婴儿和母亲（或者也可以是父亲①）共有的皮肤表面活生生裸露出来的幻想，我们之前提到过，这个幻想在神话和宗教传说中频繁出现。

次级触摸禁忌适用于控制欲：我们不能什么都触摸，什么都控制，什么都占有。其中的禁止是由肢体语言或口头语言所表达的。家人或熟悉的人大声说"不"，或者用头部或手部动作示意，对想要触摸的孩子进行阻止。其中隐含的意义是：不能直接拿，要先问，并且要接受可能的拒绝或延迟。同时，这也意味着儿童对语言有了足够的掌握，这一禁忌促成的正是这种对语言的掌握：不要用手指着想要的东西，而应说出它的名字。次级触摸禁忌相应的身体惩罚威胁或许会在家庭和社会话语中被表达为：偷东西的手、打人的手、手淫的手会被捆住或砍掉。

第四种二元性：所有禁忌都具有双向性。它适用于禁止的发

---

① 在西方文化里，新一代"年轻"父亲会与母亲一起主动承担婴儿的喂养和照料（当然不包括怀孕和母乳喂养），这大大地帮助了母亲，也使他们获得了很多乐趣，但他们使婴儿的任务变得复杂了起来，婴儿需要从这两重关系，而不是一重关系中脱身，在婴儿那里，内生禁忌的建立也因此被延迟或变得薄弱。

出者，也适用于禁止的接受者。无论孩子性成熟过程中乱伦和弑亲的俄狄浦斯欲望有多强烈，他们都不应真正地实施这些欲望。触摸禁忌也是如此。触摸禁忌需要受到父母和教育者的尊重，才能起到精神功能重组的作用。严重和重复性的违背会造成累积性创伤，进而造成严重的精神病理学影响。

珍妮特案例

我跟进珍妮特的案例超过了三十年，我们的工作时而是精神分析，时而是心理治疗。我同她十分强烈的被迫害焦虑对抗了很多年。无论是在她自己的身体里，还是在她家，她都无法获得被保护的感觉。她也会突然闯入我的空间，无论白天还是夜晚，平时还是周末，她不分时间地给我打电话，她也会提出紧急的预约，或是在治疗结束后拒绝离开我的办公室。随着常规精神治疗设置的逐步建立，以及对她童年及青春期主要创伤的修复，她一点点地建构了自我-皮肤，找到了能够让她独立于父母的工作，并在业余时间通过文学创作来完成对冲突的符号性制作。她把与我进行的对话搬到了虚构人物上，在她的描述下，这个人物的用词就像一双手，抓住了她、留住了她、裹住了她，赋予了她面孔，呈现了她的痛苦：一只从远方越过深渊而伸向她的手，一只跨越时间最终成功抓住她的手（而现实中，我们没有除了传统的握手之外的肢体接触），一只温暖了她的双手的手，而这只手随后又松开，同时，这个人轻柔地解释说，他得走了，他会回来，她看着他远走,开始长时间地抽泣,她很久都没能这么哭过了。另一个有意义的片段是故事的结局,女主人公在夜晚回家的路上遭遇了车祸。濒死之际,她耳畔的一个声音让她弥留了一段时间,这个声音用四种不同说法说了四遍:"别碰她。"接着她进入了太阳——这是死亡的太阳,它象征着我的病人的精神在遭受了如此多破坏之后的死亡,但同时也是真相的太阳。她终于清楚地、平静地、有力地说出了她一直无法表达的东西,毫无防备的她只能通过疯狂的迹象来间接地表达这一点,即"别碰她",这就像是精神世界的一条不可摧毁的法则,它的一些缺陷偶尔可以遮掩、但却无法改变精神世界的基本的结构性现实。

从自我-皮肤到自我-思想

我需要明确两点:只有在自我-皮肤充分建立的情况下,触摸禁忌才会促进自我的重组;重组完成后,自我-皮肤依然存在,充当思想运转的背景。我将借用对约翰·瓦利(John Varley)的科幻小说《黑夜的眼睛》[①]的概述来介绍我关于这两点的看法。一个生活在社会边缘的美国人,厌倦于工业文明,漂泊在南部地区。他意

[①] 这是小说集《视觉残留》(Persistance de la vision, 1978)的最后一篇,德诺埃尔出版社,未来在场,1979。感谢弗朗索瓦·吕加西(Françoise Lugassy)让我注意到这篇小说。

外进入了一个令人惊讶的社群,发现这个社群中的人几乎全部又聋又盲。社群成员互相结婚生子;他们自己种植和制造生活所需的东西,与外界的接触也仅限于生活必需品的交换。一个十四岁的年轻女孩接待了这位旅客,她与这个炎热地区的所有居民一样赤身裸体。她是仅有的几个天生可以看见且能听见的孩子之一,在有感官缺陷的父母移居此地前学会了说话。她为年轻男子充当英语和社群成员使用的触觉语言之间的翻译。在他们的领域内,交通通道纵横交错,设有触觉信号的路标。靠触摸进行的信息交流,以及本地人对周围环境震动的极敏锐的感受,使他们远远地就能发现外来人员的入侵或异常事件的发生。他们在同一个食堂吃饭时,彼此紧紧挨在一起,那是他们收集和交换消息的时机。夜幕降临,他们在一间宽敞的客厅兼宿舍里进行其他非口语的、更激烈、更私人、更感性的交流,随后,每个家庭才回到他们的私人区域。他们每个人都与一个甚至几个同伴身体粘连(accoler)在一起,来询问、回答、传递感受和情绪,这种方式是非间接的,是能够即刻被理解的。因此当地居民必须赤身裸体,他们暗含的哲学是:若较早培养身体表面的敏感性,且没有衣物和道德偏见阻碍其发展,那么身体表面会拥有相当可观的能力,会直接向他人表达人的情绪、思想、欲望、计划。当然,如果有第三个人想要知道两个社群成员的对话,则需要用手或身体的一部分与二人联通。但是,若他令人感到不适,可以暂时性地被赶走。同样,若这二者在互相诉说情话,他们就会自然而然地在紧密而愉悦的结合中做爱,正如这个通晓双语且早已不再幼稚的十四岁少女对外来者的引诱那样。因此自青春期开始,每个人都给予彼此自由和互利,没有给挫败或嫉

10. 双重触摸禁忌，自我-皮肤超越的条件

妒留下任何空间——至少这个社群的理论是这样的。因此，两个个体之间的爱仅仅是迈向至高的爱——社群对自己的爱的一个台阶。每年的夏末，男男女女和孩子们都会在一片专用的草地上聚在一起，他们所有人紧紧挤在一起，组成一个整体，以一种可触及而极为激烈的形式分享他们共同的想法、信仰、感受——这里说起来有点困难，因为叙述者作为客人并不能参与其中。

叙述者越来越受到社群的吸引，在接待他的女孩的传授下，他开始学习触觉语言。但他之前受到的教育使他的学习遇到了限制。他把用口头语言想到的想法翻译成触觉语言，把别人用触觉语言传递给他的内容组织成口头语言。他能够表达并直接理解某些常见的情感，诸如温存、害怕、不悦。但尽管他的小老师能给他做出解释，他仍无法理解更高级的触觉语言，这些语言对应的是抽象的实体和基本的精神状态。他的口头语言习惯成了一种精神缺陷，而这种精神缺陷对于社群中的感官残疾者来说反而是不存在的。因此，二者中更有缺陷的并不是我们所认为的那一个……他最终没有被允许加入社群。他的伴侣因自己能说两种语言而产生了犯罪感，决定只用触觉语言与他交流。但即使他戳瞎自己的双眼，捅破自己的耳膜，也为时太晚了；他永远无法抵达原始的触觉专属交流的那种直接与完善。他怀着对社群难以磨灭的怀念离开了那里。

与其说这篇小说是"科幻"小说，倒不如说它是"传奇"小说：嗅觉世界被遗漏了；由爱中生出的恨被否认了；聋哑人使用的触觉语言只可能由已经掌握了符号维度的可视可听的人发明，等等。科幻来自于其几乎是实验性地抽出了一个变量，并以最大限度进行

了它的逻辑学和心理学推论。这里的变量指的是：有一种皮肤到皮肤的早期交流；皮肤是能指交流的第一器官；行为模仿和言语模仿只是在生物节奏模仿、热度模仿和触觉模仿的原始基础上发展。诚然，瓦利的小说描写了一个防御性的幻觉构造，是一部在反俄狄浦斯运动中反过来揭示交流起源的小说，此时他已经到达了更先进的符号系统。在此期间，对原初触摸交流的压抑使得这种对符号系统的投注成为可能，也成为必须，而这一压抑是由触摸禁忌实现的。

当这一禁忌欠缺时会怎样？如若违反要付出怎样的代价？瓦利的小说似乎论证了这两点。一方面，当禁止肢体接触的原初触摸禁忌没有得到建立时，作为生殖器性行为和社会秩序组织者的俄狄浦斯禁忌也不成立。另一方面，阳具的阉割威胁赋予了肉欲分量，也造成了对违反乱伦禁忌的焦虑；与阳具阉割威胁直接对应的，是感官阉割的焦虑，这种阉割是在缺少触摸禁忌的情况下发生的。瓦利的小说表面上说，居民由于又聋又盲而逃脱了触摸禁忌。其隐含的内容则恰恰相反：由于他们逃避了触摸禁忌，所以变得又聋又盲。当触摸禁忌或乱伦禁忌缺位时，会导致个人持续的爱恋融合状态，和社群持续的集体幻觉状态。

尽管如此，被压抑的原初触觉交流并没有被摧毁（除了在病理学个案中），而是被当作了背景，交互性感官系统在这个背景上进行记录。它构成了最早的精神空间，其他感官和运动空间可以嵌套在这个空间里；它提供了一个想象的表面，后期的思想活动的产物能够被安置在此。先是运用手势，随后运用语言进行的远距离交流不只要求人们掌握特定的代码，还需要保存这个交流的触觉模仿原初背景,并适时更新它、复活它。我认为黑格尔的"扬弃"(Aufhebung)概念尤为适合描述这些触觉模仿痕迹的性质,它们既被否认,同时也被超越,被保留。

过早的或暴力的乱伦禁忌可能会欲速不达,达不到它的目标：将爱欲和性欲转移到家人以外的陌生人身上。它会造成与所有异性伴侣间生殖性爱的抑制,同样,如果原初触摸禁忌过早地禁止亲密接触,那么,可能会引发严重的对肢体接触的抑制,使得爱情生活、与孩子的交流、面对侵犯时的自我保护能力等变得尤为复杂,而正常情况下,它应启动一种压抑,这种压抑在某些情境下是相对容易撤销的,比如在符合社会规则的性、游戏、运动等情境下。

相反,在与重大的精神缺陷(自闭症)或生理缺陷(天生的聋盲者)有关的严重交流障碍的案例中,符号学功能则需要从其最初形式,即肢体接触和触觉模仿交流开始进行锻炼。这一点我们在包裹(le pack)技术中讨论过(p.135)。

触摸禁忌与俄狄浦斯禁忌不同,不需要彻底放弃爱恋对象,但需要在与他人的交流中放弃触觉模仿交流的主要方式。这种触觉模仿交流作为原始符号来源继续存在着,它在共情、创造性工作、过敏反应、爱情等情况下会被重新激活。

交互性感官的实现与通感的建立

在获得像自我-皮肤这样的基本构造后,自我只有打破触觉感受的优先地位,建立交互性感官登录空间,建立 *sensorium commune*(经验主义哲学家说的"通感"),才能完成新的建构。自我的整合跃进（Luquet，1962），或是与神经成熟过程相关的成长和适应的欲望，都没有对这一新的建构做出足够的解释。我认为出于严密的理论、临床的观察和技术的精确性这三个理由，作为俄狄浦斯情结的先兆和预示，触摸禁忌的介入，可以为这个建构做出解释。

来自纽约的斯坦利·格朗（Staney Grand，1982）曾全面回顾了关于早期身体经验在精神分裂症患者的认知障碍中所起作用的精神分析文献（Stanley Grand，1982），他总结道，精神分裂症患者的思考机能障碍隐含着身体自我结构（结合）的深层病变。这一病变来自于早期对多重感官信息的"结合"的失败（即构建我上文提到的多感官空间的失败，在这种构建中，需要将多种独特的感官外壳结合在一起），也来自于将这些信息整合为体感经验和平衡经验的失败，而这样的经验是方向感的基础和现实体验的内核（这里的根源是自我-皮肤第一个功能的缺乏，即"抱持"或维持功能的缺乏）。当缺少有条理的内部凝聚感和身体边界的感觉时，内部体验和外部体验、自体和客体表象之间就无法得到明确区分。自体感受和个人身份的内核无法完全从母-子关系的双人统一体中区分出来。当精神分裂症患者对外部世界采取行动，外部世界给予他反馈时，他无法完全受益于这种反馈所提供的自我矫正性的经验，因为只有当一个人认为自己是自己的行为的发起者时，他才能够获得这样的受益。拥有自我，事实上拥有的并非是对简单事件的发起能力，而是拥有对一系列事件的发起能力，这一系列事件可能是接连发生的，也可能是循环发生的。补偿机制可以暂时缓和部分身体自我的整合缺陷，尤其是在体感和温度的感官体验方面：它们能够支持精神机制的聚合,预防其在退行阶段的完全解离。

只有在注重触摸禁忌的情况下,精神分析才是可能的。只要能找到适合移情情境的话语,只要能把与病人实际遭受的痛苦相符的思想表达出来,一切都是可以言说的。精神分析的话语象征、替代、重建了触觉交流,而无须借助于真正的触摸:交流的符号性现实比物理现实更有效。

第三篇　主要形态

11. 听觉外壳

与依托触觉感受而建立的二维分界面——自我的边界和界限相类似，自体也是通过对外界声音（同样还有味觉和嗅觉）的内摄而构成的，它类似一个前个体阶段的精神腔，具有统一性（unité）和同一性（identité）的雏形。在发出声音时，呼吸感受带来了一种清空又蓄满的容量感觉，听觉感受与呼吸感受相结合，为自体的建构做好准备，这种建构包含了空间的第三维度（方向、距离）以及时间的维度。

近几十年来，盎格鲁-撒克逊精神分析著作提供了三个重要概念。W. R. 比昂（1962）指出，从非思想到"思想"，从 beta 元素到 alpha 元素的过程，有赖于一种能力，这种能力是婴儿在现实体验中的精神发育所必需的，也就是母亲的乳房在一个限定的精神空间中具有一种容纳的能力："容纳"那些闯入到新生儿精神中的感觉、情感、记忆痕迹；这个乳房-容器阻止了被排出的和散落的自体碎片的攻击性和破坏性的反向投射，为这些碎片带来了具象化、连接和内摄的可能性。H. 科胡特（1971）试图区分两种对立、交替、互补的运动，一种运动是自体通过在客体中自我衍射（se diffracter）来进行的自我建构运动，在与这些客体相处时，他实现了对自恋碎片（"自体-客体"）的融合，另一种运动是自体与理想客体间的"夸大"(grandiose)融合。最后,在拉康提出的镜子阶段,自我是依照着完整而统一的身体镜像的他者模板而被构建的,D. W. 温尼科特(1971)则描述了之前的一个阶段,母亲的脸庞和周围人的反应为孩子提供了最初的镜子,孩子根据其反射建构了自体。但温尼科特与拉康一样,强调的是视觉信号。而我想要强调的是,在更早期的时候,声音的镜子,或听觉-声音皮肤的存在,以及其在精神机制获得意指化、符号化能力的过程中所产生的作用①。

马尔绪阿斯案例

我将介绍一段精神分析治疗中的两次显著的分析。我将患者命名为马尔绪阿斯,以纪念那位被阿波罗剥皮的半神。

马尔绪阿斯的精神分析持续了几年。由于仰卧的姿势导致了负面的治疗反应,我与他的工作改成了面对面进行,时长是一个小时。在新的设置的帮助下,精神分析工作得以重新展开,并使主体的生活发生了一些改善,但因假期而造成的治疗中断仍然是他难以承受的。

这是小春假之后的第一次治疗。马尔绪阿斯说自己不是抑郁,更像是变空了。重新回到工作中,与他人进行交流时,他感到自己是不在场的。他觉得我好像也不在场。他失去了我。随后他注意到,在治疗过程中,他经历过的两段长时间的抑郁都发生在长假期间,虽然其中的一次是紧接在他的职业生涯中的一次工作失利之后,而

---

① 参见 G. 罗索拉托,"声音",载《关于符号的论文》(1969,p. 287 305)。

11. 听觉外壳

这次失利对他影响很大。复活节期间,他自己缺席了,他去度了一个长周末。他去了南方的一个国家,住在一家舒适的、有着优美海景的酒店,酒店还有一个温水泳池。他非常喜欢游泳和徒步。然而事情并不如人意。与他同去的是他的朋友或工作的同事,有男有女,他经常与他们一起过周末,但这次他和这个小团体的关系处得并不好。他觉得自己被忽视了、被抛弃了、被拒绝了。他的孩子正在病后康复期,所以妻子不得不留在家里照顾孩子。行走使他疲惫,泳池边的集体活动变得越来越糟糕:他喘不上气,找不到运动的节奏,不管怎么努力,动作还是不协调,他不敢跳进水里,潮湿感使他与水接触时感到不适,哪怕晒着太阳他仍在瑟瑟发抖;甚至有两次,他在泳池边行走时滑倒在湿瓷砖上,狠狠地撞到了头。

我注意到,马尔绪阿斯来治疗不是为了让我喂养他(从采用新的分析设置接待他的时候起,我就觉得我一直在这样做),而是为了让我支撑他、温暖他、摆弄他、通过练习恢复他的身体和思想的可能性。我第一次把他的身体描述成空间中的体积、运动感觉的来源、对跌落的恐惧,马尔绪阿斯礼貌地表示赞同。于是我决定向他提出一个直接的问题:他小时候,他的母亲是如何抱他的(而不是如何给他哺乳的)?他立即想起了一段回忆,这段回忆他提到过两三次,他的母亲很喜欢对他讲这件事。马尔绪阿斯出生的时候,他的母亲要照顾之前的四个孩子——长子和三个女儿,已经很忙了,在他出生后不久,母亲又要照顾他这个新生儿,又要照顾刚刚得了重病的一岁的小女儿,分身乏术。她将马尔绪阿斯托付给了一位女佣,相较于照看婴儿,这位女佣更擅长家务。但母亲把亲自给小男孩喂奶看作是一种荣誉,他的到来也让她充满了喜悦。她喂奶的时候喂得很多,且喂得很快,孩子刚吃完奶,刚被放到女佣的手里,她就急着去照顾马尔绪阿斯的姐姐,姐姐的病持续了好几周,甚至曾有性命之虞。每次到妈妈那里吃奶,马尔绪阿斯都吃得很贪婪,而在吃奶以外的时间,他既被女佣照顾着,又被她忽视。这位女佣年长而单身,严厉而有原则,她工作勤恳,做事出于责任感,而不是为了获得快乐或者给人快乐,她与家里的女主人维持着一种施-受虐的关系。她对马尔绪阿斯的身体不感兴趣,除了过早地训练和机械化地照顾他,她不会与他玩耍。马尔绪阿斯被扔在一个被动而麻木的状态中。几个月后,人们发现他的反应不太正常,女佣说他听力不好,且天生反应迟钝。这种说法吓到了他的母亲,她抓着马尔绪阿斯,摇晃他,刺激他,对他说话,而孩子看着她,对她笑,呀呀地说着话,看起来很开心,这让母亲很满意,她觉得他是正常的,于是安下心来。她用这样的方式重复验证了几次,随后决定换一个女佣。

马尔绪阿斯的这段叙述让我将一些事情联系了起来,我渐渐地、一点一点地将这些联系告诉了马尔绪阿斯。首先,他期待与我的治疗就像渴望母亲的喂奶一样:他会担心我迟到,会取消预约,这样的想法使他焦虑,就像害怕他母亲不再前来，害怕自己像性命堪忧的姐姐一样衰弱下去。

第二个联系在我们刚开始工作时我就已经想到了，现在得到了证实：他被喂了足够的食物；他想要从我这里得到的，是他的保姆没能给予他的，他想要我激发他，要我对他的精神进行训练（他的内心深处曾经历过一些贫乏的时刻，这些时刻让他产生一种精神上的死亡感）。自从我面对面地接待他，我们之间的对话更加频繁，有了大量的目光交流和动作模仿，有了姿势层面的沟通。我和他隔着一段距离，但通过这些交流，就好像我在托着他，支撑着他，温暖他，让他动起来，如果有需要，我还可以摇晃他，让他给出反应、做手势或说话：我告诉了他这些。

第三，我更加理解马尔绪阿斯的身体意象是什么样的了。对他的母亲而言，他是一个消化道，它被过度投注，且在两端被色情化（即使微小的情感也会使他产生强烈的排尿欲，排尿也是他在性关系中担心的事情之一）。女佣没有把他的身体当作一个肉欲的整体、一个有容量和运动能力的身体而投注。这是他空的焦虑的来源。关于这三个方面，我和他进行了积极、生动且热烈的话语交流。离开我时，他不再像往常一样软绵绵地和我握手，而是坚定地握住了我的手指。我的反移情（contre-transfert）被一种完成工作的满足感支配了。

我们的下一次会面却让我非常失望。马尔绪阿斯来的时候很消沉，并且令我惊讶的是，他一上来就抱怨起了上一次会谈的负面效果,而在我看来,上一次的会谈反倒是能让他受益匪浅的(实际上,对我而言,上一次会谈很有用处,让我理解了他,令我受益匪浅)。我让自己去体会内心中与他同样的失望感,不过我当然没有把这种感觉告诉他。我想:他前进了一步,又后退了两步,他在否定自己取得的进步。我的理解是,当他在一方面有所得时,他担心在其他方面会有所失,我这样对他说,还提起了全有或全无的定律,我在谈到他的内心反应时与他说过这一点。我进一步明确道:上一次会谈时,他与我一起找到了他与保姆在一起时缺少的"身体"交流;作为交换,他立刻感到他失去了另一种交流方式,在此之前我们更多地以这种方式进行交流,即他在母亲那里简短而紧张的吃奶的方式。我的话产生的效果立竿见影:他的精神重新开始了工作。他把这种交替的丧失与他长期以来的担忧联系了起来——他以前还从未如此清晰地表达过这一点,他担心精神分析师从他身上拿走一些东西(但这和阉割毫无关系,他本能地补充道),他担心精神分析师剥夺他精神上的潜力。马尔绪阿斯的问题事实上与自恋力比多的不足有关,是原始环境不能使他的自我需要得到满足所产生的后果,温尼科特将这些需要与身体的需要进行了区分。但在我刚刚介绍的片段中,自我的需要表现在哪里呢?马尔绪阿斯与我之间重建的治疗同盟让我们将分析工作推进到了更远的地方,让他的另一面,即对挫折的敏感(换句话说是对自恋受损的敏感)呈现了出来:某个东西如果母亲没有给他,当其他人给他的时候,是不能算数的,这个东西只能由母亲给予。于是他在脑袋里维持着一个持续未完成的进程:他的母亲、精神分析师最终承认他们自始至终对他做的错事!马尔绪阿斯不是精神病,因为其精神运作在儿童时期从整体上得到了保证:在他的哥哥姐姐中、一个接一个的保姆中、后来的神父中,总有一个人充当了给予他安全感的角色,马尔绪阿斯还第一次提到了一位女邻居,从会说话起到上学前,他几乎天天去她家。他与她说个没完,并且这种聊天非常自由,这是他和母亲在一起时不可能的,因为母亲不仅很忙,还只能接受别人说符合她的道德标准和她对完美小男孩的想象的话。马尔绪阿斯觉得他与我在一起,时而像与女邻居在一起,时而像与母亲在一起。

说回他与我的关系。他觉得我带给了他很多东西,他感受到了更多生活的乐趣,他会尽一切可能不缺席治疗。但我们之间存在着一个很大的难题:他常常不明白我对他说的话,这个问题在上一次严重了起来,他什么都不记得,他甚至从听觉上"听不到"我说的话。此外,如果他在两次治疗之间想到什么问题,或是有了一个有趣的想法,他也无法在我面前谈及。于是他只能保持沉默,大脑一片空白。

开始时,这种抵抗令我措手不及。接着,我在脑海中建立了一个联系,于是我问他:他小时候母亲是如何对他说话的?他描述了一个场景,尽管他做了很多年的精神分析，他却从未提到过这个场景，而我当晚在写治疗记录时，将这个场景总结为"负面话语的浴缸"（bain de paroles négatif）。

一方面，他母亲说话时语调嘶哑生硬，这对应着她经常性的、突如其来的、捉摸不透的坏脾气；婴儿马尔绪阿斯与承载着整体意义的母亲旋律的关系被切断了、打断了，就好像保姆机械化的照料打断了他吃奶时与母亲之间强烈且令人满足的身体交流关系一样。因此，意指作用（signification）的两大主要基础［身体的照料和游戏中的次语言意指作用（signification infralinguistique）；对音位（phonème）的整体聆听中的前语言意指作用（signification prélinguistique）］也受到了这种干扰的影响。另一方面，马尔绪阿斯的母亲不能很好地表达她的感受或欲望。对于她周围的人来说，她所表达的是一种恼怒或讽刺。她也有可能不知道、也猜不到她的亲人们的感受，更不要说帮助他们表达出来。她不会跟小儿子说一种语言，能够让小儿子在这种语言中认识自己。因此，马尔绪阿斯觉得与他母亲、与我是在用外语说话。

这两次治疗使我确认，在早期环境不能满足自我需要的情况下，主体的某些精神功能缺少足够的异体刺激（hétérostimulation），而在外界环境足够好的情况下，这种异体刺激本可以通过内摄性认同达成对这些功能的自主刺激。所以，这种情况下治疗的目的是：a）通过对分析设置的适当改动，通过当每次病人空虚时，分析师代替他进行的符号化，来提供这种异体刺激；b）令病人早年的匮乏，以及对自我一贯性和对自我边界的不确定感在移情中显现出来，使得分析中的两个人能够共同对其进行制作（事实上，非神经症的缺乏型病人不管怎样都不会对精神分析师和精神分析感到满意，但在其自体的真实部分和精神分析师之间建立的共生同盟能够让他穿越他的不满足，一点一点地认识到新的环境条件中的某些确切的、具体的、可以识别的、可以命名的和相对可以超越的不足）。

婴儿的听力与发声

现在我们需要回顾婴儿的听力和发声中的一些既定事实①，这些事情将我们引向以下结论：婴儿通过一个真正的听觉交流系统与父母联系在一起；口腔-咽腔产生交流所必需的共振，很早就受到萌芽期精神生活的控制，同时在表达情感方面发挥着重要作用。

除了咳嗽、进食和消化产生的特殊的声音（这些声音使身体本身成为一个发声的空洞，我们因为不知道这些声音是从哪里发出来的，而对它们产生更多担忧），自出生起，哭喊（cri）就是新生儿发出的最典型的声音。利用对声音参数的物理分析，安格莱·沃尔夫（Anglais Wolff）于1963年和1966年区分了三周以内婴儿的

---

① 此处是对以盎格鲁-撒克逊为主的研究，也包括一些德国和法国的研究的总结，参见 H. 赫伦的《儿童心身发展中的发声》(H. Herren, 1971)。我对其借鉴良多。接下来几页中我提到的研究者在该文中均有提及。——同样参见 P. 奥列隆《语言的获得》(P. Oléron, 1976)。

四种哭声，它们具有结构与功能上的差异：饥饿的哭喊，生气的哭喊（比如被脱衣服时），对由外部引起的疼痛（例如足跟被抽血时）或内脏疼痛的哭喊，对剥夺的哭喊（例如正在拼命吮吸的奶嘴被拿走时）。这四种哭喊有特定的时间过程、频率持续时间和声谱特征。饥饿的哭喊（尽管不一定与这一生理状态必然相关）似乎是一个基调，总是接在其他三种之后，其他三种哭喊是它的变种。所有这些哭喊都是纯粹的生理反应。

这些哭喊会让母亲做出特定的回应（母亲们很早就试着区分这些哭喊声），她们根据各自的经验和性格给出各种回应，以使孩子停止哭喊。不过最有用的方法是母亲的声音：自第二周的末期开始，母亲的声音就比其他任何声音更能止住婴儿的哭喊，也比人脸的视觉呈现更有效。从第三周起，至少是在正常的家庭环境里，婴儿会发出"为吸引注意力而假装的求救性哭喊"（沃尔夫）；这是一种呻吟一样的声音，最终以哭喊结束；其物理结构与四种基本哭喊全然不同。这是第一次有意图的发声，换句话说，是最初的交流。第五周，尽管婴儿还不能区分母亲的脸和其他人的脸，却已经能分辨出母亲的声音。在第一个月结束之前，婴儿已经开始能够理解成年人声音中要表达的意义了。这是在婴儿身上可观察到的第一个循环反应，它远远早于与视觉和精神运动有关的循环反应，这一循环反应是在此之后的辨别性学习的开始，也可能是辨别性学习的原型。

三个月到六个月期间，婴儿持续发出咿咿呀呀的声音。他与他发出的声音一起玩耍。首先是"咯咯的笑声，咔嗒的咬牙声，呱呱的叫声"（奥布雷丹）。之后他逐渐学会在各种各样的音位中辨

11. 听觉外壳

别那些构成了他母语的音位，并且能主动发出和确定这些音位。于是，他获得了语言学家马蒂内（Martinet）所谓的话语的第二分解（articulation）（将能指分解成具体的声音或特定的声音组合）。有些作者认为婴儿能够凭本能发出几乎所有的声音，而对周边系统的适应则使其发音受到局限。而有些作者的看法则相反，认为这一阶段的发音是模仿，并逐渐演变得更加丰富。可以确定的是，婴儿在三个月大时，随着视网膜中央凹的发育成熟，他建立了视觉-运动的循环反应：他的手会伸向奶瓶。但同样也会伸向母亲声音的方向！不过，在运动上，这一阶段的婴儿只能重新做出他们看到的自己做的动作（也就是四肢的末端的动作），而在听觉上，他们的模仿更加多样化：婴儿咿呀地模仿着他听到的别人的话，也模仿着自己的声音；比如，在三个月大的时候，他们的哭声会相互感染。

有两个有趣的实验值得一说。我们很难知道婴儿听到了什么，因为他听到什么，我们无法证明。卡菲（Caffey，1967）和莫菲特（Moffit，1968）巧妙地解决了这个问题。他们记录下十周大婴儿的心电图，先让他们熟悉一些他们能够发出的语音信号，然后向他们播放简略的信号，或成人才能发出的语音信号。实验结果证明，婴儿具有相当丰富的感知，远超过其能够发出的语音，这预示着与发音相比，语义的理解（在几个月后才能为人所知、所观测）是在先的。

另一个解决这个问题的方法要归功于巴特菲尔德（Butterfield，1968）：在吃奶的时候，几天大的婴儿吮吸音乐奶嘴比吮吸普通奶嘴更为积极。根据他们吃奶的力度推测，有些实验对象甚至表现出一种对古典音乐，或流行乐，或歌唱旋律的偏好！

在几次这样的操作之后,这些喜欢音乐的婴儿能够在吃饭前一小时且清醒——也就是说与食物的满足无关——的时候,控制与空奶瓶连接的录好的音乐的播放和暂停。这些实验证实了鲍尔比的理论,即原始依恋冲动与口欲性冲动是同时运作的,且与之独立。但这些实验同时也对其理论进行了补充,或者说进行了重要的更正:精神能力首先作用于听觉材料(我还要补充的是:可能也作用于嗅觉材料)。这使得在法国的权威理论亨利·瓦隆的理论不大站得住脚了。亨利·瓦隆的理论认为动作和模仿的区分——就是说激发的和姿态的因素——是社交和心理表象的起源。显然,婴儿对环境的反馈要早得多:这些反馈是听觉上的;婴儿首先通过哭喊进行反馈,随后学会了发声(且在两者之间存在着明显的功能和形态上的相似性),这些构成了最初的符号学意义上的学习。换言之,前语言意指作用的获得(哭喊和咿呀声)要先于次语言意指作用(模仿和动作)的获得。

诚然,时间上的先后顺序不能代表结构上的演变关系:声音-运动的协调和视觉-运动的协调拥有其各自的相对自主性和特殊性,前者为第二分解(将能指联系于声音)的获得做好了准备,后者为第一分解(将能指联系于所指)的获得做好了准备。我们甚至可以认为,语言功能的发育和儿童在两岁时开始的对母语规则的适应,需要忍受口头交流和动作交流间的结构差异,并在构建更复杂且更抽象的符号性结构的过程中克服这些差异。尽管如此,摆在新生儿智力前的最初问题是身体发出的声音、哭喊和音位的不同组织形式的问题,并且,在婴儿出生后的整整一年中,声音-行为都构成了他精神发育的一项基本要素。

最后有一个事实可以对此进行解释。在孩子八个月到十一个月期间,他的口头表达、对听见的声音的模仿以及咿咿呀呀的频率都会减少。孩子在这个年纪会对陌生人(脸和声音)感到害怕,也正是在这个年纪,即在十个月大左右,婴儿掌握了用食指和拇指去捏的动作,他可以在有外界示范的情况下,做出他没有看过自己做过的动作,在这个年纪,他也能在精神上回忆那些在他感知范围以外的物体或事件。但与此同时,也许是因此,他对他人声音-行为的分析要多于对自己的声音-行为的分析。

弗洛伊德对声音的研究

弗洛伊德的作品中没有来自母性环境的话语浴缸这一概念。不过,在1895年的《科学心理学大纲》(法译本,p. 336,348,377)中,他认为婴儿发出的哭喊声有一个重要作用。根据构成精神机制最初结构的反射机制,哭喊声起初纯粹是对内部兴奋的卸载运动。随后,哭喊声被婴儿和他周围的人理解为一种请求,一种他们之间最初的交流方式,并引发了向精神机制第二结构的过渡,在这种结构里,信号这一交流的初级形式参与到一种循环反应中。"这种卸载的通道因此获得了一种极重要的第二功能,即相互理解功能"。我们知道,精神机制的下一个复杂层级,是朝向能够带来满足感的客体的记忆意象(*image mnésique*)的欲望。这一意象更多是视觉的或运动的(不再属于声音的范畴);它奠定了以欲望的幻觉性实现为目标的初级精神进程(这是一种自我满足的体验,与之前依赖周围人而获得的满足感不同);最后,精神意象与冲动运动的联合构成了符号化的最初形式(不再是简单的信号)。这一精神机制的第三结构在口语痕迹(或词表象)与物表象相连接时得到了复杂化,使次级精神进程和思考成为可能。但值得注意的是,弗洛伊德描述了我称之为这一连接的最初阶段,即声音与感知相连接的阶段。"首先,有一些客体(感知)令我们发出哭喊,因为它们导致了痛苦[……]。我们自己的哭喊提供的信息让我们赋予了客体某种性质(有敌意的),否则,在痛苦发生时,我们不能明确地知道客体的性质。"因此,最初的有意识的回忆都是痛苦的回忆。

现在我可以详述在弗洛伊德的研究中我赞同的部分[①]和要补充的部分了:1. 早期暴虐的超我,通过对语言的第一分解的学习(对词汇使用、语法、句子结构的规则的掌握),开始转变为对思想和举止进行调节的超我。2. 在此之前,以皮肤为支撑,随着对第二分解的获得(在大量的口语发声中分辨出那些构成母语的音位),也随着对客体的外在性状态的习得,自我已发展为一个相对独立的机构。3. 再之前,在声音浴缸以及与此同时的吃奶体验中,自体是作为听觉外壳[②]而形成的。声音浴缸预演了自我-皮肤及其朝向内部和外部的两面,因为听觉外壳是由环境和婴儿交替发出的声音构成的。这些声音的组合带来了:a) 允许双向交流的共有空间-容积(而哺乳和排泄中的流通都只是单向的);b) 自己最初的

---

① 弗洛伊德的研究者们对声音和听力的问题基本不感兴趣。《标准版西格蒙德-弗洛伊德心理学著作全集》的编辑们甚至没有在专有名词目录中编入声音、音和听力这些词。他们只提到了哭喊和在口误/双关语中使用的近似音。E. 勒古对此进行了系统性研究,参见《弗洛伊德与声音:欲望的嘀嗒声》[Freud et le sonore: le tic-tac du désir],l'Harmattan,1992。

② E. 勒古(1987)对音乐-口语的声音外壳进行了研究。

身体意象(空间-听觉的);c)与母亲真实融合的现实联系(否则之后无法产生与母亲的想象性融合)。

声 音 信 号

科技进步以及神话与科幻中的创造力为我提供了补充证明。

在法国,在有语言障碍的孩子每次康复训练之前,人们让他们先接受一种声浴,这种实践被称为声音信号①。实验对象待在一个隔音的宽敞房间里,房间里有一个麦克风,一副耳机,这是一个名副其实的"幻想蛋",实验对象可以在其中进行自恋性的撤回或退行。康复训练的第一阶段是完全被动的,实验对象一边自由玩耍(画画、拼图等),一边听半个小时的音乐,这些音乐是经过选择的,包含许多高音的泛音,再听半个小时经过挑选的、预先录制的说话声。这样,实验对象就处于一个由节奏、旋律和音调变化而组成的简约的声音浴中。康复训练的第二阶段集中在第二分解上;在听过精选的音乐之后,人们要求实验对象主动重复一些能指,这些能指也是事先录制好的,在经过弱音的过滤器后,声音变得非常清晰且可辨识,高音的泛音也得到了增强;在重复词语的同时,实验对象能在耳机中听到自己的声音,他通过对自己声音的觉察,获

---

① I. 贝勒(I. Beller),《声音信号》(*La Semiophonie*,1973)。作者从伯奇和李(Birch et Lee,1955)的实验出发:对患有表达性失语症(由大脑皮层的长期抑制导致)的实验对象的双耳进行60分贝的听觉刺激,持续60秒,会引起口头表达功能的立即改善,这一改善会持续五到十分钟。这一实验也受到托马提斯(Tomatis)电子耳的启发,并对这一概念进行了修改。

得听觉-发音反馈体验。接下来的一个阶段更普通,预先准备的音乐浴、过滤后的人声和对句子结构的复述都没有了。如果孩子重复得不好,或者他随口说出一些异想天开或不雅的话语,人们也不会做任何评价,更不会批评他。他还可以继续一边画画一边听音乐一边说话。要想学会一个规则,难道不应该先与规则游戏,并且自由地违反规则吗?"像这样,孩子以为他在和他人交流,于是很快学会了与自己交谈,与自己并不了解的那一部分自己交谈。准确地说,孩子之前是将这部分的自己投射到了别人身上,从而束缚了任何真实对话的可能性"(前引书,p.64)。

《声音信号》的作者完全处在一个教学的立场上,不仅回避了移情和解释,也没有关注和理解儿童的语言缺陷中环境匮乏所起的影响。说到底,她在试图让一台机器从事治疗的工作。不过作者所依据的直觉是相当具有启发性的。

"在康复训练第一阶段,即所谓的被动阶段中,外部声音经过了大量的过滤,从而变得不那么明显,实验对象体验到的可以说是一种对陌生事物的愉悦感……这种感觉让人进入一种对自己(即实验对象对自身的表象)感到欣喜的状态中"(前引书,p.75)。只有在环境不能"容纳"(在比昂的意义上)主体的精神体验时,诡异感才会令人不安。

声　　镜

当自体被和谐的音调(除了音乐用语,还有什么词更合适呢?)包裹住,被他人听到,并且这个人反过来重复他发出的声音,对他进行刺激时，婴儿就被带入了幻觉的领域。温尼科特（1951）在谈论过渡现象时，明确指出了其中的咿呀学语，但他把它和同类的其他行为放在了相同的位置上。然而，婴儿只有在环境为他准备好了适当质量、成熟度、音量的声音浴缸，使他可以沉浸其中时，才能够在自我刺激下发出声音，并听到自己的声音。喂养和照顾婴儿的母亲的目光与微笑会回馈给婴儿一个他自己的形象，这种形象是由视觉感知的，婴儿将这个形象内化，以增强其自体，为塑造其自我做准备。而在这之前，旋律的浴缸（母亲的声音、母亲的歌声、母亲让婴儿听的音乐）就形成了最初的声镜，婴儿可以使用这个声镜，他首先通过哭喊来使用它（母亲用抚慰的嗓音进行回应），随后通过牙牙学语来使用它，最后通过他音位分解的游戏来使用它。

在希腊神话中，并不缺乏呈现视觉镜子和声音镜子在自恋建构中的复杂性的故事。女神厄科（Echo）的传说与那喀索斯有关，这并非偶然。年轻的那喀索斯吸引了众多女神和少女的爱慕，他却毫不动心。女神厄科也爱上了他，但却一无所获。绝望的厄科孤独地藏了起来，她茶饭不思，形销骨立；她渐渐消逝，很快就只剩下一个悲叹的声音，重复着别人的话的最后几个音节。与此同时，被那喀索斯蔑视的女子们从复仇女神涅墨西斯（Némésis）那里得到了复仇的机会。有一天，天气很热，那喀索斯在狩猎之后，来到泉水边，俯下身想要喝水，忽然在泉水中看到了自己美好的形象，于是便爱上了这个形象。与厄科和她的声音形象相对应，那喀索斯也与全世界疏远了，他只关注自己的视觉形象，任凭自己日渐衰弱。即使在他死后，他依然在冥界的河水中努力辨认着自己的轮廓……这个传说明确指出在视觉镜子之前还有声音镜子的存在，也体现了声音最初的女性特性,以及发出声音和寻求爱之间的联系。同时,传说也提供了一些理解疾病原因的因素:如果镜子——不论是声音镜子还是视觉镜子——只照出了主体自己,即他的需要、痛苦(厄科),或是他对理想的追寻(那喀索斯),那么后果就是冲动的解体,是死冲动得到释放,并凌驾于生冲动之上。

我们知道,精神分裂者的母亲往往能够被识别出来,因为她的声音会令她所咨询的执业者沉浸在一种不适感中:这种声音是单调的(缺乏节奏的)、机械的(没有韵律的)、嘶哑的(这种声音以低音为主,使听者分不清声音本身和声音带来的入侵感)。这样的声音扰乱了自身的构建:声音浴不再起到包裹作用,变得令人不适(用自我-皮肤的术语来说,变得粗糙),它被穿孔,且会造成穿孔。而这一点和后续发生的事情无关,即在婴儿获得语言的第一分解时,母亲矛盾性的指令和对孩子自说自话的禁止,会扰乱孩子的逻辑思维(参见 Anzieu,1975b)。只有当严重的语音紊乱和语义紊乱结合在一起时,才会导致精神分裂症。若两种紊乱都是轻微的,那么可能会导致自恋型人格。若只有语音的紊乱,而没有语义的紊乱,就会容易造成心身反应。若只有语义的紊乱,而没有语音的紊乱,可能会造成诸多类型的社会适应障碍,包括智力上和社交上的适应障碍。

致病的声音镜子的缺陷包括:

• 不协调:不能够恰当地对婴儿的感受、期待或表达进行干预;

• 生硬:时而不足,时而过度,从一个极端到另一个极端的转变对婴儿而言既突然,又难以理解;这会给新生的刺激屏障造成许多微型创伤（在我的一场关于"自体的听觉外壳"的演讲后，一位听众与我讨论了他关于"自体的声音闯入"的问题）；

• 非人格性：这种声音镜子既不能让婴儿了解其自身感受到了什么，也无法让他了解母亲对他的感受是怎样。若婴儿对母亲而言只是一台需要维护、需要导入程序的机器，那么婴儿会失去对其自体的确定感。此外，母亲往往在婴儿面前自言自语，而不是在说与婴儿有关的内容，或许她的声音很大，或许她是默默地在内心说话，但这样的话语的浴缸或者沉默的浴缸会使婴儿感到他对母亲而言毫无价值。只有当母亲向孩子表达与她和孩子都相关的某个事情时，表达与婴儿的新生自体感受到的最初精神特质相关的某个事情时，声音镜子（以及后期的视觉镜子）对于自体（及对于自我）来说才是建构性的。

声音的空间是最初的精神空间：外界突然或强烈的声音令人痛苦；身体发出的咕噜咕噜的声音令人不安，但这些声音不会被定位在身体内部；婴儿出生时不由自主地发出的哭喊，以及饥饿、疼痛、气愤、被夺走东西时发出的哭喊，伴随着积极的运动形象。所有这些声音组合起来构成的东西，像克塞纳基斯（Xénakis）可能想要在他的作品《波利托普》（polytope）里通过音乐变化和激光束光效所呈现的那样——原初精神特质的信号在空间和时间里无组织地交错，或者像哲学家米歇尔·塞尔（Michel Serres）对流动、扩散、对冲撞和奔涌的雾号带来的最初混乱的阴影的描述。在这个声音背景之上，可能会出现一种或古典或流行的音乐旋律，也就是说，人类说话或唱歌的嗓音，令声音变得非常和谐，具有音乐性，其中的转折和基调很快就会被识别为一个人的个体特征。此时，婴儿第一次体验到和谐（通过其多种多样的感受预示着他自己作为自体的统一）与陶醉（enchantement）（在幻觉中有一个空间，在那里自体和环境没有分别，自体能够从与他合而为一的环境的刺激和安宁中变得强大）。如果借助隐喻来更直观地说明，声音空间像洞穴一样。它是中空的，像胸部或口咽腔一样。这个空间是被庇护的，但不是密闭的。沙沙声、回声和共鸣在空间的内部循环。声学共振的概念为学者们提供了所有物理共振的模型，也为团体心理学家和精神分析学家提供了人与人之间无意识交流的模型，这并不是偶然的。后期发展的空间，视觉空间，接着是视觉-触觉空间，接着是运动空间，以及最后的意象空间，向儿童引入了我的与陌生的之间的差异、自体与环境之间的差异，以及自体内部的差异，环境内部的差异。萨米-阿里在《想象空间》(1974)一书中对其进行了进一步研究。自体的听觉外壳的原始匮乏将对以上这一系列发育造成障碍。

马尔绪阿斯案例（终）

在前文介绍过的两次治疗之后的几个月里，这种障碍在这个病人那里的作用方式逐渐变得清晰，这多亏了这两次治疗为我们提供的明确参考，我不止一次明显地借助了这些参考（这证明这些障碍可以通过精神分析得到显著缓解，只要有足够的时间、意愿、适当的空间-时间设置，并借用正确的理论进行解释）。

尽管马尔绪阿斯在内在精神和外在现实世界都取得了毋庸置疑的进展，他不得不承认这一点，但他还是经历了一个新的危机，这个危机更多是出于怀疑而非抑郁性的焦虑:他并没有完成足够的改变,他感到与别人格格不入,感到泄气,他觉得我会认为他无法完成精神分析,会认为达成共识中止分析也许更好。马尔绪阿斯不能明确地区分自体内部发生的事情和所处环境里发生的事情。身边人的情感常常能占据他,干扰他;他很努力地与他们保持距离,但由于不断自我批评,他拒绝所有能达到这一目的的有效方法;对于他自己的感受,或者他不跟别人说,却抱怨周围人没有猜到他的想法,或者他在表达时总是气冲冲的,以至于招致别人的猛烈反击。结论总是一样的:是我,马尔绪阿斯需要改变,但我无能为力。我在移情中对他解释道,他与私人空间和职业环境中的关系,包括与我的关系,是以一种避无可避的不协调的方式组织起来的,这种不协调是自体和环境之间的失和,如果要我用一句话来形容这种基础性的失和,那就是:一个人的幸福是以另一个人的不幸为代价的。

我的另一位病人在他的童年故事和自体与自我功能缺陷方面显示出了与马尔绪阿斯的相似性,但他得出的结论却恰恰相反:他觉得是环境和精神分析师需要改变,也只有他们需要改变,但他们做不到。问题的根源还是一样的:主体无法在自己的感受和情感以及周围人的感受和情感之间进行区分,或区分得不恰当,这是因为主体没有充分地经历一个原始阶段,在这一阶段,环境用快乐来回应他的快乐,以安抚回应其痛苦,以充实回应其空虚,以和谐回应其分裂。由此,精神分析师需要对他说话——无须将之置于充满声音信号的房间内——以创造出一个在声音层面和意义层面都能够产生回响的环境。

  与我同一时间,罗兰·戈里(Roland Gori)也对此问题持续进行着思考,我们常常进行互动。他定义了一些类似的概念,比如"声音镜像"、"声墙"、"辞说的身体锚定"、"规则的主观异化"。他向我介绍了杰拉德·克莱茵(Gérard Klein)的短篇科幻小说《回声谷》(1966),小说中想象了一种会发声的化石:"探险家在火星的沙漠中寻找着消失生命的痕迹。一天,他们在参差不齐的悬崖间穿行,这些悬崖与沙漠星球上遍布的被侵蚀的地貌毫无相似之处……他们遇到了回声:'我听到一个声音,更像是无数声音的低语。众人纷纷地说着无法想象、难以理解的词句,[……]音浪接连不断地像旋风一样向我们扑来。'[……]回声谷中聚集的是一个消失的民族的声音;宇宙中只有在此处,化石不是由矿物构成的,而是由声音结成的。其中一位探险家对这个发现欣喜不已,他小心地靠近,但声音却逐渐变轻,直至一片死寂,'因为他的身体是一个屏障。他太重,太有形了,以至于这些轻盈的声音不能够承受他的触碰'。"(R. Gori, 1975, 1976)这是一个巧妙的隐喻:组成声音的物质与我们感受到的身体格格不入,它维持自身靠的是自己徒劳的重复强迫,它是史前史的记忆和一种致命威胁,这种威胁是指声音的包裹会变得破败不堪,无法再进行包裹,也无法在自体中留住任何精神生命或意义。

12. 温度外壳

热　外　壳

　　对需要放松的来访者进行观察,会发现一个相当常见的现象,这个现象非常有意义。需要放松的病人常常先到达,他独自一人待在房间中,开始练习。他很快感到全身都变得温暖舒适。接着,他等待的放松治疗师来了:这时,热的感觉消失了。当事人把这种感受告诉了放松治疗师,他同时也是精神分析师,接下来,他通过对话尝试揭示这种消失的原因,但没有成功。于是心理治疗师决定保持沉默、放松自己,让病人拥有这样的体验:他独自一人,同时有某个尊重他的独处、且通过陪伴保护他的独处的人在场(根据温尼科特的描述[1958])。需要放松的病人从而逐渐重新找到了全身发热的感觉。

　　怎样理解这样的观察结果呢？病人在一间亲切且受他重视的房间里独处,他感受到自体的增长和兴奋,他身体自我的界限得到扩展,直至房间本身的尺度。拥有一个既在扩张,又属于自己的自我-皮肤的舒适感唤醒了热外壳的初始印象。心理治疗师的进入是对这个过大、也过于脆弱的外壳的创伤性破坏(热度屏障是一个脆弱的刺激屏障）。热度消失了，病人在与心理治疗师的互动中，寻找能够支持自我-皮肤运作的新的支撑。这会是那个二者共有皮肤的早期幻想吗？然而，放松治疗师是在说话，而不是触摸病人的身体，需要放松的病人则对这样的退行产生阻抗。当入侵的焦虑消散，并且他的身体自我恢复到更接近身体本身的边界时，他重新找到了被热量包围的感觉。放松治疗师谨慎的保护（类似于与精神分析师善意且沉默的中立）使病人能够一边认同于治疗师（他也对自己的自我-皮肤充满确定感），一边再次拥有自我-皮肤。病人此时避开了偷窃他人皮肤、被他人偷走皮肤、作为有毒礼物被赠予的他人皮肤这三重威胁，这些威胁都可能令他无法获得独立的皮肤。热的感受从身体自我扩展到精神自我上，包裹了自体。

热外壳（若这一外壳明显是温暖的）见证了足够的自恋性安全感和依恋冲动投注，足以让一个人与他人建立联系，进行交流，前提是互相尊重对方的独特性和自主性：日常用语中称之为"温暖的接触"，这很好地解释了这一点。这一外壳划定了一片和平的领土，在这一领土上，边境哨所允许旅客进进出出，但会确保他们没有恶意，且不携带武器。

冷　外　壳

身体自我感受到物理上的冷的感觉，与精神上的冷漠一道，被精神自我用来对抗来自他人的接触请求，以构建或重建一个更密闭、更自我封闭的保护性外壳，这一外壳的保护更具自恋性，是一种与他人保持距离的刺激屏障。我说过，自我-皮肤由两层构成，这两层间的分离程度或高或低,其中一层朝向的是外部刺激,另一层则朝向内部冲动性的兴奋。冷外壳只涉及外层,还是只涉及内层,抑或两层都涉及,可能会导致人的不同命运,最后一种可能造成紧张症(catatonie)。

我在此只讨论作家的例子。这种创造性精神工作的第一阶段不只是一个退行至无意识的感觉-情感-意象,以提供作品的题材或基调的阶段,也是一个"战栗"的阶段,比如沉浸在寒冷之中,在严冬里登高,在雪地里艰难跋涉(参见马拉美的诗中被困在冰冻湖面上的天鹅),人们打着哆嗦,通过生理疾病和发烧来让自己重新暖和起来,在白茫茫的冰冷的大雾中,人们失去了方向,死气沉沉,友情和爱情也遭到"降温"①。自我-皮肤外侧的一面变成一个冷外壳,将与外部真实的关系冻结并悬置。自我-皮肤内侧的一面因此受到保护且被过度投注,能够最大限度地"捕捉"那些通常被压抑、甚至未经符号化的冲动性表象,而对这些表象的制作将会为作品赋予原创性。

热和冷的对立是自我-皮肤带来的基本区分之一,它在对物质现实的适应中、在接近和远离的交替中、在自主思考的能力中起着显著作用。在此,我要重提矛盾性移情(transfert paradoxal)的例子(我在关于这一主题的论文中曾经介绍过这个例子:参见 Anzieu,1975b),在这一案例中,情绪平衡的紊乱,固执且受虐地维持令人不满的婚姻生活,理性思考能力的明显缺乏,都可以在精神

---

① 我在《著作的身体》(Le Corps de l'œuvre)一书中对这种冰冷的战栗有更详尽的描述(1981a, p. 102-104)。

分析工作中与冷热区分的早期变异联系起来。

埃罗内案例

对于这个案例中的女人,我没有找到比埃罗内("Erronée,错误的")更好的化名了,因为她的整个童年和成年后的很多时候,都在遭到反对,人们称她所感受到的是错误的,其频率和程度十分严重。在她小时候,人们给她洗澡,因为同时给她和弟弟一起洗澡不大合适,所以他们就先给她洗。为了让她的弟弟泡澡时水温合适,人们给埃罗内准备的洗澡水总是很烫,大人会强迫她泡进去。由于双亲都要工作,照看他们的是姨妈,埃洛内若是抱怨水太烫,姨妈就会认为她在撒谎。当她因为不舒服而哭泣,母亲被叫来征求意见时,母亲会指责她是装样子。当她从浴缸里出来,红得像只煮熟的虾,摇摇晃晃快要晕倒时,被叫来帮忙的父亲又会责备她没有活力、没有骨气。直到有一天她晕倒在地,她才被认真对待。由于这位虐待孩子的姨妈的猜疑,由于工作缠身的母亲的疏远和冷漠,由于父亲的施虐,她还遭遇了无数类似的情况。以下是一件体现出一种双重束缚(double bind)特征的事情:她很小的时候,被姨妈和母亲强迫在滚烫的水中泡澡,而再长大一点,她又被父亲禁止泡澡——泡热水澡会使身体和性格变得软弱——她又被要求必须用冷水冲凉,无论冬天还是夏天,她冲凉的地方在家里的地下室里,那里没安暖气,洗澡的设备是故意安装在那里的。她

12. 温度外壳

的父亲会到场检查，哪怕他的女儿到了青春期也依然如此。

在精神分析治疗中，有无数次，埃罗内重新体验到：她难以与我交流她的想法和情感，因为她怕我会质疑它们的真实性。她躺在躺椅上时，会忽然感到冰冷。通常她会呻吟，抑制不住地开始抽泣。有好几次，她在会谈中进入了处于幻觉和人格解体之间的中间状态：现实不再是现实，她对事物的感受像蒙了一层水汽，空间的三个维度晃动了起来；她自己仍存在着，但从身体中分离了出来，在身体之外。当她能够足够详细地说出她的感受时，她自己就明白了，这是她儿时在浴室里经历的再现，当时她的身体正处于昏厥的边缘。

我以为，我和埃罗内之间不会出现矛盾性移情：这点我错了（erroné）。她很快向我表现出了正性的移情，于是我就借助了这一点，向她说明了那个她不断对我谈及的、父母将她置于其中的矛盾体系。这个积极的治疗联盟给她的社会生活、职业生活和她与孩子们的关系都带来了正面影响。但她仍过于敏感且脆弱：她生活中的熟人或者我的极小的意见都会让她陷入深深的不安，使她的自我界限变得模糊不清，不再确信自己的感受、想法和欲望。她突然陷入了矛盾性移情，认为她的困难来自于我的治疗，把我当成了那个听不到她声音的人，并且认为我的解释（有些解释她认为是我做出的，有些解释被她曲解了意思）是为了让她产生系统性的自我否定。她的治疗只有在以下情况下才重新开始有进展：
- 当我完全接受作为矛盾性移情的客体时；
- 当她确信她能够影响到我的情绪，同时我仍坚持我的信念时。

"你觉得太热了这样的感觉是错的，你不过是嘴上这么说，但不是真的感受到了；家长比孩子更清楚他们感受到的是什么；你的身体和你的实际情况都不属于你"，当家长否认孩子事实上感受到了她所感受到的东西时，家长不再站在好与坏的道德立场上，而是站在真假混淆的逻辑立场上，他们的悖论迫使孩子也颠倒了真假。随之而来的是在建立自我与现实的边界的过程中，在与他人交流自己观点的过程中，接连不断地产生紊乱。这就是阿尔诺·莱维（Arnaud Lévy）在一次尚未公开发表的谈话中所提及的：一种逻辑的颠覆、思想的倒错，是除了性倒错和道德倒错之外的一种新式的病理性倒错。

13. 嗅觉外壳

皮肤毛孔的攻击性分泌物

客西马尼案例

我选择的这个化名借用的是橄榄园的名称(在阿拉米语里为客西马尼),根据福音书的第三位著者(唯一提供这一确切记录的人),在被捕的前夜,耶稣在那里流出了带血的汗。他的使徒们都睡着了。他祈求上帝,他的父,让他免于死亡的最终考验,但却落了空。他感到深切的"悲伤":"耶稣悲痛欲绝(agonie),他祷告得更加恳切了,他的汗珠变成了一滴滴的血,滴在地上"(《路加福音》,22:44)。

客西马尼是意大利人。他会说两种语言,用法语进行精神分析。他放弃了工程和法律的研讨班学习。他在一家跨国公司工作,与同事的关系总是冲突不断,感到非常不自在*。

---

* 此处法语原文为 se sent mal dans sa peau,字面上的意思是感觉皮肤不适,引申义为感到自己不舒服、不自在。

他在会谈中呈现了一些对想法和情感的联想,如果从这些联想的表面内容来看,我可以说,在客西马尼治疗的前三年中,他只显露出了攻击性情绪:首先是针对一位成年女士,她是他就读的一所著名私立高中的科学老师,他出身低微,但在这所学校里拿着奖学金(这位女士威胁他,说要开除他,这对他来说是灾难性的);之后是针对一位专制的老夫人,他的教母,她在他父母家里住,直到去世;最后是针对他的一个弟弟,他抢走了母亲对客西马尼的爱和照顾,尤其是母亲用乳房亲自喂养弟弟,却从未这样喂过客西马尼,这使他深深地感到不公平。每当回顾过去关于这三个人事情,客西马尼的情绪就显得非常丰富。在他表露攻击性和朝向越来越早期的恨的客体退行的过程中,我追随着他缓慢地前进。我通过靠近他来进行干预。我迎接着这股巨大的怨气,就好像我是一个容器,而他需要把他的怨气放在里面。他的职业状况有所改善。他与一位法国女士的共同生活也稳定了下来。他们有了一个想要的孩子(不过在孩子出生后,他才告诉我这件事)。但是,这些更多的是心理治疗的效果,而非精神分析的效果。他在外面有多爱记仇,在治疗时就有多顺服、多友善,他恭敬地请求我做出解释,一旦我做出了解释,又即刻不假思索且毫无保留地表示认可。因此,我认为,他此时此刻的精神分析的现实是:一种正性的移情,这种移情是理想化且有依赖性的,但并非一种真实的移情神经症。他还有另外一个与感官刺激有关的非常现成的表现，但从精神分析的角度出发，我不知道该如何应对：某些时候，客西马尼的体味很重，当这种味道与他喷在头发上的大量的香水（我猜他大概是为了消除他身上很重的汗味）的味道混在一起时，越发令人不适。我曾认为病人的这个特点或许是由于他的生理结构，或许是由于他来自的社会阶层。这就是我最初的反移情性阻抗：将治疗中最凸显的材料理解为与精神分析无关，因为它既没有被讨论过，也不具备显而易见的交流价值。

我的第二个反移情性阻抗是厌烦。随着客西马尼对童年时遭受虐待的这些事情的反复诉说，他的体味也越来越重。我的精神被他的辞说和体味侵袭，感到麻痹。我做不出新的解释了。同时，我又因为没能集中注意力听他说话而感到罪恶。我试着为自己辩护，对自己说，他想要在移情中推动他童年情境的重复，让自己再次成为一个被忽视、不被爱的儿子。

有一天，一个第三者的介入唤醒了我的思考能力。我紧接着客西马尼之后接待了一位女病人，我不常接待她，她假装拒绝待在我的办公室里。她当着我的面责骂了污染了房间空气的前一个来访者，并讽刺地问我这是不是精神分析的一个喜人的成效。这次事件让我回过头来反省自己，并且发现，我快要从各种意义上不能……感受*到这位病人了。病人的移情既隐藏得很好，又通过

---

* 法语中感受（sentir）这个词也有闻到、嗅到的意思。

释放臭味鬼鬼祟祟地对我表达了攻击,这难道不是移情神经症吗?于是,我又找回了进行治疗的兴趣。但怎样与他说起他的体味,同时又使我的话显得不那么有攻击性、不伤人呢?我的精神分析学习和知识没有教过我任何嗅觉上的移情形式,除了施皮茨(1965)所描述的新生儿的口-鼻"原始腔"这个概念之外。

  我想出了一个比较泛泛的折中的解释,这是我第一次做出的完全关注于当下的解释,我在几次会谈中以各种形式重复了这个解释:"您对我说得更多的是您的感受(sentiment)而非感觉(sensation)";"但您似乎不只在用您攻击性的躁动不安在侵袭我,还用了某些感官上的感觉。"于是客西马尼想起了一件过去的事情,他在此之前完全没想到过这件事。他的教母是出了名的不爱干净。她原本是农民,很少洗澡,只洗脸和手。她会把脏衣服堆在浴室里好几个星期才洗,我的病人则会偷偷在浴室里去闻她内衣上的强烈气味,那时这个行为带给了他自恋性的安全感,他觉得他被保护着远离了所有危险,包括死亡。于是,潜藏的幻想得到了揭示,即他与教母难闻又具有保护性的皮肤间融合性的接触。同时,我了解到,他的母亲以爱干净和使用大量古龙水为傲。所以说——不过我没有将这一点告诉他——他带着两种矛盾的气味侵袭着我的办公室,而这两种气味代表着他要在自己身上汇聚教母的皮肤和母亲的皮肤的幻想性意图。他没有自己的皮肤吗?我邀请他回顾他出生时的惊险情形,别人常

13. 嗅觉外壳

常对他讲述这件事，他也在初始访谈时简要地提及过此事。他的出生过程并不顺利。助产士和教母以基督教准则为名，拒绝介入，坚持认为母亲应在痛苦中生产。医生很晚才被找来，他告诉父亲，他必须在保大人还是保孩子之间进行选择，之后，在绝望中，医生试着用产钳进行了操作，并且成功了。在客西马尼出生时，他多处的皮肤被撕裂，鲜血直流，好几天都生死未卜。教母将他放在自己的床上，让他靠着自己的身体，这很可能救了他。所有这些都激发了我的思考，促使我更有针对性地进行干预。

鉴于是他自己先说起了臭味的话题，我觉得重新谈论此事就没什么需要顾忌的了。当他再一次释放出很重的汗味时，我就向他指出了气味在总体上对他的重要性。当我第三次或第四次进行这方面的说明时，他第一次在精神分析中改变了叙述方式（他的话语此前一直都很丰富，连贯而有力，向我扑面而来，甚至不给我留下任何干预的余地），他的声音变得低沉，断断续续，他的口吻像是在说一个秘密，而不再是提出要求，就像他在进行秘密谈话，他说，他在会谈中当着我的面出汗时，会感到非常尴尬，他一激动就会出现这种反应；在离开时用潮湿的手与我握手，他也觉得十分羞耻。因此，在移情神经症中，我对于他来说代表的是他的教母，她虽然是可憎的，但也是保护性的，直到他离开意大利，他都与她保持着一种融合性的交流。我在自己这里发现了另一种反移情性的阻抗：在无意识中，我的自我拒绝扮演这么一个既虐待人、又共生的,并且气味令人恶心的农妇的角色。如果说,在我的内心深处,我把他的症状与过去联系在一起,这既是为了更好地理解他,也是为了更好地保护我自己,那么,客西马尼则是在当下经历着这个症状,他的精神自我的感受和身体自我的感觉是分裂的,我后来才向他说明了这样的机制。由于这种分裂,他当下的体验是碎片化的,这让我很难从整体上去把握他。因此,我和他之间的精神分析的工作应该建立起一些思想上的联系,这种联系不仅仅是过去和现在之间的联系,而首先应是他在当下的碎片之间的联系。

几次治疗之后,客西马尼告诉我,他正在经历一种强烈的情感。我提醒他,他之前认为情感和出汗是有关联的,并问他什么情感使他产生了出汗的反应。客西马尼做了精神上的努力,这对他来说是全新的,他的精神自我与身体自我进行了分离,并对身体自我进行观察,他回答道,当他感到挫败时,他就会变得有攻击性。我立刻对这个解释进行了补充,并把重点放在了精神容器上:"为了不因这种攻击性而感到痛苦,您通过皮肤出汗把它散发了出来。"

在一年左右的时间里,我们的工作都在努力揭示他自我-皮肤的特殊性。他的自我-皮肤似乎是以小男孩和教母的公共皮肤的幻想为支撑的,这个皮肤拯救了他的生命,也继续保护着他免于死亡。通常,自我-皮肤是以一个源自触觉和声音的外壳为支撑的。而对于客西马尼,这一外壳主要是嗅觉的:这个共有皮肤汇聚了生殖器、肛门和皮肤分泌物的独特气味。我咨询了一位心理生理学同事,他告诉我:由汗腺产生的汗液本身是没有气味的,但汗液能够在皮肤上传播大汗腺的乳状且有味道的分泌物,这些分泌物是因性兴奋或情绪紧张而产生的。于是我理解了,对于客西马尼而言,汗液的刺激屏障功能(热度和湿度的)与有味道的分泌物的情感信号功能混淆了①。一个这样的嗅觉外壳使得皮肤和情欲区域变成了一个未分化的整体。它还结合了相反的冲动特征:与教母的身体接触一方面可以令人获得自恋性的安全感,并且是具有力比多层面的吸引力的,另一方面又是支配性的、侵入性的、激惹性的。佩罗创作的童话《驴皮公主》描述的也是这种矛盾心理,只不过是女儿对父亲的矛盾心理。这个故事启发了我,让我对病人有了新的理解。这个以嗅觉为主的自我-皮肤构成了一个既不连续也不封闭的外壳。其上有无数穿孔,这些穿孔与皮肤上的毛孔相对应,并且这个外壳缺乏可以掌控的括约肌;病人内心过量的侵略性以一种自动反射的卸载方式从这些孔洞中溢了出来,没有给思想留下任何干预的空间;这是一个漏勺自我-皮肤。此外这个气味外壳还是模糊不清的、多孔的;它让病人无法进行感官上的区分,而这些区分是思想活动的基础。通过这种身体自我层面的卸载,和精神自我层面的不加区分,客西马尼有意识的自我没有参与到

---

① 心理生理学家列出了四种嗅觉信号:爱欲、恐惧、气愤和知道自己将被处决的人身上散发的死亡的味道。我没能在客西马尼身上区分出这四种信号,可能是因为嗅觉的世界被我强烈地压制着,也可能因为客西马尼和教母之间融合性的整体沟通方式使他无法对这四种信号进行区分。精神分析师的直觉和移情很有可能是主要建立在嗅觉基础上的,这一点很难研究清楚。

任何与攻击性冲动的共谋当中。对于客西马尼来说，攻击性是一个意识化的想法，他可以无休止地谈论它。但他一直都不了解他的身体外壳和精神外壳的性质——即不能够容纳攻击性冲动。于是就有了以下矛盾：他对底层的运作（冲动）是有意识的，而对表面上的运作（穿洞的精神容器）是无意识的。在治疗中散发臭味，带有一种直接的攻击性特点，同时也是诱惑性的，但没有任何符号意义：他挑衅我，刺激我，污染我。但由于它是"无意的"，这一方面为他省去了努力思考的必要，另一方面也为他避免了太过强烈的犯罪感。

在治疗之后的发展中，出汗难闻的情况减少了。只有在他的生活遇到了困难处境的时候，这种情况才会再次出现。我把这些生活中的考验解释为某些过去创伤的重复，而他在做出了巨大的注意力、记忆力和判断力上的努力后，才找回了对这些创伤的回忆。事实上，他不得不学着去锻炼他的次级精神进程。在此之前，冲动的自动卸载让他不用去进行这一进程，而在此之后，他的自我-皮肤逐步构建成了更灵活、更牢固的精神容器，也令这一进程成为可能。他还需要去忍受犯罪感和致命的仇恨感，首先是针对他母亲的，随后是针对他父亲的，这让他产生了强烈焦虑，这种焦虑是以突然爆发心脏疼痛的形式表现出来的。就这样，他一点点地克服了精神自我和身体自我之间的分裂（clivage），这一分裂在治疗之初曾使分析过程陷入瘫痪。

13. 嗅觉外壳

弗洛伊德和比昂曾经发表过一些非常简短的案例观察，描述了一些情况，在其中，病人通过挤痘痘或拔粉刺的方式来破坏其自身皮肤的连续感；他们认为病人这样的表现体现了一种早期的阉割情结，这种阉割对皮肤整体的完整性而不是具体的生殖器官造成了威胁。客西马尼有无数孔洞的嗅觉外壳的情况则不相同。首先，它表现着一种根本上的容器的缺陷。其次，它强化了阉割情结，正如后续的治疗显示的那样。

客西马尼和我积极地进行着他的嗅觉自我-皮肤制作，这项工作持续了几个星期。我在治疗中也变得专注起来。客西马尼出汗的情况更不频繁了，出的汗也更少了。当他快出汗，或已经出汗了的时候，他会告诉我，我们会共同去寻找引起出汗的是哪种情感。

就我而言，我反思了我的反移情，我认为比较明显的是：

1. 我个人的阻抗，这与我童年时期的鼻部手术有关，手术让我的嗅觉变得迟钝，也让我减弱了对嗅觉感受的关注；

2. 认识论方面的阻抗，原因是缺少我能够倚赖的嗅觉方面的精神分析理论；

3. 对于一种移情的阻抗，这种移情以将我裹入一个我与病人共有的气味外壳为目的，就像他自己曾经被裹入一个他与教母共有的嗅觉外壳一样。

我是如何摆脱这一反移情的呢？首先，要认识到这是一种反移情。其次，要构建我所需要的精神分析理论，即这种持续的、侵略性的、多孔的、分泌性的、矛盾性的嗅觉外壳这一概念，我在处理所谓边缘性人格个案遇到的反移情时,已经发明了自我-皮肤的概念,而这个嗅觉外壳的概念就是自我-皮肤的一个特例。

之后的那个夏天,客西马尼开车回意大利的老家过长假。整个行程中,他都因一种强烈的焦虑而心神不宁:他总是担心会造成事故,导致他自己或他的妻儿死亡。回程时,他也经受了同样的痛苦。不过越过国境线后,焦虑减少了,他最终因为经受了这样一个考验而感到高兴。他在度假归来后的第一次会谈中这样叙述道。

一种类似的往事自然而然地呈现了出来。他常对我说起,在他约18个月大时,他怀孕的母亲出了一个事故。她当时正在从公寓通向街道的石头楼梯上往下走;她怀里抱着客西马尼,滑了一跤。她当时可以选择让孩子摔在地上,但如果孩子的头先着地,有可能会摔在石头上,导致死亡,她也可以选择自己摔倒,背着地,将自己的身体当成孩子的保护垫,但有可能会让自己摔伤,并且导致流产。在电光火石间,她选择了后者。客西马尼活了下来,但在他的感觉里,他也只是一个侥幸的幸存者,并且这一感受又因母亲对这个故事的不断重复讲述而加强了。母亲的确流产了,并且还瘸了。直到几年后她才又生下了一个男孩,客西马尼很讨厌这个竞争者。客西马尼在路上的焦虑——杀死自己或者杀死妻儿——再现了他母亲在楼梯上发生事故时的两难局面:杀死已经出生的孩子,还是让自己受伤并杀死即将出生的孩子。客西马尼因幸存而有罪恶感:他取代了别人的生命;活下来的应该是别人,而不是他。后来弟弟的出生和对弟弟的嫉妒重新激活了这个两难困境,其强度让他难以承受。有可能是他杀死了别人,而且,在他的幻想里,如果他想活下来,他只能这么做。这样的情境太残酷了,因此客西马尼决定陪教母在乡下多待一段时间,以逃离这个残酷的局面。这样的两难局面是让·贝热雷(1984)研究的基础,他称之为基本暴力。我所作的这个比较并没有缓解客西马尼的焦虑,反而让他的焦虑更加严重了。他感到自己处于一种只有伤害他人才能使自己存活,或者他人只有伤害他才能让自己存活的境况中。他的反应使我感到尴尬。我不知道该做出怎样的解释了。我以为他又要开始出汗了,又要感到难受了。忽然,这个联想让我灵光一闪。我问他度假期间有没有出汗。他很惊讶。事实上,他整个夏天都没有出汗。他在我的提醒之前都没有注意到这一点。他补充道,更令人惊讶的是,高速公路上的旅程是在炎炎烈日下进行的。于是我可以对他做出解释了。夏天之前,我们了解到,他的攻击性会反应为皮肤表面的无意识分泌。因此,他不能够再通过这种方式来回避攻击性的活动了,但这些活动并没有消失。相反,由于他已经意识到了,这些攻击性活动让他感到了焦虑,从此以后他的意识需要直面它们,而不能再用身体自动排泄它们了。因此,他也害怕他不能够容纳它们,因为他的思想没有经历过足够的训练。不过,我补充道,我们可以想一想,他的思想会不会比皮肤做得更好,皮肤只会让它们渗出来。以前他是从量上卸载将他堵塞的那些过量的攻击性，今后，他需要从质上对这种攻击性进行思考，认识到其中属于他自己的部分，并区分出那些来自他母亲的、他教母的和他弟弟的部分。我的长长的干预让客西马尼即刻放松了下来。随后的材料显示，客西马尼依靠着父亲的形象才能进行思考活动；事实上，在所有家庭成员中，他的父亲才是最能容忍他的愤怒和挑衅的人。

这种对攻击性的操作从皮肤转移到自我的过程，令我明确了自我-皮肤的产生进程，这一进程中既有支撑也有转变。面对攻击性的冲动，客西马尼的自我与他的皮肤如此紧密地融合在一起，以至于可以作为纯粹的自我-身体进行运作，而无须感知-意识系统的参与。精神分析工作通过分开客西马尼的自我和皮肤，使他能够以皮肤为支撑发展出精神容器的功能，这本身也是感知-意识系统的运作条件。但自我获取意识、记忆、区分、理解（同时忍受来自攻击性表象的焦虑）的能力只有在运作原则改变的情况下才能够实现，也就是说，只有在放弃冲动性的张力的自动卸载原则并且建立起一种将冲动性推力与精神表征相联系、将情感和表象相联系的原则的情况下，才能够实现。

在我的解释的帮助下，客西马尼意识到了他的精神自我和身体自我之间的分裂（clivage）：在他的皮肤，或者更宽泛地说，他的身体层面发生的事情，被他忽略了，他需要持续集中注意力才能有所觉察，他决心付出这个努力，但仍需要学习（参考弗洛伊德关于次级精神进程的叙述,即思想始于注意力)。这是他能够开始表现出他的攻击性,能够开始思考它,而非通过出汗来回避它的先决条件。

随之而来的是客西马尼对其移情的质疑阶段。他渐渐发现了他对于分析,而不只是对于分析师的负面移情:他说,他对他的精神分析不抱任何好的期待;他表现出的对父母的感受是危险的;此外,他从一开始就感觉精神分析会伤害到他。我对他做了如下的解释:他有一个无意识的想法,即精神分析会让他死去。这一解释使他的情绪产生了相当大的波动,但他无须再通过流汗、流眼泪或心脏症状来表达了。不适状况现在只存在于他的思想中。在几个星期的时间里,客西马尼都在经历这种恐惧,害怕分析会导致他的死亡。在我提出以后,他承认这是个幻想。于是,他可以去寻找幻想的根源了。他的父母对心理学的看法是非常敌意的。"有些真相讲出来不一定是好的",他们不止一次说。他们对客西马尼开始精神分析的决定也不赞成:"这不会给你带来任何好处。"于是,在无意识中,客西马尼的精神分析就被刻上了这一危险的幻想会实现的种种征兆:他会发现某些真相,这些真相会伤害他、杀死他。

我们看到了他的移情神经症的内部根源和外部根源是如何连接在一起的。内部根源来自于他希望母亲和母亲孕育的孩子们死亡的愿望在他身上的反转。外部根源是他父母反对心理学的说辞,这提供了一个外在的说辞(相当于日间残留之于夜间梦境的作用），让他的潜在想法找到了一个出口。只要这个与病人个人史相关的特定的连接还没有被理解、被拆除，移情神经症就会默默地起着作用，分析也不会取得决定性的进展。因此，客西马尼的精神分析治疗从整体上来看是在负面的治疗反应中进行的。

我更好地理解了我的反移情的一个特点。精神分析总的说来可能是有害的，特别是可能会害死客西马尼，这样的想法对我的分析师的身份和理想造成了深深的伤害，我将之推开了几个星期之后才承认这是我的病人的主要幻想之一。

几个月后，在经历了巨大的焦虑和强烈的罪恶感，并且断断续续地经历了几次气味难闻的出汗过程之后，客西马尼的精神分析集中在了青春期开始的性幻想上。这些幻想不再像他小时候那样，小时候他是试着想象父母在床上发生了什么事情，而青春期开始的幻想是他允许父亲拥有自己的妻子，不过他也想象自己被教母所启蒙，并与父亲达成了某种心照不宣的约定：我把我的母亲让给你，但作为交换，你要把我的教母让给我（这位女士原本是父亲的教母，但全家人都叫她"教母"）。他还以某些方式稍微地将这个幻想付诸了行动。当客西马尼从噩梦中醒来，无法再入睡时，他就去了教母的床上，在她的身旁度过了整晚，还进行了一些谨慎的触碰。但另一个幻想阻止了他更进一步的行动，他在最近的分析中讲述的梦揭示了这一幻想：女性的性器官对他来说十分危险，就像一张贪婪的大嘴。这使青少年时期的他有一天自我禁止了乱伦，他不再频繁地去教母的床上，但他感到遗憾的是，这件事情本该是由他的父亲坚决予以制止的。

就这样，在客西马尼用他的气味侵袭我时，他不只在向我表明：当心，此时有与攻击性有关的压力危险，他也同样在用性诱惑的味道包裹我，这个味道是他教母内衣的味道，也是他到教母的床上找她时所散发的味道。我从中明白，当我停止去感受这个过于具体的感官信号，停止对其进行思考，是在阻抗一个青春期的表象（我反感的表象）进入我的意识，而这个少年想要将我浸泡在可疑的气味中，与我粘连在一起，让我扮演一个猥琐的老处女的角色。直到我理解了这是一种对原初支撑性客体接触的次级色情化，而这个客体又是病人最初的生存保障时，我才能够从反移情中脱身。

客西马尼不仅让我发现了嗅觉自我-皮肤的特点，还让我学到了反移情的多种特征及其无数诡计。

14. 味觉的混淆

对苦味的喜爱和消化道与呼吸道的混淆

鲁道夫案例

  鲁道夫与我进行的精神分析是他的第二段分析,他有着奥地利大公一样的仪表,对死亡的威胁感到恐惧。他的第一段分析主要处理的是他的俄狄浦斯问题。他对我说了一些他的自恋缺陷,其中有些是通过心身症状表现出来的。他的恶心和呕吐的反应可能与他和父母的矛盾关系有关;他强迫性地认为苦味是好的,大口摄入苦的东西,直到引起机体的反射性排斥;他不太能够区分酒、血和呕吐物;并且,他被警告不能吃糖,因为糖是不好的。于是,对有机体来说自然的味觉,在鲁道夫那里产生了早期的、反复性的失效(参见 p.79)。鲁道夫不论在思想上还是在交流中都持续地遭受着干扰。他在梦里梦到的场景总是以雾为背景。在工作中,他有时也会把问题变得迷雾重重;他用烟雾来淹没那些问题。此外,他抽烟抽得

14. 味觉的混淆

很多。对他而言,抽烟似乎是一种用烟雾来掩盖父母强加给他的矛盾指令的方式,尤其是他们在厨房吃饭时,那里总是充满热气腾腾的洗衣服的和食物的雾气。

在一次会谈中,他给我讲了一个与同事发生不和的工作事故,这个事故可能与移情有关。事实上,在那之前的一次会谈中,鲁道夫给我讲了一个梦,他自己对这个梦进行了全方位的联想,不仅没留给我一点干预的空间,甚至没有给我思考的时间。我解释道,他模糊了我的视线,在他与我之间制造了一个像雾一样的障碍。他补充道,因此他和我的关系也变得不和*。但他没有意识到这一点,而是采取了行动,第二天与一位同事发生了不和。会谈还在继续。他觉得不再那么混乱了,变得更坚定,更能够思考了。

但他来治疗前必须得先抽一支烟。他详细地描述了他的两难之处:要么他能够思考,但感到强烈的焦虑;要么他就享受快感(用烟或镇静剂),且不再思考。这就是他和第一任精神分析师工作时所发生的事情。

我解释道,有烟就有火,抽烟(包括他所抱怨的呼吸和消化系统问题,尤其是肺部的灼烧疼痛感)对他来说就是丢车保帅。为了身体的其他部分的健康,他认为必须要牺牲掉一个器官,才能把一种死亡的风险控制在身体

---

* 在法语中,雾(brouillard)与关系失和(se brouille)是同一个词根,都与"混乱"有关。

的某个具体部位上。

几次治疗后，鲁道夫又回到了他吸烟的症状上来，并且把这个症状和他进食方面的症状联系在一起。他详细描述了他是如何吸烟的：他让烟充满肺部，且停留在肺部，直至无法呼吸。他或者会这么做，或者会选择另外一种做法——他没法留住食物，通过呼出空气来吐出食物。他的呕吐伴随着打嗝。他对呕吐的描述真实而形象，以至于我都要努力抑制住恶心感。我尝试着把他在我身上诱发的症状与使他产生这个症状的环境联系起来：他的父亲会从饭桌前起身，去厨房的水池呕吐或小便；电视声音很吵，厨房里的气味包裹着鲁道夫，成了一个令人恶心的外壳，还加上常以他为对象的"臭骂"。我解释了他对于呕吐的父亲的认同，以及他尝试让我对他的遭遇感同身受。

在鲁道夫讲到他最近吃了一顿番茄意面，吃得太撑以至于消化不良时，他意识到他在小时候犯过一个错误：他以为他父亲吐了血，但其实父亲吐的是番茄。我强调，番茄是过酸的，而意面的形状则象征了自体与他人之间边界的模糊。

鲁道夫回到了我先前说过的第一次会谈上。他将会谈的容量填得太满了，以至于我既不能思考，也不能"插一句话"，而他是很渴望我的话语的。但他用空气填满自己，吃东西也吃到呕吐。

我解释道，他混淆了呼吸道和消化道，并详细描述了他的身体形象；他的身体形象是扁平的，被这唯一的一条通道穿过，他只有用空气和烟来充满自己，才能获得从二维到三维所需的厚度和体积。

鲁道夫由此联想到，当他还是孩子时，他吃饭时会吞进去空气，他的父母吓唬他说他这样会得吞气症，而他现在仍会如此。他强调，烟在肺部会刺激他的性欲；从理智上，他认为他感受到的灼烧感是肺部疾病的危险信号（和他需要停止抽烟的迹象）；而在感官上，这是一种愉快的感受："这使他内部感到温暖。"

我解释道，一方面，吸收的快感从他的胃部（此处这一快感是不充足的）转移到了肺部（在这个部位，他可以自行控制、诱发这种快感）；另一方面，他的矛盾在于对他的身体有害的某个东西却能给他带来好的感受；最后，我提出了这两者之间的一个关联：他的母亲喂给了他大量的食物，但这些食物并不好，他在摄取食物的同时也吸收了一个母亲的形象，而这个形象没能让他的身体保持温暖。

鲁道夫补充道，这也与他的父亲有关，他知道他为什么会感到恶心：他的父亲强迫他吃菠菜，而他很厌恶那种苦涩的味道。他父亲坚持认为菠菜对他的身体有好处，它含有铁，能使他身体强壮。

我说：您的身体本能地感觉到是不好的东西，也就是这道菜的苦涩味道，却被别人说成是好的，你的脑海里也这么想。这造成了您违背自然状态去寻求快乐的倾向。

对孩子来说,甜的就是好的,苦的就是坏的。咸的是中立的:最初他们觉得咸的是坏的,后来他们学会在一定程度上喜欢咸味了。鲁道夫回答说,对他来说,味道上最根本的对立是甜味和咸味的对立;他讨厌烹饪时把这两种味道混在一起。不过,他现在仍然会吃很多他喜欢的苦的东西,他也认识到这些东西事实上会让他很难受:在公共交通工具上时、受邀去朋友家时、甚至有时来我这里治疗时,他会感到恶心、消化不良、想要呕吐。

之后的治疗中,鲁道夫又回到了烟雾的主题上。混乱的不仅仅是他的消化系统,他还有一个迷雾般的内核,他称之为他疯狂的内核。它与一个原初场景的幻想有关:鲁道夫提到了一个梦,是对一个常见情境的回忆(记忆屏障?),在这个情境中,他的父亲年迈且善妒,他在窗户后面监视着自己年轻的妻子,怀疑妻子在与邻居调情。鲁道夫也出现在这个场景中,他是一个见证人,很想要维护自己的母亲。父亲透过厨房门上半透明的玻璃窗,或透过母亲烹饪或熨烫衣服时制造的烟幕或水蒸气来窥视她。父亲很疯狂,手里拿着一把菜刀;鲁道夫的视线穿过梦中的烟雾看到的就是这样的场景,烟雾在两种意义上起到了屏的作用:它既放置了一个屏障,也提供了一个投射屏。我指出了他在移情中接连体验到的这两种意义上的"雾"之间的结合点:他模糊了我的视线,他与我变得不和。这两种意义的连接是通过一个俄狄浦斯幻想完成的:父亲透过烟雾"看到了"妻子的不忠,也看到了鲁道夫在想象中的乱伦欲望,他想与母亲的身体结合为一体、反抗父亲;而鲁道夫透过烟雾"看到了"来自父亲的死亡威胁:父亲可能杀了她(显性内容);也可能杀了他(隐性内容)。

从此之后,我们用了很多次会谈的时间来分析鲁道夫的"疯狂"的内核:它之所以疯狂,是因为在此处自恋的问题与俄狄浦斯的问题结合在了一起、混淆在了一起,令其更加复杂,而每个问题都有它们各自的"逻辑",或者说,都有它们各自的"疯狂"之处。

在鲁道夫童年的第二个时期,他在早年遭受的味觉和呼吸的矛盾因语义的矛盾而变得更加严重,他不断地在脑海中听到这些声音,却一直没有意识到这些声音的来源(这证实了弗洛伊德关于超我有着听觉根源的假设)。这些听觉的矛盾与味觉和呼吸矛盾交织在一起,让他的逻辑思维变得愈发混乱,并将这种混乱从原初感知思维扩展到了次级的语言思维。鲁道夫在逻辑思维和在给别人留下的夸夸其谈的形象上进行了双重的自恋性过度投注,这在青春期时,有时弥补了他自恋性的不安全感和一种不确定感,这种不确定感一方面是对于自我和超我界限的不确定,另一方面是对于精神自我和身体自我界限的不确定。

在此期间,当他不得不处理俄狄浦斯的问题时(在第一段治疗的帮助下,鲁道夫直面了这个问题,且在很大程度上超越了这个问题),他自恋性的缺陷(通过烟雾而体现)歪曲且掩盖了这一对抗。他所感受到的父母过度的暴力冲动——性冲动和攻击性,妨碍了他对自己身上的冲动性力量的认识和运用。他只能用一个烟雾的外壳来保护自己免于这种冲动性力量，而没有一个足够容纳性的自我-皮肤来运用这种力量。因此，他害怕这些冲动性的推力，感觉它是一种疯狂的威胁。鲁道夫没有承认自己对母亲的乱伦欲望和对父亲的弑父欲望，取而代之的是他在烟雾中（即在一个界限模糊的自体中）看到了母亲对爱的疯狂和父亲对谋杀的疯狂（即他人的冲动，而非他自己的冲动）。

鲁道夫的这个治疗片段让我得出了三个观点。

1）精神分析始终是在分析俄狄浦斯情结，而又不仅仅是在分析俄狄浦斯情结。所有俄狄浦斯的问题都是交错、混杂在自恋问题中的。迟早都需要将之整理清楚。这要视情况而定，在后俄狄浦斯的认同的基本部分被获得的情况下，自恋问题的厘清则可以通过灵活交替的分析工作进行，在自恋存在缺陷且严重的情况下，自恋问题的厘清则要根据不同的阶段进行。在后一种情况中，病人需要时间来退行到缺陷出现的地方，并对之进行探索和修通，只有这样，病人才能让自己从镜像移情（自恋型人格）或理想化移情（边缘性人格）转成为俄狄浦斯移情。某些教条的精神分析师想要把所有的问题都归结于俄狄浦斯问题，未免本末倒置了。将病人的自恋性移情分析为对抵达俄狄浦斯情结的阻抗（的确是，也可以这样分析，但只能是在合适的时候），这是他们自己对罗索拉托（1978）称为抑郁的自恋轴的阻抗，他们将之投射在了病人身上。鲁道夫的第二段治疗的一个转折点是，在我的心理地形学解释（而不只是经济的和遗传的解释）帮助下，他对其自我-皮肤的特殊形态有了认识：一个烟雾外壳，这是一个被压扁的内部空间，导致了消化道和呼吸道的混淆。

2）鲁道夫与母亲有很好的皮肤与皮肤的接触，以及有意义的触觉交流，这让他获得了自我-皮肤的基础结构。出问题的部分来自于触觉外壳与味觉外壳和听觉外壳糟糕的嵌套。他的第二段精神分析的一个主要效果就是重建了更为贴合的嵌套。

3）俄狄浦斯的情景，与大部分的幻想一样，是视觉的。从自恋问题发展到俄狄浦斯问题，其实是从触觉、味觉、嗅觉、呼吸，发展到视觉（声音以两种不同形式参与到这两个层面）：这个发展需要我之前说过的双重触摸禁忌发挥作用。

15. 第二肌肉皮肤

埃丝特·比克的发现

英国精神分析学家，克莱茵和比昂的学生埃丝特·比克发明了婴儿系统观察法，借助这些观察，她于1968年在其发表的一篇简短的论文中提出了"第二肌肉皮肤"假说。她指出，在最早期的形态下，精神的部分还没有从身体的部分中区分出来，我们会感到在精神的部分之间缺乏一种凝聚力（binding force），这种凝聚力应保障这些部分之间的连接。由于皮肤作为一个外围界限发挥着作用，它们应是以被动的模式组成了一个整体。容纳自体各部分的内部功能来自于对一个外部客体的内摄，这个客体是能够容纳身体各部分的客体。这个容纳性的客体通常是在吃奶的过程中得到构建，在这个过程中，婴儿经历着一种双重体验：他将母亲的乳头含在自己的嘴里，同时，他的皮肤被支撑他身体的母亲的皮肤包裹着，被母亲的温暖、她的声音和她身上熟悉的味道包裹着。容纳性客体被实际体验为一层皮肤。如果这个容纳的功能得到了内摄，婴儿就能够获得内部自体的概念，进行自体和客体的分裂（clivage），二者被各自的皮肤所容纳。若母亲没有充分履行容纳性的功能,或母亲在婴儿的破坏性幻想的攻击下被损坏,她就不能被内摄:连续的、病态的投射性认同会取代正常的内摄,导致身份的混乱。非整合状态持续存在。婴儿会疯狂地寻找一个能够对他各部分的身体维持住一致关注的客体(光线、声音、气味等),以使其能够至少暂时性地获得自体各部分结合为整体的体验。"第一皮肤"的故障可能促使婴儿形成"第二皮肤",这是一个替代性的假体,是用肌肉形成的仿造物,它以一种假的独立替代了对容纳性客体的正常依赖。

这层"第二皮肤"让人联想起 W. 赖希强调的性格的肌肉盔甲。而比克的"第一皮肤"则对应着我的自我-皮肤的概念。自我-皮肤概念是我在 1974 年提出的,这是在比克之后,不过我是在我的文章发表之后才读到了她的文章:两位独自研究的研究者对同一件事情进行了描述,这证明了这件事情的真实性。我将简要地介绍比克的几个案例。

爱丽丝案例

爱丽丝是一位年轻母亲的第一个孩子,这位年轻母亲幼稚且笨拙,胡乱地刺激着婴儿的活力,不过,她在孩子出生后的前三个月里逐渐行使起了首要的皮肤容器功能,因此,她女儿的非整合状态及伴随而来的发抖、打喷嚏和无序运动的情况都有所减少。前三个月的最后,母亲搬去了一栋没有装修完的房子。她对此的反应是抱持能力的减退和对孩子关注的撤离。她强迫爱丽丝操控自己还未成熟的肌肉(让她自己用有盖子的杯子喝水、在学步车里蹦跳),并发展出一种假性的独立(母亲严厉地压制她的哭泣和夜间的喊叫)。她又恢复了最初的过度刺激的态度,鼓励并称赞爱丽丝过度的活动和攻击性,她给爱丽丝起了个外号叫"拳击手",因为她喜欢用拳头打别人的脸。爱丽丝没有从母亲那里找到一个真正的皮肤容器,而是在自己的肌肉中找到了容器的替代品。

玛丽案例

玛丽是一个小精神分裂症患者,从三岁半就开始进行精神分析,她的分析显示,她非常难以承受分离,这与她婴儿时期的紊乱有关:她出生时是难产,懒于吮吸母乳,四个月时起了湿疹,抓挠到出血,极度依赖母亲,不能忍受对食物的等待,全面发育迟缓。她来治疗时驼着背,关节僵硬,外形奇怪得"像装满土豆的口袋",她后来自己这么说。这个口袋一直处于失去内容物的危险中:这是因为对母性客体的投射性认同使她难以容纳自身的各个部分,并且她自己的皮肤好像也在不断地被洞穿。玛丽通过充分利用她的第二肌肉皮肤实现了相对独立和自立,而这层皮肤通过治疗变得更加强壮和灵活。

在提到一个成年的男性神经症病人时,比克描述了两种交替且互补的第二肌肉皮肤的表现。分析者说自己时而处于"河马"状态(拥有外界可见的第二皮肤:他具有攻击性、专横、刻薄、以自我为中心),时而处于像"装满苹果的口袋"的状态(这里涉及的是果皮薄而易破的水果,通常象征乳房;这个口袋表现出了自体的内部的形态,自体内部被第二皮肤保护和隐藏着;它容纳着受损的精神部分,这些部分是因早期喂养的紊乱而受损的;在这种状态下,病人敏感、焦虑、需要关注和表扬,惧怕灾难和崩溃)。

埃丝特·比克这些尤为言简意赅、甚至有些简略的案例观察令我想要做几点补充:

1) 当第二肌肉皮肤用以补偿自我-皮肤的严重不足,并填补首要皮肤容器的缺陷、裂缝和空洞时,它会反常地变得过度发达。但所有人都需要第二肌肉皮肤,它是一个主动的刺激屏障,是对正常情况下形成的自我-皮肤的外层所构成的被动的刺激屏障的补充。运动(sport)和服装(vêtement)通常就起着这样的作用。有些病人会在精神分析治疗前后安排体能训练,或者躺在躺椅上也一直穿着大衣,甚至用毯子包裹住自己,这都是为了保护自己抵御精神分析的退行,以免暴露自体受损或连接不良的各个部分。

2) 对于肌肉组织或者说第二皮肤的特定的冲动性投注是由攻击性提供的(而原初的触觉自我-皮肤是由依恋冲动、抓握冲动或自我保护冲动来投注的);进攻是一种有效的自我防御方式;它能占领先机,通过与危险保持距离的方式来保全自己。

3) 第二肌肉皮肤特有的精神异常在于刺激屏障的外壳和登录表面的外壳的混淆:交流和思维障碍由此产生。我认为可以对此做出如下解释。如果精神机制从一位亢奋的母亲和/或原初环境接收到了过于密集、不连贯的、突然性的刺激,它就会更倾向于在量上保护自己远离这些刺激,而不是在质上过滤这些刺激。如果精神机制接收到的外部刺激太弱,因为这些刺激来自于一位抑郁自闭的母亲,那就几乎没什么需要过滤了,寻找内生刺激就成了一个先决条件。在这两种情况下,无论是用以加强外部保护,还是增强内部活性,第二皮肤都是有用的。

谢克里的两篇短篇小说

第二肌肉皮肤作为一个保护性假体,替代发育不足的自我-皮肤履行其建立接触、过滤交往和记录交流的功能,这种现象在罗伯特·谢克里(Robert Sheckley)的短篇科幻小说《实验模型》[①](1956)中得到了体现。主人公本特利是地球当局派出的一名宇航员,他被派去泰尔四号星球与那里的居民进行一次友好的接触。小说很明显对美国的贸易政策和技术政策进行了嘲讽:这一友好接触是带有目的性的——即与当地居民签订有利可图的贸易协定,并试验本特利带去的保护性设备。事实上,斯利格教授发明了一种名为"保卫者"(Protect)的装置,用来保护太空探险者们免于任何可能的危险:携带者将其背在背上,哪怕只有一丝危险,"保卫者"也会自动在携带者周围建起一个无法穿透的力场,使他变得无懈可击。但"保卫者"很重(40公斤),体积也很庞大,在本特利离开飞船时,它让本特利的外形变成了一个奇怪的大块头,这很符合埃丝特·比克对第二肌肉皮肤的描述,即孩子们呈现出的类似河马或一个装满苹果的口袋的外形。事实上,谢克里在描述他的主

---

① 这篇短篇小说刊登于美国《银河》杂志。我要感谢罗朗·戈里将它介绍给我。参见罗朗·戈里和 M.塔昂(M. Thaon,1975)。

人公时,时而将其比作一座堡垒,时而将其比作背上蹲着一只猴子的人,时而又说他像一头"非常老的大象,穿着过紧的鞋子"*。尽管泰尔星人本性率直而好客,但当他们面对着这么一个既别扭又因奇怪的装备而变形得令人难以辨认的人时,还是产生了怀疑。"保卫者"标记了这种不信任的种种信号,并做出了反应。泰尔星人摊开双手,交出了他们神圣的长矛和食物,尝试着接近和斡旋,都被"保卫者"自动推开了。"保卫者"认为这些未知礼物的背后可能会有危险。它加强了对本特利的保护,本特利发现自己此时已无法与当地人进行任何肢体接触。当地人对地球宇航员的奇怪举止越发感到震惊,他们认为他被恶魔附身了。他们组织了一个驱魔仪式,用火将"保卫者"围了起来,于是,不断被激活的"保卫者"把被保护者身上的力场越收越紧。本特利被困在了一个既不透光又不透气的球体中。他挣扎着,什么都看不见,几近窒息。他乞求斯利格教授把他从"保卫者"中放出来——他一直在通过植入在耳中的麦克风与斯利格教授保持着无线通话(这是对弗洛伊德所说的听觉超我的具体化),但无情的教授拒绝了他。耳中的声音坚持让他为了科学继续执行任务,不要改变实验设定:"要信任他背上的这个价值十亿的装备",这个声音说道。最后,在极大的努力之后(为了圆满结局的需要),本特利锯开了将他绑在"保卫者"上的带子,逃了出来。他知道泰尔星人并不是在针对他这个人类,而是在针对与他融为一体、但不是真的他的那个机器恶魔,在泰尔星人看到了他的第一个富有人性的举动时,就对他表现出了友好(从

---

* "穿着过紧的鞋子"也有"处于困难当中,感到局促不安"的含义。

"保卫者"中逃脱后,本特利为了不压到一个小动物主动避让了一下),而他也能够接受泰尔星人的友谊。

谢克里的另一部短篇小说《狩猎问题》(Hunting problem,1935)已经对这一虚假皮肤的话题进行了探讨。一队外星人出发狩猎,发誓为他们的首领带回一张地球人的皮。他们在一颗小行星上发现了一个地球人,抓住了他,剥去了他的皮,大获全胜地回去了。但受害者却毫发无伤,因为他们剥去的只不过是他的潜水服。回到《实验模型》,我们可以发现其中潜藏着以下主题,这些主题对于那些用这层虚假皮肤替代失效的自我-皮肤的病人来说,是很有意义的:无懈可击的幻想;人-机器的自动行为;半人半兽的外形;密闭壳体内的保护性撤退;对他人好意的不信任,认为他们包藏祸心;身体自我和精神自我的分裂(clivage);话语的浴缸没有建立一个理解性的听觉外壳,而简化为在耳中灌输指令的超我的喋喋不休;对外交流在质量和数量上的不足;他人在与这样的主体建立沟通中的困难。

杰拉德案例

杰拉德是一位三十多岁的社会工作者。他在我这里进行精神分析,我们工作的转折点是一个焦虑梦,在梦里,他被一股激流冲走,在千钧一发之际紧紧抓住了一座桥的桥拱。在此之前,他一直在抱怨,或者抱怨我的沉默让他不知所措,或者抱怨我的解释太过笼统宽泛没法帮到他,这些是能理解的。杰拉德自己将梦中的激流与他母亲在给婴儿哺乳时乳房中丰富的、满溢的、过多的乳汁

15. 第二肌肉皮肤

进行了对比。我对此进行了补充，提醒他，他已经长大了，不再需要吃奶了，在口部的欲望方面他母亲给予了他太多（他被口部快感和母亲在他身上激发的涌动的贪欲所淹没），却没有满足他皮肤的需要；她以一种笼统而宽泛的方式与他谈论他自己（正如在移情-反移情关系中重复出现的那样）；因为担心衣服不能穿很长时间，她总是给他买尺码很大的衣服。因此，无论是身体自我还是精神自我都没有以恰当的尺寸进行容纳。不久之后，杰拉德回忆起，在青少年时期，他开始给自己买一些尺码很小的裤子：以平衡母亲买的过大的衣物（和过大的皮肤容器）。他的父亲是一位优秀的技术员，沉默寡言，他教会了他如何操控无生命的材料，却没有教会他如何与有生命的人交流；在他的精神分析的第一阶段，他把这个技术过硬而沉默的父亲形象移情到了我的身上，一直到做了激流这个梦，他对我的移情才转向了母亲的范畴。他在治疗中对这一范畴探索得越多，就越需要在治疗之外进行一些强烈的体能锻炼，以维持呼吸（他的呼吸曾因过度贪婪的吃奶而受到威胁）并让肌肉更加收紧（而不是被过窄的服装收紧）。他去健身，仰面躺着，举起的哑铃越来越重。我思考了很久他通过这个仰面躺着的姿势想要告诉我什么，因为这个姿势和他躺在我的躺椅上的姿势是相关的，而由于我对这种身体上的成就并不怎么感兴趣，我越来越感到尴尬。最后，杰拉德把它与他童年时最早的一段焦虑的记忆联系了起来，他以前给我讲述过这件事，但由于他述说的方式过于笼统而宽泛，导致我们没能把握住其中的意义。当时他躺在他的小床上，花了很长的时间才睡着，因为他看见对面的台子上有一个苹果，他想让人把苹果拿给他，但没有说自己想要那个苹果。他在哭，但他的母亲没有动，也不知道他为什么哭，只是让他一直哭，直到累得睡着。这是个很好的例子，在这个例子里，触摸禁忌过于模糊，而母亲的容纳功能太不精确，无法让在自己的自我-皮肤中感到安全的儿童的精神轻松而有效地放弃触觉交流，转向支持相互理解的语言交流。练习哑铃，意味着让双臂变得更强、更长，好让他能够靠自己拿到那个苹果；这就是第二肌肉皮肤的发育（这种发育集中在身体的某个部位）里暗含的无意识场景。

不论是对还是错，我都认为对他梦里紧紧抓住桥拱做出解释不太合适。我不希望过多的解释将我的话语也变为激流，也不希望过早地剥夺杰拉德转移给我的、桥拱对他的支持。也许我的这种谨慎默默地鼓励了杰拉德强化他的第二肌肉皮肤。事实上，由于在乳房-口腔的客体关系中，力比多冲动得到了极度的满足，不能紧紧抓住依恋客体（或者乳房-皮肤容器）的焦虑反而表现得更加强烈。我感到我在其他方面的持续而大量的解释工作已经足够在杰拉德那里重建内摄乳房-皮肤容器的能力了。就这段精神分析的结果判断，这种能力似乎已经得到了建立，因为他的自我发生了自发的转变，与前文描述的塞巴斯蒂安娜的情况较为类似（参见 p.160）。

16. 痛苦外壳

精神分析与疼痛[①]

两个原因使身体疼痛引起了我的注意。第一个是弗洛伊德在《科学心理学大纲》(1895)中提出的。正如我们每个人都可能经历的,剧烈而持续的疼痛会对精神机制造成破坏,威胁到精神在身体内的整合,影响欲望的能力和思考的活力。疼痛并不是快感的对立面或反面:它们的关系是不对称的。满足感是一种"体验",而痛苦是一种"考验"。快乐标志着张力的释放,是经济学意义上的平衡重建。疼痛强行建立了接触的障碍网,摧毁了疏导兴奋的通路,使将量转化为质的继电器短路,中断了分化的过程,减小了精神子系统之间的水平差异,并倾向于向所有方向扩散。快乐是一种经济学的过程,它能够让自我在功能完好无损的情况下,通过与客体的融合扩大自己的边界:我很快乐,我因为给了你快乐而拥有更多快乐。而疼痛会引起局部紊乱,并且,通过循环反应,人们会

[①] 精神分析著作很少涉及疼痛。除了本章中提到的著作,读者也可参考庞塔利斯(1977)和麦克·道格尔(1978)的著作,它们都有一个章节讨论疼痛问题。

感觉在精神自我和身体自我之间，在本我、自我和超我之间的基本性和结构性的区分消失了，使疼痛愈加强烈。除了在施受虐关系中被情欲化的疼痛以外，疼痛是不能被分享的。每个人都只能独自面对疼痛。疼痛会占据所有的位置，我不再作为"我"存在：疼痛才是我。快乐是一种补全差异的体验，这一体验遵从稳定原则，目的是通过在一个能量水平周围的震荡来维持这一能量水平的稳定。而疼痛是对去差异化的考验，它调动了涅槃原则以及将压力（和差异）减小至零的原则：宁可死亡也不要继续痛苦下去。把自己托付给快乐原则的前提是拥有一个自恋外壳的安全感，即需要预先获得自我-皮肤。如果我们不能治疗疼痛，也不能将其情欲化，那么疼痛就有可能摧毁自我-皮肤本身的结构，也就是其外面和内面之间的间隙，也有可能摧毁它刺激屏障功能和标志性痕迹登录功能之间的区分。

我对这一主题感兴趣的第二个原因是，除了母亲患有精神疾病或重复家族命运（家族的每一代人中都有好几个孩子死亡）[1]的情况之外，母亲们最经常、也最准确地感知到的是孩子的身体痛苦，即使母亲是一个粗心大意的母亲，或对其他感官信号存在错误的辨认与判断。母亲不仅会采取适当的行动来照顾孩子：哄孩子睡觉、找医生、给孩子安抚物品、包扎伤口，还会将哭喊的、喘不上气的孩子抱在怀里，让他紧贴着自己的身体，温暖他、摇晃他、对他

---

[1] 参见奥迪尔·布吉尼翁（Odile Bourguignon）对于有多个孩子死亡的家族的研究《儿童死亡与家族结构》(*Mort des enfants et structures familiales*, 1984)。关于代际传递的主题，可以参考 R. 卡埃斯主编的论文集《代际间精神生命的传递》(*Transmission de la vie psychique entre générations*), Dunod, 1993。

说话、对他笑、安慰他；简而言之，她会满足婴儿的依恋的需要、被保护的需要和抓握需要；她会最大限度地发挥支持性皮肤和容纳性皮肤的功能，令婴儿能够把她作为支持性客体充分地再次内摄，重建其自我-皮肤，加强其刺激屏障，让疼痛变得能够忍耐，并对康复抱有希望。能够分享的不是疼痛，而是对疼痛的防御：严重烧伤者的疼痛可以说明这一点。若母亲因其漠不关心、无知或抑郁而不与孩子进行日常交流，那么疼痛就是孩子获取母亲注意、得到母亲的照顾和爱的包裹的唯一赌注。比如那些一躺在躺椅上就一个接一个地抱怨他们的疾病的疑病症病人，或者那些能够非常敏锐地感觉到各种各样的身体痛苦的病人。我们也会看到，他们给自己施加一个真实的痛苦外壳，是想要重建那个没能从母亲或其他人那里获得的皮肤容器的功能：我痛苦故我在。正如皮耶拉·奥拉尼耶（1979）提出的，在这种情况下，通过痛苦，身体给自己增添了真实客体的标志。

严重烧伤者

严重烧伤者的皮肤受到了严重的损害；若超过七分之一的皮肤表面遭到了损坏，那么病人致死的可能性会很大，如果这一风险持续三周至一个月，免疫功能的失效则可能导致败血症。随着护理水平的提高，严重烧伤者也有幸存的可能，但所有烧伤的发展都是复杂且难以预料的，可能会带来令人痛苦的变故。对烧伤者的护理是很痛苦的，不管对于病人还是护理人员来说都很让人难受。伤员每两天（在某些困难时期或者在最好的护理部门内，这个工作每天都要进行)就要被赤身裸体地泡在消毒水里对伤口进行消毒。这个浸泡过程会导致休克,尤其是在必要的局部麻醉的时候。护理人员会撕下受损的皮瓣,以便让皮肤完全再生,这在无意识里重新演绎着马尔绪阿斯神话。护理室里是非常热的,哪怕护理人员只出去了几分钟,他们每次回到护理室时,都必须脱掉身上的衣服、换上无菌服,而在无菌服下,护理人员通常也近乎是全裸的。病人会退行到裸体的、毫无防备的新生儿状态,暴露在外部世界的侵犯和成年人可能做出的暴力行为中,这不仅对于被烧伤者来说是难以承受的,对于护理人员来说也是难以承受的,护理人员的防御机制或许会把他们相互之间的关系情欲化,或许会拒绝认同这些几乎被剥夺了所有快乐的病人。

烧伤创造了一种等同于实验的情境,在这种情况下,皮肤的某些功能停止了运作或是遭到了损害,这让我们能够观察到这对于某些精神功能的影响。自我-皮肤没有了身体的支撑,会呈现出一定的失效,精神治疗或许能够部分地修补这种失效。

我的一个博士三年级学生,艾玛纽埃尔·穆坦(Emmanuelle Moutin),曾成功地在一个类似的部门作为临床心理学家工作过一段时间。有人提出质疑,这里涉及的都是纯粹的身体疾病和身体护理,一个心理学家能做什么呢?她遭到了医护人员的一致贬低,他们在她身上汇聚了潜在的对病人的攻击性,并且因一个外人对部门工作的观察而产生了被迫害的反应。另一方面,她有与病人们进行精神交流的绝对自由。她与好几位严重烧伤者进行了长期、持续或许是重复性的谈话,并且帮助了一些临终者。但她被禁止与护理人员接触,他们的工作不能受到"干扰":"精神"护理应为身体护理让位。但这个禁止很难被遵从,因为医患之间不适当的心理关系,使戏剧性紧张局势总会在身体护理期间出现,这影响了病人并危及了他们治疗的良好开展。

以下是艾玛纽埃尔·穆坦带给我的第一个案例。

阿尔芒案例

"一天,我去了一位病人屋里,我与这位病人的关系一直很好。这位成熟的男子是一个试图纵火自杀的囚犯。他被中度烧伤,不再有生命危险,但正在经历一个痛苦的阶段。我见到他的时候,他只能向我抱怨令他不得喘息的身体的剧烈疼痛。他喊来护士,哀求她再给他一剂镇静剂,之前的镇静剂的效果已经过去了。这位病人并非无病呻吟,护士也答应了,但因为有突发情况,她直到半个小时后才回来。这段时间里我陪着他,我们自然而然地聊得很热络,聊了他过去的生活和他一直记挂在心里的个人问题。当护士终于带着止痛药回来的时候,他笑容满面地拒绝了用药,说:'不用了,我不疼了。'他自己也对此感到惊讶。对话仍在继续,之后他没有药物辅助就安然入睡了。"

有一个年轻的女士陪伴在他身边,这位女士并不去照顾他的身体,而只照顾他的精神需要,他们之间进行了生动且足够持久的对话,与他人交流的能力的恢复(及由此恢复的与自己交流的能力)让这个病人重建了一个足够有效的自我-皮肤,令他的皮肤在受到损害的情况下依然能够针对外部刺激行使其刺激屏障功能,也依然能够行使其痛苦感受的容器功能。自我-皮肤失去了其皮肤的生物学支撑，不过，通过对话，通过内心的话语和由此产生的符号化，它找到了另一种支撑，一种社会文化的支撑（自我-皮肤可以依靠多种支撑进行运作）。词语皮肤（peau de mots）来自于婴儿的话语浴缸，来自周围人对他说的话，为他低声唱的歌。之后，当触摸成为不可能的、禁忌的、痛苦的，因而必须被放弃时，随着语言思维的发展，词语皮肤提供了与触摸的舒适、柔软、贴近等价的象征物。

词语皮肤的建立能够安抚严重烧伤者的疼痛，这无关病人的性别或年龄。以下是艾玛纽埃尔·穆坦提供的第二个案例，这次关于一个年轻女孩。

波莱特案例

"我参与了一个少女的药浴，她的病情不是很重，但非常敏感。药浴虽然痛苦，但是在舒缓的氛围中进行的。只有三个人，病人、护士和我。护士是一个精力充沛的人，让人很有安全感，感情很丰富，这些通常应该让护理工作变得更为容易。因为担心会打扰护士的工作，也因为我对这位护士尤其信任，所以我没怎么干预。然而波莱特的反应很不好，神经极度紧张加重了她的疼痛。突然，她几乎是挑衅地冲我喊道：'你看不到我很疼吗！随便说点什么，求你了，说话，说话！'我从以往的经验中已经了解了话语浴缸与中止疼痛之间的关系。我暗中向护士做了个保持安静的手势，专心地与小女孩聊起了她自己，并将话题引向能安慰她的方向：她的家庭，她周围的环境，简而言之就是她的情感支撑。由于我开始这么做的时候已经有点迟了，所以没有取得完全的效果，但这么做至少保证了药浴的顺利进行，并且之后她几乎没有再感到疼痛。"

只有创立起对剥皮幻想的集体防御机制，服务于严重烧伤者的部门才能在精神上运作起来，因为这种情景不可避免地唤起每个人的剥皮幻想。为了救治伤者而撕下某个人死皮的皮瓣，与纯粹出于残忍地活剥一个人的皮，这两者之间的边界很薄弱。护理者之间的过度性欲投注的目的是维持对幻想和现实的区分，因为这个现实是很危险的，它与幻想太相似了。至于病人，通过倾听他们的故事和问题，通过与他们进行生动的对话，被恶意剥皮的幻想就能够从治疗性剥除皮肤的表象上脱离开来。认为别人想要令其痛苦的幻想加重了他们本就严重的身体疼痛，给身体上的疼痛又叠加了精神上的折磨，并且，因为他们的情感精神容器功能不能再被健康皮肤的容纳性功能所支撑，这种叠加就变得愈加难以承受。然而，伤者与可以理解他的交谈者之间形成的词语皮肤，可以象征性地重建一个精神皮肤容器，使真实皮肤受损的伤痛变得更容易被忍受。

从承受痛苦的身体到痛苦的身体

米舍利娜·昂里凯曾详细描述过受虐外壳的两个主要特点①，我在此借用其对于痛苦外壳的表述：

---

① «Du corps en souffrance au corps de souffrance», in *Aux carrefours de la haine*, 2ᵉ partie, chap. 4 (1984).

1）认同性的失败：由于缺乏与母亲的早期交流中的认同性的快乐，维持婴儿精神活力的情感是一种"痛苦的体验"：他的身体充其量只能是"痛苦的"身体。

2）共有皮肤的不足："如果没有在共同的语言中被他人承认和重视过，如果没有任何对于这种参考的投注，没有主体能够好好生活。他充其量只能算是活着混日子，并一直承受痛苦。他不能投注于自身，也不能拥有什么。"其身体是"承受痛苦的、不能感受到快乐也不能进行表象化活动的、无法感知情感的、空虚的，其在他人眼里的意义（通常在母亲或母亲的替代者眼里）对他而言一直是一个谜"。因此他的认同进程不停地在动摇；他会诉诸特别的早期手段：比如身体的痛苦（前引书，p.179）。

在某些边缘性人格的治疗中，承受痛苦的身体有所显现。身体侵占了整个空间，它没有主人；如果有可能，应由精神分析师来赋予其生命，并将它还给病人。治疗证明了来访者的母亲对他的照顾是出于需要而非出于快乐。他的身体是被抛弃的，只剩下能够维持自身需要的机械化运作，无法带来满足感。他人是提供力量和会滥用力量的人，但从不是提供快乐的人。病人只是一个有需要的身体，并且这种需要是被虐待的需要。其后果如下：病人身体的运作好像不属于他，也就是说，他的身体不能成为知识和享乐的客体；病人无法区分什么是自己的，什么是环境的；他对此只能抱怨，甚至不能针对一个原因、一个责任人进行控诉，或者对一个施虐者进行揭发；在无法克服的认同冲突面前，病人是很痛苦的，他对自己的欲望和快乐不能进行任何表象性和幻想性的活动。

同时，病人渴望着别人的最微小的认同信号，哪怕要借助暴力和被奴役的途径也要得到别人的认可；因此，他的性生活中会上演一些受虐性的倒错场景。在他的身体上施加的暴力痕迹不仅为其带来了某种享乐，也带来了对自身的占有感；他只能通过把自己放在一个看起来毫无抵抗之力的受害者位置上，将对自己身体的掌控隐藏在其中，才能获得这种掌控。继发性的受虐让他能够通过特定的痛苦体验重新感受到身体，他可以让自己享受这种痛苦，或者让伴侣享受这种痛苦，也就是说将他痛苦的身体投入到客体的力比多中。但潜在的原初受虐仍持续存在着：事故、重病、产生一系列致残和痛苦后遗症及明显疤痕的失败的外科手术。病人迫不及待地把这些痛苦和痕迹据为己有，将之作为其自恋性的象征物。此处对痛苦的身体的投注是由自恋性力比多组成的。

米舍利娜·昂里凯补充道，要理解从承受痛苦的身体到痛苦的身体的过渡，需要注意的是，丧失了情感和身份的身体服从的不是原则（欲望原则或快乐原则），而是他人的专制权力。这个承受痛苦的身体给他带来了两种倾向：

• 一种是矛盾性的"受虐倾向"（P. 奥拉尼耶）：对施虐客体的投注，这个客体的存在以及使他们结合起来的连接对主体来说是必不可少的，让主体能够感觉到自己是活着的；同时，主体赋予了这个施虐客体杀死自己的权力和愿望；

• 一种将痛苦付诸行动、具象化、肉身化的极端的能力。这种肉身化是一种磨难、一种牺牲，就像耶稣的受难。但他是以自己的名义在进行着这种体验。

234　**芳雄的案例**

我简要介绍一下米舍利娜·昂里凯发表的一个长案例。

　　芳雄出生即被抛弃，由养父母带大。她总是听人讲起一个和她的身世有关的伟大又令人不安的家族传奇故事。她的养母对她身体的照顾既充满激情又独断专行：这具理想化的身体应始终保持干净，种种清洗的仪式让人无法获得快乐（并且我要补充，也让人无法获得一种拥有属于自己的清洁皮肤的安全感）。这个封闭的母性空间（我将之比作梅尔策的屏状体[claustrum]）没有为幻想打开任何可能性，除了关于她出身的故事之外。因此，芳雄一直处于身体和身份的痛苦之中，但她并没有感到这种痛苦：她的被动和迟钝让她没有经历死亡和分离的冲突与焦虑，几次破坏性的狂怒除外。而青春期使她陷入了精神病，痛苦的症状将她变成了一个备受煎熬的主体，并切断了她与母亲之间舒服的异化关系：她患上了进食障碍，体重的变化使她变得不像她了，但她从此开始有了对身体的掌控和口腔的快感；她的一边乳房做了切除；她产生了幻听，听到有人叫她"婊子"、"下流"。

　　之后，（正如马尔绪阿斯的传说中）她再现了复活的神话。她给自己取了一个新名字（我将这个行为比作是创造者的工作，创造者通过赋予作品以组织者代码从而感受作品的诞生，就像他对自己的再生重塑一样）。芳雄对所有接触和玷污了她皮肤的客体或衣物进行了清洗的仪式，以去除来自她出身的污点和她生母的原罪。她擦洗、撕扯皮肤直至出血；她用洗发水搓洗头发直至对头发造成伤害。

十六七岁时，具有代表性的书写仪式拯救了她。每天早上一醒来，为了对抗妄想和自杀冲动，她在纸上交替写一些固定的句子，叙述关于当前身体功能训练的具体事件（饮食，清洁……），以及一些类似日记的灵活的句子，关于判断、解释、意义。"但后者（日记）只有在稳定的文字主体框架下才能维持和实现，这个框架规定了时间和空间的秩序，划清了自体和自体外的界限。"因此，"通过围绕文本身体（corps du texte）创造出书写记录"（我继续这一比较：文本身体常为创作者带来他所缺乏的自身身体的替代），这个框架也划出了一个表象性活动和思想的区域。这些"句子"构成了能够与迫害的声音对抗的良药。（这样的身体表述证明了自我-皮肤的存在，也证实了其连续性、稳定性和不变性；正是在原初感官的身体自我-皮肤的基础上，精神自我才能够作为主体"我"出现，并运行精神功能：精神自我必须居住在一个有连续性的身体内，只有这样，它才能够找到和认识自己的身份。）

关于对皮肤清洁的过度照顾，我需要补充：1）数量上的观点：过度的破坏性是在相反意义上的重复出现，也就是说，为了撤除与抵消从母亲那里得到的过度的热情照顾；2）性质上的观点：芳雄有一个并非属于她的他者皮肤，是她的继母希望的、给予她、强加给她的理想皮肤；她必须抓擦它直至完全去除这层膜，这是有虐待行为的养母给她的有毒礼物，这个礼物紧裹着并异化着她。相反，她可以找到一个痛苦、丑陋、耻辱的皮肤，与她的生母共有的皮肤，也只有这个皮肤才是属于芳雄自己的自我-皮肤的起源。

米舍利娜·昂里凯介绍的这个面对面的精神分析治疗，经历了青少年精神病发作期移情中的戏剧化和重复：一天晚上，芳雄扯掉了自己一半的头发，脸上的皮肤长了脓包，化了脓，她抓破了脓包，容貌受损；她的那些声音再次占据了她，对她说："她的恶行如此深重，在脸上都能看出来。她得了麻风病[……]。会有人来找她，把她隔离，关起来……芳雄不是人类。她是个怪物，要把她毁掉。"

芳雄的分析师被这件事吓住了，但是由此分析走上了正轨；她正在为她的生母赎罪，她的生母可鄙又可憎，是一个一无是处的女人，更像是个怪物而非人类，藏在养父母讲的故事后面（在养父母讲的故事里，她是一个高尚的人）。芳雄没有像仙女的故事里那样等待她回来（母亲是美丽、智慧、优秀的，有一天会带着芳雄回到她出生的地方），而是刻画了生母的形象和生命，她用多个好像真的说法为她编造了一个故事，想象母亲因怀孕、生产和抛弃孩子而受到的痛苦。

随着生母的新形象渐渐成形，芳雄也改头换面了，她一方面找了一位理发师，这位理发师打理了她的头发，还向她推荐了合适的假发；另一方面，一位审慎又好心的皮肤科医生为她简洁有效地清理了伤口。同时，芳雄又坚持进行了整整一年的痛苦的精神分析工作。她重新获得了人类的面容，之后的夏天她出国旅游去和童年的朋友见面。她回来时得到了字面意义上的新的皮肤，"她脸上的皮肤完全脱落了,变成了孩子一般光滑鲜亮的皮肤"。她总结道,她赎完了生母的罪,并对她的生母有了自己的判断,也接受了对她的哀悼。她感到重新变得"正常"了。

米舍利娜·昂里凯认为,她们的精神分析工作是围绕着三个主题展开的:1)抛弃了通过养父母的说辞而来的原初谵妄性的性理论,并且获得了原初共有幻想;2)抵抗意义和声音都不和谐的母亲的声音的破坏,这样的声音使儿童失去感官和欲望,特别是,这样的声音无法让孩子命名其情感,也就是使其无法形成我所说的自体的听觉外壳;3)自我-皮肤的制作,首先是尝试着对身体及其内容进行微小的掌控(清空-填满活动:厌食、食欲过盛、便秘、腹泻:即我所说的口袋自我-皮肤,也就是皮肤容器的制作);随后是通过在身体外壳上痛苦的登录(自我-皮肤由此获得我所说的感受登录表面的功能)。

这种痛苦被他人看到了,并唤起了他们的迷恋或恐惧,这让她能够摆脱母亲的支配,形成一个不可触摸的外壳,获得拥有自己皮肤的基础性的安全感。这样,她自己的皮肤就可以被自体性欲投注,体验到触摸的快乐。芳雄愉快地去游泳池游泳;她给自己买了新衣服,并且把这些衣服从一个大包里拿出来给精神分析师看;她在坐下之前先触摸扶手椅和办公用品;她闻花的香气,评论精神分析师的衣服和香水;她哭泣:"我感到又热又咸的泪水从脸上流过,这太美妙了……";(所有这些都证明自我依靠触觉支撑建立了起来)。这个自我-皮肤使芳雄能够在进行认知活动和获得满足性体验的情况下,传递和接收感官信息(面对面的工作促进了这个过程)。

米舍利娜·昂里凯总结道,从承受痛苦的身体到痛苦的身体的转变,是"相对于他人存在和拥有自己要付出的代价":这是处于包含-排斥的两极上的首要的认同性立场,它决定了后续的认同(镜像的、自恋的、俄狄浦斯的)。通过后文的泽诺比娅案例(p. 243),我会解释梦的薄膜是如何为痛苦外壳开辟出一条道路的。

17. 梦的薄膜

梦与其薄膜

薄膜的第一个意思是能够保护和包裹动植物机体的某些部分的一层薄薄的膜，它的延伸意指的是液体表面或固体外表面的另一层固体物质，它总是很薄的。在摄影领域这个词还有第二个意思，指用来支持敏感的显像层的那层薄片*。我所说的梦是一种薄膜，正是就这两个意义而言的。梦构成了一个刺激屏障，它包裹着睡眠者的精神，保护其不受日间残余物（restes diurnes）（清醒时的未满足欲望，其中也融入了童年时期的未满足欲望）的潜在活动的影响，也使其免于让·基约曼（1979）所说的"夜间残余物"（restes nocturnes）（在睡眠中活跃的光感、声感、热感、触觉、体感、机体需求等）的刺激。这一刺激屏障是一层很薄的膜，它将外部刺激和内部冲动置于同一个平面上，削弱了它们之间的差异（因此它并非像自我-皮肤那样能够区分内外的分界面）；它也是一层脆弱的膜，很容易破裂或消失（因此人们会焦虑地醒来），是一层暂时的

---

* 即胶片，法语中胶片与薄膜都是 pellicule 一词。

膜(它只能维持一场梦的时间,我们甚至可以假设,这层薄膜的存在让睡眠者感到足够安全,以至于睡眠者在无意识中内摄了它、退缩在它内部,退行到原初自恋状态——在这一状态中,极乐、归零的张力和死亡混淆在一起,并陷入无梦的深度睡眠)(参见 Green, 1984)。

另一方面,梦是一层可感光的胶片,它记录着精神意象,这些精神意象通常是视觉上的,有可能是带有字幕和配音的,它们有时像是照片那样的静止视图,但更常见的是像电影里那样(更与时俱进地说,是像视频里那样),有着生动的情节。此时,正是自我-皮肤的一个功能正在运作,即登录和储存痕迹的敏感表面功能。若非自我-皮肤,至少也是非现实的、扁平化的身体意象提供了梦的屏幕,让冲突中的精神机构或精神力量能够以符号化、拟人化的形象在这个背景上得到展现。这个胶片可能是坏的,胶卷可能被卡住或曝光过,那么梦就被清除了。若一切顺利,我们能够在醒来时把胶片洗出来,读取它、重新编辑它,甚至通过向他人讲述的方式把它放映出来。

梦发生的前提是自我-皮肤的建立(严格意义上说,婴儿和精神病患者是不做梦的;他们还没有明确区分清醒和睡眠、真实感和幻觉感)。反过来,在梦的多种功能中,其中一种功能是修复自我-皮肤,这不仅是因为在睡眠中自我-皮肤有停止工作的风险,更因为在清醒时它遭受的破坏会让它多多少少地被穿孔。我认为,梦这一精神外壳的日常重建功能是至关重要的,它解释了为什么几乎所有人差不多每晚都会做梦。它被弗洛伊德精神机制的第一个理论忽略了,但却隐含在他的第二个理论中,我将尝试说明之。

回到弗洛伊德的梦的理论

在1895年到1899年期间,沉浸在与弗利斯的热烈友谊和发现精神分析的兴奋中的弗洛伊德,将夜间的梦解释为对欲望的想象性满足。他论证了梦在三个层面上进行的精神工作,这三个层面构成了他所谓的精神机制。其中,有一种活动是无意识的,它将冲动与物表象和情感联系起来,从而使冲动被物表象化。另一种活动是前意识的,前意识活动一方面将这些代表性的和情感性的表象衔接到词表象上,另一方面也将它们衔接到防御机制上,由此这些表象就被制作成象征性的形态和妥协性的形成物。最后,是感知-意识系统,在睡眠期间,它的功能从发展端的运动卸载调整为退行端的感知,它通过为这些形态赋予生动的感觉与情感、让它们具有现实感而制造幻觉。当梦连续跨过无意识和前意识,以及前意识和意识之间的两种审查带来的障碍时,其工作就取得了成功。它还有可能遭遇两种失败。若被禁止欲望的伪装没有骗过第二层审查,人们就会在焦虑中醒来。若无意识表象绕过了前意识,直接进入意识,人们就会做恐怖的噩梦。

当弗洛伊德建构精神机制的第二个概念时,他没有用这个新的视角回顾整个梦的理论,只进行了局部的修订。但这仍然使其更系统化、更完整了。

梦实现本我的欲望,这种欲望可以被理解为弗洛伊德在同时期阐述的一系列冲动:性欲、自体性欲、攻击欲、自毁欲;梦遵照快乐原则实现这些欲望,因为快乐原则决定了本我的精神运作,且要求冲动被即刻且无条件地满足；同时，梦也遵照着被压抑之物返回的倾向。梦也实现超我的要求：在这个意义上，有些梦看起来更像是欲望的满足，而另一些梦看起来则更像是威胁的实现。梦同样实现自我的欲望，即睡眠，它是通过为两个主人做仆人来实现这一点：通过为本我和超我同时带来想象的满足感。梦还会实现弗洛伊德的某些继承者所谓的理想自我的欲望，重建自我和客体的原初融合，找回婴儿与母亲在子宫内有机共生的幸福状态。而清醒状态下，精神机制服从现实原则，维持着自体和非自体、身体和精神之间的界限，它承认其可能性是有限的，主张个人的独立自主，而在梦中则相反，它更希望自己无所不能，表达了它对无限的渴望。博尔赫斯在他的一个故事中描写了永生者之城，永生者的时间都用来做梦。做梦，事实上是拒绝承认我们会死亡。若不能在夜晚相信我们至少有一部分的自体是永生的，谁能够忍受白天的生活呢？

在弗洛伊德（1920）引入他的第二精神地形学理论时所介绍的创伤后的梦中，做梦者反复重温着事故之前的情景。这些都是焦虑梦，但梦总是在事故发生前停止，就好像事故能够在最后一刻暂停和避免。与之前的相比，这些梦行使了四个新功能：

- 修复因遭受创伤而产生的自恋受损；
- 修补创伤造成的精神外壳的撕裂；
- 追溯性地掌控引发创伤的情景；
- 在精神机制的运作中重建快乐原则，因为它在创伤的作用下退行到了强迫性重复中。

我自问：在创伤神经症病人的梦中所发生的事情难道只是一

种特殊情况吗？或者说——至少我相信——创伤就像放大镜一样让我们看到了一种普遍现象，难道这种普遍现象不是所有梦的根源吗？在我们清醒和睡觉时，冲动作为一种推力（独立于其目的和对象）重复地侵入我们的精神外壳，导致微小的创伤，其性质的多样和数量上的累积超过了一定阈值，构成了马苏德·汗（Masud Khan,1974）所说的累积性创伤。因此，精神机制一方面需要疏散这种过载的部分，另一方面需要重建精神外壳的完整性。

在一系列可能的方法中，有两个方法是最迅速的，也经常被结合在一起使用，即建立焦虑外壳和梦的薄膜。创伤发生时，突然出现的外部刺激突破了刺激屏障，精神机制因而受到了突袭，这不只是因为刺激太过强烈，弗洛伊德（1920）强调，也因为处于无准备状态的精神机制没有对突然出现的伤害做好准备。疼痛是这一突然破坏的信号。创伤的形成必然伴随着内部能量和外部能量之间的水平差。的确，对于一些打击来说，无论主体对其态度如何，都会发生无法补救的机能失调和自我-皮肤的破裂。但一般来说，若伤害不是在意外中产生的，且有人能够立即通过话语和关心形成自我-皮肤，起到受伤者（我指的不仅是自恋受损的伤者，也是身体伤害的受伤者）的自我-皮肤的辅助或替代作用，则痛苦就会比较小。在《超越快乐原则》（1920）中，弗洛伊德描述了这种通过强度相当的能量反投注来进行的对创伤的防御，其目的就是使内部能量投注与突然出现的刺激带来的外部能量持平。这一操作会导致一系列后果；前三种是经济学的，也是得到弗洛伊德主要关注的；第四种是地形学和地理学的，弗洛伊德只是简单地带过，值得深入探讨。

a) 这些反投注将导致其余的精神活动的匮乏，尤其是爱情生活和智力活动。

b) 若身体创伤导致了持续的病变，则创伤性神经症的风险会降低，因为病变会唤起对受伤部位的自恋性过度投注，从而束缚住过度的兴奋。

c) 系统被投注得越多，被束缚的（即休眠的）能量越大，其黏合力就越强，对抗创伤的能力也就越强；此时，我所说的焦虑外壳就能得到建立，这是刺激屏障的最后一道防线：焦虑通过对感受系统的过度投注让人做好心理准备，让人预感到创伤的突然出现，并调动内部能量，使之尽可能与外部刺激持平。

d) 最后，从地形学的角度看，受到侵犯的痛苦被持续的反投注包裹和填堵，会以无意识精神痛苦的形式持续存在着，在自体的外围存在并形成包囊（这与尼古拉·亚伯拉罕1978年所述的"地窖"现象和温尼科特的"隐藏自体"概念接近）。

焦虑外壳（第一道防御，是一种情感的防御）为梦的薄膜（第二道防御，是一种表象的防御）的出现做准备。自我-皮肤的漏洞，无论是由严重创伤造成的，还是在清醒或睡眠中由累积的微小创伤的残余物造成的，都会被表象工作搬上舞台，在那里梦的剧情得以展开。于是漏洞会被意象的薄膜，主要是视觉的意象薄膜填补。自我-皮肤最初是一个触觉外壳，后来又加上了听觉外壳和味觉-嗅觉外壳。再后来才有肌肉外壳和视觉外壳。梦的薄膜是在尝试用更薄弱的、但也更敏感的视觉外壳替换受损的触觉外壳：刺激屏障功能得到最低限度的重建；登录痕迹并将痕迹转化为符号的功能则得到了提升。为了躲避追求者的性渴望，佩涅洛珀每晚都会

17. 梦的薄膜

把她白天织的挂毯拆毁。而夜晚的梦是反其道而行之的,它在夜晚会重新编织在白天的内外部刺激下受损的自我-皮肤。

我梦的薄膜概念与萨米-阿里(1969)发表的一个荨麻疹案例可以相互印证:萨米-阿里发现,他的一位女病人在爆发荨麻疹时期不做梦,而在做梦的时期又不会爆发荨麻疹,两种情况交替出现,于是他假设梦隐藏了令人不快的身体意象。我将这一猜测解释为:梦的幻觉皮肤掩盖了发炎且暴露在外的自我-皮肤。

这些研究使我对梦的潜在内容和显现内容的联系也进行了重新思考。正如尼古拉·亚伯拉罕(1978)和安妮·安齐厄(1974)分别以自己的方式记录的,精神机制有一个嵌套结构。事实上,要有内容,就要有容器,一个层面上的容器可能是另一个层面上的内容物。梦的潜在内容通过把冲动推力与无意识的物表象相结合而成为冲动推力的容器。梦的显现内容是潜在容器的可视容器。醒后对梦的叙述是显现内容的语言容器。精神分析师对病人的梦的叙述进行的解析,一方面部分地揭示了这些嵌套的结构(就像不断剥洋葱),另一方面重建了具有分身性的有意识的自我,这种重建是在容纳者的功能中进行的,这个容纳者容纳了一些代表性的和情感性的表象,而这些表象又容纳了冲动推力和创伤性的闯入。

泽诺比娅案例

这位病人在家里排行老大,她一直沉浸在失去独生女地位的痛苦中,我给她取的化名是泽诺比娅,以纪念被罗马人废黜的古帕尔米拉王国的杰出女王。

她的第一段精神分析似乎主要落在她的俄狄浦斯感

受、其癔症组织、爱情生活中的持续困难、已经缓和但并未消失的性冷淡问题。她来向我咨询，首先是由于第一段精神分析之后，她几乎无法压抑持续性的焦虑状态，其次是由于她持续性的性冷淡，因为她既想解决也想否认这种性冷淡，于是使自己陷入越来越复杂的关系中。

第二段精神分析的最初几周，主导分析的主要是强烈的爱的移情，更具体地说，这种移情是在治疗中对比她年长的男人习惯性地进行引诱。这种太过明显的诱惑中潜藏着癔症的花样，我对此有所发现，但我没有告诉她：通过向可能的伴侣提出性满足的暗示，从而引起其兴趣和注意，但实际上是为了从他那里得到自我需求的满足，这种自我需求是被以前她周围的人忽视的。我一点点告诉泽诺比娅，她的癔症性防御机制保护着她——虽然没有保护好——不受基本自恋安全感缺失的影响，这种缺失与失去母亲的爱引起的强烈焦虑相关，也与早期精神需求的众多挫折相关。这些挫折与竞争性的弟弟出生前母亲满足她的身体需求时的无私和快乐，形成了几乎创伤性的对比。这些在泽诺比娅身上始终体现着。

当泽诺比娅确定精神分析师会照顾其自我的需求，而不要求性快感的回馈时，诱惑移情就消失了。同时，焦虑的性质发生了改变：与失去母爱或害怕失去母爱的经历相关的抑郁焦虑变成了更早期也更强烈的被迫害焦虑。

夏天出国旅行回来后，她告诉我，她当时有一段十分

17. 梦的薄膜

愉快的经历,她住的公寓比她在巴黎的更大,位置也更好,更明亮。我听了所有这些细节,而没有告诉她这正反映出她的身体意象和自我-皮肤的进展:她在皮肤中感到更加放松,她有强烈的交流需求,但这个初具雏形的自我-皮肤既没有提供足够的刺激屏障,也没有提供过滤功能以分辨刺激的来源和性质。事实上,这间白日里的梦想公寓到了晚上就成了一个真正的噩梦。她不仅没做梦,甚至都没能睡着;她想象着窃贼可能会进来。回到巴黎之后,这种焦虑依然持续着:她一直都在失眠。

我从两个方面解释了她对破坏的担心:一方面是外部的破坏,是陌生男人对她身体的私密部分的破坏(强奸的焦虑),也有精神分析师对她精神的私密部分的破坏;另一方面是内部的破坏,是她所不知道的自己的冲动带来的破坏,这种冲动尤其是一种强烈的怨恨,它来自于周围人在过去和现在给她带来的挫败。我对她解释说她焦虑的强度来自于外部破坏和内部破坏的累积和混淆,也来自于对性穿透和精神穿透的混淆。这一解释是为了加固其自我-皮肤,使其作为分离外部刺激和内部刺激的分界面,同时作为诸种外壳的嵌套,区分着同一自体中精神自我和身体自我。解释的效果是立刻的,也是相当持久的:她又能睡着了。但她到现在一直在生活中感受到的焦虑还需要在精神分析中被回想起来。

之后的治疗中主要表现为镜像移情。泽诺比娅不断要求我说话,说出我的想法,我是如何生活的,以便对她所说的进行回应，说出我对她所说有何想法。她坚定且无休止的要求给我造成了压力，让我的反移情经受着考验，它几乎控制了我的身体，剥夺了我自由思考的能力。我既不能保持沉默，因为这会被她认为是具有攻击性的拒绝，可能会摧毁她正在建立的自我-皮肤，也不能加入到她角色翻转的癔症性游戏中，让我自己成为患者，而她成为分析师。经过不断地尝试，我从两方面进行了解释。一方面，我让她回忆起或给她详细描述之前的解释，很可能部分回应了她对我提的要求，告诉了她我作为分析师在想什么，以及她所说的话引起了我怎样的共鸣。另一方面，我试着解释她的要求的意义：她有时要确认她的话是否使我产生了共鸣，这体现了她的需求：从他人处接收自己的意象，以根据这个意象形成自己的意象；有时要了解她母亲的想法（她是如何与丈夫生活的，她与某位表亲的关系如何，她可能的情人，她为什么有其他孩子），母亲的想法对她来说是一个痛苦又没有解答的问题；有时她用问题来对我进行轰炸，由此她再现了小时候遭遇的情形并试图去控制这种情形，在这种情形下，她也遭受了刺激的轰炸，这些刺激过于强烈或过于早期，以至于她不能思考。

持续的分析工作使她能在某种程度上离开受迫害的位置。与我一起时她重新找到了与母亲的好乳房最初连接的安全感，这一安全感被随之而来的与胸腹部相关的生育带来的幻想破灭所摧毁。

17. 梦的薄膜

她毫无困难地度过了长假，也没有任何破坏性的付诸行动的行为。但是度完假回来，她又陷入了严重的退行。治疗的四十五分钟时间里，她都沉浸在巨大的悲痛中。她重新体验了被母亲抛弃的所有痛苦。她现在能辨认出、能描述出来的关于这种痛苦的性质的所有细节，这表明了她自我-皮肤的进展：她获得了一个能容纳其精神状况的外壳，有意识的自我的分身使她能够自动发现她病变的部分，并使之符号化。她带来了三种类型的细节，我每次解释时都把这三种细节结合在一起。第一，我对她解释说，她遭受了母亲的抛弃，失去了她独生女的地位：我们理智上已经知道这一点，但在情感上，她还需要重新体验这种既熟悉又排斥的强烈痛苦。第二，我指出了一个她的建构模式，这是前一阶段的镜像移情让我注意到的：甚至在她还是独生女的时期，她与母亲之间的交流就是有障碍的；母亲对泽诺比娅大量喂食、爱抚，但她对婴儿的内心感受没有足够注意。泽诺比娅回应道，她的母亲总是为了一点鸡毛蒜皮的事大喊大叫（我将之归类于她对声音破坏的担心）；泽诺比娅无法明确区分来自母亲和来自她自己的感受；声音代表狂怒，但她不知道来自于谁。第三，我猜测，她的父亲和她母亲一样，没有考虑到她的原初感受-情感-幻想，她父亲妒忌和暴力的性格如今在我的病人身上也表现得很明显。

这一次会谈伴随着持续且强烈的情绪。泽诺比娅处于崩溃边缘，她抽泣着。我提前提醒了她会谈快要结束了,好让她能够为这一中断做好心理准备。我对她说我接纳她的痛苦,她也许是第一次经历如此可怕的情感,在此之前,她一直都不允许自己经历这种情感,她把它堵住了、驱逐了,并让它在她自己的周围形成了包囊。她停止了哭泣,但她离开时踉踉跄跄。她的自我终于在痛苦中形成了一个外壳,这一外壳让她的自体统一感和持续感得到了加强。

之后的一个星期,泽诺比娅又恢复了她一贯的防御机制:她说她不想再在精神分析中重复如此痛苦的经历了。随后她暗示说,她自从度假回来后,每晚都不停地做梦,做了很多梦。她不想告诉我这些梦。在接下来的一次会谈中,她说她决定对我说说她的梦,但她的梦实在太多了,她就将它们分成了三类:一类是"选美皇后"的梦,一类是和"球"相关的梦。我忘了第三类是什么,因为材料实在太多,我当时应付不过来了,没能记录下全部内容。她在一次又一次的会谈中,事无巨细而又杂乱无章地对我讲述着这些梦。我被淹没了,或者说,我放弃了记住、理解和解释所有的东西,我放任自己随波逐流。

在第一类梦中,她是一个很美的女孩,或看到一个很美的女孩,男人们以要检查她的美貌为借口将她脱光。

她自己对"球"这类梦进行了分析,认为它们与乳房或睾丸有关。她补充道:球是指乳房-睾丸-头部。她还提到俗语中"失去了球"就是"失去了头(失去理智)"的意思。

17. 梦的薄膜

泽诺比娅的梦为她编织了一个精神皮肤,以替代她失效的刺激屏障。自从我解释了她遭受的声音迫害,并重点强调了外界声音和她头脑中的声音(这些声音是她内心分裂的、破碎的、被投射的愤怒所带来的)的混淆后,她就开始了自我-皮肤的重建。她的叙述将梦在我的面前藏了起来,既没有在哪一个梦上停留,也不给我解释所需的时间或细节。这是一种飞越。更确切地说,我感到她的这些梦从她的身上飞了过去,用意象的摇篮环绕着她。痛苦外壳让位于梦的薄膜,这使自我-皮肤能更为结实。她的精神机制甚至可以通过球的隐喻,将这一象征的重生活动符号化,这个隐喻凝缩了几个表象:一个正在完成和统一化的精神外壳的表象;头的表象,也就是说,借用比昂的表述,一个能进行独立思考的装置;母亲乳房的表象,这个乳房是全能的,也是丧失的,她一直到现在都在其内部以退行和幻想的方式生活着;男性授精器官的表象,当她的弟弟出生时,她被从母亲最爱客体的位置上赶了下来,她因缺少这一器官而感到痛苦。这样,她的精神病理学的两个维度——自恋维度和客体维度在这个地方交织在一起,预演了我在之后的几周内对她进行的交错的解释,我轮流解释了她的性幻想、前生殖器的幻想和俄狄浦斯的幻想,以及她的自恋外壳的缺失和过度投注(比如对引诱模式的投注)的幻想。事实上,主体获取性身份需要两个条件。一个是必要条件,即他有属于自己的皮肤来容纳它,他在这个皮肤的内部能确切地感受到自己是一个主体。一个是充分条件,即他能在这一皮肤体验到性感带的存在以及性感带所带来的享乐,这些经验是与多形倒错和俄狄浦斯的幻想相关的。

几次治疗之后,终于出现了一个能让我们展开工作的梦:"她从家里走出来,路已经塌了。房屋的地基露了出来。她的弟弟来了,带着所有的家人。她睡在一个床垫上。所有人都安静地看着她。而她感到愤慨,想要喊叫。她要经受一个可怕的考验:她必须当着所有人的面与弟弟做爱。"她醒来的时候已经筋疲力尽了。

她联想到最近的令她深受其扰的一个兽交的梦,也想起了她童年和青少年最初的几次异性恋中所经历的令人生厌的性行为,这些性行为就像是一个令人愤慨的考验。"我父母就像动物一样交欢……(停顿片刻)。我尤为担心的是,我对您的信心会产生动摇。"

我:"这可能就是坍塌的道路和危险的地基。您期待着我帮您容纳您从童年起就有的过量的性刺激,精神分析让您越来越强烈地意识到这些性刺激。"性这个词在她的治疗中第一次被提起,并且是由我说出的。

她补充说她的整个童年和青少年时期都处于一种持续且混乱的不舒服的刺激当中,而她无法从中脱身。

我:"这是性刺激,但您无法认定其为性刺激,因为您身边没有人对您解释过这个问题。您也不知道您感受到的刺激在您身体的什么位置,因为您没有一个足够清晰的女性身体结构的表象。"她放心地离开了。

在之后一次治疗中,她又用大量的梦的材料淹没了我:这些材料源源不断地涌现出来,她担心这会超出我的掌控能力。

我:"您将我置于被您的梦淹没的状况中,正如您自

17. 梦的薄膜

己被性刺激淹没一样。"

泽诺比娅终于问出了她的问题,她从会谈开始就一直忍着没问这个问题:我对她的梦有什么想法?

我告诉她我愿意此时此刻回答关于她的梦的问题,因为她身边的人过去没有回答她的问题,她的问题是关于性的问题,也是她难以自制地想要询问的,他人的感受和他人认为的她的感受的问题。但我补充道,我对她的梦和她的行为都不会做任何评价。比如我不需要判断乱伦或兽交是好是坏。随后我与她交流了两点解释。第一个解释的目的是区分依恋客体和诱惑客体。在过去的那个梦里,她与狗连在一起,她在这个客体这里体验到的交流是一种原初且基本的生命层面的交流,这种交流是通过触觉接触、毛的柔软、身体的温暖和舔舐的爱抚来进行的。她让这些舒适的感觉包裹着她,这些感觉让她在自己的皮肤中有足够好的感受,以至于让她可以体验到一种适当的女性的性欲望,即被插入的欲望,虽然这种欲望会令人感到不安。而在最近的关于弟弟的梦中,性有着另一个意义上的兽性,因为他很粗鲁,而她从他出生起就痛恨他,他可能是在通过占有她来进行报复,她与他一起完成的可能是一种畸形的、动物般的乱伦。这正是她小时候想象的可怕情人,她想象过自己能够从他那里得到性的启蒙。

其次,我强调了她身体上的性需求(这一需求仍未得到满足)和对被理解的精神需求之间的相互影响,这对她而言有些尴尬。她把自己交付给男性粗鲁的性欲望，充当着受害者的角色，认为这对于吸引其注意力、获得自我需要的满足而言是很必要的。这种满足是以她给予他的身体快感为代价的，并且这种满足时而是虚假的，时而是难以实现的（此处我暗示了在她的性生活中相继出现的两种类型的经验）。因此，她在与男性的关系中总是会把诱惑放在第一位，在这种游戏中，她也让自己掉入了陷阱；我提醒她，她与我进行精神分析的最初几个月里，我们都是在重复上演和摆脱这个游戏。

精神分析的工作由这一系列会谈开启，并持续了几个月时间，断断续续地（这种突然中断又突然重组的变化形式是这位病人特有的）给她的爱情和工作带来了显著的改变。泽诺比娅是从口欲阶段掠过肛欲阶段直接跳跃到生殖器期的，很久之后，我们才能够对此进行分析。

刺激外壳，所有神经症的癔症基础

这一片段体现了获得自我-皮肤的必要性，也体现了获得与自体的统一和延续相关感受的必要性，这不只是为了获取性的身份，处理俄狄浦斯的问题，而首先是为了正确定位感官刺激，赋予其界限，同时使其获得令人满足的卸载通路，是为了将性欲从反投注的角色中解放出来，这种反投注是因精神自我需求和依恋冲动的早期受挫而形成的。

这个个案同样也揭示出，对于那些经历了自我需求满足的早期缺乏，并因此表现出严重自恋缺陷的病人来说，痛苦外壳、梦的薄膜和词语皮肤对于构建一个足够容纳、有过滤功能和符号功能的自我-皮肤的必要性。泽诺比娅对男性的无意识攻击性可能与母亲、父亲和弟弟接连造成的挫败有关。随着她的自我-皮肤发展为一个连续、柔软且牢固的表面，冲动（性冲动和攻击冲动）对她而言成了一种可利用的力量，它从特定的身体区域出发，朝向恰当的客体，其目的是带来既是身体上又是精神上的快感。

为了能被识别，也就是说能够被表达，冲动应被容纳于一个三维的精神空间里，定位在身体表面的某些点上，并在自我-皮肤所构成的背景上现形。正是因为冲动是被划定了界限和范围的，其推动力才能获得充分的力量，这个力量能够找到一个客体和一个目标，并抵达明确而鲜活的满足。

泽诺比娅表现出了癔症人格的多种特点。她的治疗凸显了安妮·安齐厄（1987）提出的"刺激外壳"。泽诺比娅无法从母亲回馈的感官信号中找到她的精神外壳（在这位母亲热情的触觉表达和粗暴的声音之间尤其存在着严重的不协调），于是她在持续的刺激外壳中找到了一个替代的自我-皮肤，这个刺激外壳被攻击冲动和性冲动以一种弥散且整体的方式投注着。这种外壳是在她吃奶和接受身体护理时，通过对充满爱意和兴奋的母亲的内摄而产生的。它用一个刺激的带子环绕着泽诺比娅的自体，让她的精神运作中有一种长久的双重存在：一个关心着她的身体需求的母亲和一种使泽诺比娅感受到自己是稳定存在的持续的冲动性刺激。但这位让身体兴奋起来的母亲却双倍地令人失望，因为她不能很好地回应孩子的心理需求，并且，当她觉得这种身体兴奋时间太长或太过舒适,又或太过暧昧、代价太大时,她就会突然终止她所引发的身体兴奋:母亲会对她所诱发的事情自相矛盾地发怒;她为此惩罚孩子,而孩子感到非常羞耻。刺激和失望同时表现在冲动的层面上,冲动被过度激活,却不能抵达完全令人满足的卸载。

安妮·安齐厄认为,类似的身体刺激的精神外壳不仅体现了癔症的自我-皮肤的特点,也构成了所有神经症共有的癔症基础。母亲和孩子之间没有交换那些原始感官交流的信号(这些信号是互相理解的基础),而是只交换了刺激,这种交换的过程逐步增强,结果却总是很糟糕。母亲很失望,因为孩子没有为她带来她期待的所有快乐。而孩子的失望是双倍的,既因为他让母亲失望了,又因为他的体内仍保留着超负荷的未被满足的刺激。

我要补充的是,这一癔症外壳(enveloppe hystérique)颠倒了自我-皮肤的第三种功能,并且变得扭曲:癔症者不是自恋性地在刺激屏障外壳中得到庇护,而是乐于生活在一个刺激外壳中,这一外壳是情欲和攻击性的。他自己因此承受痛苦,并将其怪罪于他人,对他人怀恨在心,试图将他们拖入刺激、从而引发失望、失望又唤起对刺激的需要这一周而复始的游戏之中。马苏德·汗(1974b)在他的《癔症的仇恨》一文中,很好地讨论了这一辨证问题。

睡眠的神经生理学和梦的材料的多样性

脑电图证明了不同类型的梦是与不同程度的睡眠相对应的。

1. 与入睡阶段对应的是介于清醒意象与梦的意象之间的入眠意象。这是一个过渡阶段,从休息和肌肉的放松过渡到慢波睡眠。心率和呼吸节奏放缓，体温和血压降低，新陈代谢活动减弱。入睡的人将自己与感官刺激的来源相隔绝，这使其能够对刺激屏障进行去投注。不同器官的感觉外壳减弱了，它们同时存在着，但不再相互嵌套在一起。因此，形象/背景的关系被打乱了，三维性丧失了。精神外壳散开了。与真正的梦相反，这些"美学"意象（更准确地说是"感觉"意象）是没有剧情的。它们代表的是状态，而不是动作。它们像万花筒一样接连出现，相互之间却没有联系：做鬼脸的人物、赛马场的赛道、废墟中的房子、天上的云等等。这些意象体现了身体意象和环境空间的变形，这种变形是由躺着的姿势、对感官-肌肉刺激的不关心、身体自我和精神自我纠缠的松开而引起的。保罗·费德恩对这些意象进行了系统的自我观察。伯特伦·勒温（Bertram Lewin）描述了梦的黑屏或空屏：梦被简化为其容器；它还没有内容物。B. 勒温在此时看到了松弛的乳房的形象，它因吮吸而被掏空，变成了一个扁平的表面，在这个平面的背景上，夜间真正的梦中的活动即将展开；这一片近乎白色的雾代表对喂奶的母亲皮肤颗粒的视觉和触觉；这种视觉伴随着一种舒适、充实、充满的感受。艾塞科夫（Isakover）描述了另一个现象，这种现象的来源是类似的，但具有噩梦的感觉：入眠的感受是嘴里有沙子或橡胶；罗布-格里耶（Robbe-Grillet）在他的第一部小说《弑君者》的开篇提供了一个这样的例子。艾塞科夫用与母亲乳头的接触解释了这个幻觉，当母亲的乳头仍被吃饱后睡着的婴儿含在嘴里时，婴儿对乳头已经不再进行力比多的投注，它带来的感受就像是颗粒或橡胶般的固体。

　　入睡阶段让以下三者都出现了问题：清醒状态的精神框架、拥有三维性和内部对称性的身体图示、熟悉的身体意象。这时产生的触觉和视觉意象互相之间没有得到组织，而是接连地突然出现。这些形象主要的主题有：身体的扁平化，从立体缩减为平面；对身体界限的不确定（膨胀或缩小）；冷笑着或威胁性的（即野蛮状态下的意象的表象）面部变形；平坦表面失去硬度，变得扭曲（参考一个小男孩的噩梦，他在床单的位置看到了一个凹凸不平的不成形的空间）；物体无缘无故地突然移动，它们占据并撕裂了空间，并有穿透做梦者身体的危险；总之，是一些怪异的感受。

2. 慢波睡眠的特点是缓慢而规律的呼吸，几乎完全不动的身体（但并非瘫痪：睡眠者会打鼾、翻身），和缓慢而规律的大脑活动（但大脑不再发送指令和动作）。睡眠者与环境失去了联系。感觉器官不再将信息和刺激送至大脑。不再有精神外壳，无论是作为接收和过滤刺激的表面，还是作为意义得以登录的背景。通感消失了。梦的活动不再成为可能。深度的慢波睡眠是无梦的睡眠，满足涅槃原则。

3. 不过，在逐步进入这种睡眠的过程中，密集的梦的活动始终相伴。感官和运动机能两者都逐渐丧失，事实上令少部分仍然存在的意识产生紧张感。运动控制的丧失可以表现为括约肌的完全放松（遗尿）或运动系统自动的反抗（梦游症）。睡眠者嘟囔、说话、叫喊。夜惊也正是在这个阶段发生的。两种类型的焦虑会被调动起来为梦境提供可怕的内容：神经症性的阉割焦虑和精神病性的湮灭焦虑（它们总是分别与肌肉的"阉割"和作为主体根本的精神外壳的"湮灭"相关）。在为一次关于梦的演讲做准备时，我在演讲前两天夜里做了一个典型的噩梦：我梦到我在演讲，遭到激烈

17. 梦的薄膜

的反对,我"切断"(couper court)(这个词就是这么用的)了他们的反对意见,我清晰而大声地对贬低我的人们喊道:"我要把你们的睾丸切下来。"这句话是第二天早上我妻子告诉我的,她当时被我吵醒了,而我完全不记得我说过这句话。我有一位很爱谈论战争和酷刑的女病人,她在很长时间里反复做着以下的梦:一扇玻璃窗被打碎了(象征着刺激屏障的破碎),她用玻璃碎片自慰,割伤了她的阴道,摧毁了所有可能的生殖器快感。

4. 只有最后(按照时间顺序来说)一种类型的睡眠——快速眼动睡眠——才能证明弗洛伊德的早期说法:"梦是对欲望的想象性满足";我们需要将这句话补充为"有情节的梦是对欲望的想象性满足"。概括说来,入眠意象是清醒状态下特有的精神容器放弃(或丢失)的零碎的形象。进入深度与慢波睡眠阶段的梦是对身体和精神被摧毁的危险的形象化,也就是对最可怕的精神内容的形象化,这些精神内容已经不能够被一个足够好的精神框架所容纳;这种形象化是分两个阶段进行的:身体和/或精神外壳被摧毁的形象化;对于突然出现的、"穿透性"的基本焦虑感的形象化。

快速眼动睡眠与前一种相反,是一种活跃的睡眠。睡眠者的身体先保持静止,但其面部和手指开始缓慢地收缩;鼾声停止,呼吸变得不稳定——十分急促,随后又缓慢;甚至可能有几秒钟的呼吸停止。眼睑下的角膜突起快速移动。若我们小心地掀开他的眼睑,会看到他的目光似乎真的在追随某物一样。大脑的血流量增加,体温升高,而身体的大块肌肉则是停滞的,胳膊、腿和躯干都不能动弹。成年男性的阴茎会突然勃起——新生儿也会如此。有一种假设认为,快速眼动睡眠并非真正的睡眠,而是一个特别的时间段,在此期间,主体是清醒的,而他的肢体是麻痹的,且处于幻觉中。此时产生的梦是常规的梦,它的特点是:对登录的表面进行投注,产生有情节的内容以及对欲望的想象性满足——尤其是前生殖器期和生殖器期的性欲望(弗洛伊德)。梦的混乱与整体/部分关系的混乱有关(而入眠意象则与形象/背景关系的混乱有关)。

快速眼动睡眠每次持续约 10 至 20 分钟,每一个半小时出现一次。它是哺乳动物和其他睡眠时间较长的物种特有的。它是矛盾的*,因为它在保证睡眠的同时保持着一定的警觉性。它结合了清醒状态下的行为特点(手指、眼睛和面部特征的活动性,因此触觉和视觉意象是占主导地位的;心率加快,生殖器勃起)和睡眠的行为特点(肌肉的放松,使对刺激屏障的投注变得无效)。

这三种类型的梦和无梦的睡眠分别遵循以下四种精神运作原则中的一种:对现实原则的去投注(入睡过程中的入眠意象);强迫重复(进入慢波睡眠过程中的噩梦);涅槃原则(无梦的慢波睡眠);快乐原则(快速眼动睡眠);也就是说,对每一个睡眠阶段提供的神经生理学材料进行处理时,它们遵循着最合适的精神原则。

对梦的三种类型的这一区分有一个好处,那就是将继弗洛伊德之后提出的关于梦的意义的诸多精神分析假说进行整理。入眠意象符合克里斯托弗·德茹尔(Christophe Dejours)的心身医学假说:梦是睡眠时突发的"对真实身体状态的变化进行的精神上的表达"。进入慢波睡眠前的噩梦说明了安吉尔·加玛(Angel Garma)的克莱茵学派的假设:梦是"睡眠者极度的恐惧或惊慌,或

---

* 快速眼动睡眠的法语原文为 sommeil paradoxal,即矛盾睡眠的意思。

者说是严重的创伤,这些创伤来自于自我无法驱除的焦虑内容,自我相信这些内容是真实的"。这些梦是代表死亡冲动的内容,这些冲动曾经超出了婴儿脆弱的精神承受能力,这些冲动被睡眠造成的退行唤起,并与出生创伤产生共鸣。快速眼动睡眠期的梦需要进行细分。其中一种是让·基约曼所研究的"程序之梦"(rêve-programme),他根据米歇尔·茹维(Michel Jouvet)的神经生理学假设,对弗洛伊德报告的第一个梦——艾玛打针之梦进行了评论:梦的作用在于加载一种基因程序,该程序负责激活冲动运转。最后,还有克劳德·德布吕(Claude Debru)的神经-哲学假说,他认为快速眼动睡眠和梦保护了精神的独立性,这与我认为的自我-皮肤的个体化功能是接近的[①]。

在梦中,自我-皮肤也在试图实现它的八个功能,即使(在自我不再保持清醒和睡眠带来局部退行的情况下)它们有失效的危险。

坠落的梦(例如从悬崖高处坠落)体现了对维持功能的攻击。

虫子从皮肤中爬出来的梦体现了对容纳功能的攻击。

开会的梦,在梦中所有人同时说话,且做梦者无法让别人听见他的话,体现了对独立性的攻击。

多感官(视觉材料夹杂着听觉、嗅觉、味觉、触觉元素)的梦体现了对通感的攻击。

[①] C. Dejours, *Le Corps entre biologie et psychanalyse*, Paris, Payot, 1988; A. Garma, *Le Rêve. Traumatisme et hallucination*, 1970, tr. fr., Paris, PUP; J. Guillaumin, *Le Rêve et le Moi*, Paris, PUP, 1979; C. Debru, *Neurophilosophie du rêve*, Paris, Hermann, 1990.

18. 总结与补充

外壳和精神皮肤概念的来源

S. 弗洛伊德的外壳

外壳这个术语,及其派生的包裹,包裹物,于 1920 年,诞生在弗洛伊德的笔下。当时他正在修改心理地形学概念(在意识-前意识-无意识图示中添加了本我-自我-超我)、心理经济学概念(在快乐原则和现实原则中添加了重复的强制和涅槃原则),和冲动二元性概念(客体力比多-自恋力比多的对立被整合进了更为普遍的生冲动和死冲动的对立)。

但是,就像弗洛伊德经常碰到的情况一样,他被新概念的丰富性与多重性淹没,他对于这些概念只有直觉上的模糊认识,于是,弗洛伊德选择了对上文提到的三个理论的修订进行探索,而暂时放下了外壳的概念。他之后的著作中就再也没有提到这个概念了。这个词在他的著作中成为一个隐喻(自我具有一个用于容纳的口袋形态)和换喻(自我是精神机制的表面,也是身体表面在精神表面的投射)。尽管身体表面称作皮肤,但是弗洛伊德没有直接

18. 总结与补充

使用这一名称(来指称精神表面),这一名称直到半个世纪后才在埃丝特·比克("精神皮肤",1968),以及几年之后,在迪迪埃·安齐厄("自我-皮肤",1974)的笔下才被明确表达。对于外壳的概念,从 1975 年到 1986 年,我一直努力使这个术语成为一个概念,在此之前,它只是一个形象化的术语。

以下是弗洛伊德使用外壳这一术语的一些段落(我加了着重号以示强调)。

• 第一段使用的是外壳的隐喻,即一个表面封闭的分界面(在球体模型上):

"意识所产生的东西主要包括对来自外部世界的刺激的感知,以及只能从精神机制内部产生的快乐和不快乐的感觉;因此,可以给感知-意识系统指定一个空间位置。它必须位于外部和内部的边界线上,且必须朝向外部世界,它必须包裹(envelopper)其他精神系统。(《超越快乐原则》,1920,第 IV 章,法译本 p.65,G.W., XIII,p.22。)"

• 第二段引文与第一段相距不远:

"[……]我们重新回到大脑分区的解剖学理论,意识的'位置'在大脑皮层外层,是脑部器官的包裹物(enveloppante, umhüllende)。"(前引书,法译本 p.65-66,G.W., XIII,p.22)

• 随后是一些对比,明确地与囊泡及表层进行对比,隐含地与硬壳进行对比:

"让我们把一个活的有机体的最简化的形式表现为一个未分化的、易受刺激的物质的囊泡。它朝向外部世界的表层,会根据其自身的情况进行分化,将作为一个接受刺激的器官。事实上,胚胎学作为对进化史的反映，显示出中枢神经系统来自于外胚层；大脑皮层灰质仍然是由生物体原始表面衍生而来，可能继承了其主要特性。于是很容易设想，由于外部刺激对囊泡表面的不断冲击，其物质在一定深度上可能已被永久地改变，因此，兴奋过程在其中的运行与在深层的运行不同。这样就形成了大脑皮层，它被行为不停穿孔，被刺激不停灼烧，从而具有接受刺激的最便利条件，并且无法再进行任何进一步的修改。"（前引书，法译本 p.67-68）

• 于是外壳和膜就被弗洛伊德视作同义词：

"刺激屏障（*Reizschutz*）是最接近表面的一层"，"在一定程度上成为无机质，并从此作为可以隔离刺激的特殊外壳（*Hülle*）或者膜。"（前引书，p.69，*G.W.*，XIII，p.26）

• 《自我和本我》（1923）中补充了与小矮人的对比

"自我首先是身体自我，不只是一个表面存在，其本身也是表面的投射。如果我们想为它找到一个解剖学上的类比，最好把它比作解剖学家提到的'大脑中的矮人'，位于大脑皮层中，头在低处，脚在高处，面向后部，而且正如我们所知，左侧是语言区域。"（p.238）

艾丝特·比克的精神皮肤概念

艾丝特·比克在其 1968 年的短文中提出了精神皮肤的概念，虽然并非完整概念。我认为最好用 A.西科恩（A. Ciccone）和 M.罗毕塔（M. Lhopital）提出的六点进行归纳（《精神生命的诞生》，杜诺出版社，1991）。

假设一：人格的各个部分，在其最原始的形式下，被感觉为相互之间没有任何约束力,它们被引入的一个外部客体维持在一起,这一外部客体被证明能够填补这一功能。

假设二:对母亲(乳房)这一理想客体的内摄,使它被认为具有容纳(contenant)客体的功能,为内部和外部的幻想提供了位置。

假设三:内摄的容纳客体被体验为皮肤。它具有"精神皮肤"的功能。

假设四:对外部容纳客体的内摄,使皮肤具有了边界功能,这是以下过程起作用的先决条件:实现分裂(clivage),自体与客体的理想化。

假设五:缺少对容纳功能的内摄,投射性认同就会持续不停,并伴随着由此产生的所有身份混淆。

假设六:现实客体的不足,或者对它的幻想性攻击,都会导致内摄的紊乱,这会导致"第二皮肤"的形成。

迪迪埃·安齐厄的精神外壳概念

精神机制的地形学图示始于弗洛伊德的《超越快乐原则》(1920),后又在《自我与本我》(1923)、《关于神奇的复写纸》(1925)和《精神分析引论新编》第三十一讲(1932)中,以图形的视觉形式被重新提起、明确、呈现;正如我在弗洛伊德之后所构思和发展的那样,这个图示是不对称的和有层次的。精神外壳在结构和功能上有不同的两个层。最外围、最边缘、最硬化也最坚韧的一层朝向外部世界。它是屏障,是刺激的屏障,尤其是来自外部世界的物理-化学刺激的屏障。这是刺激屏障。内侧一层更薄、更柔软、更敏感,具有接收功能。它可以感觉到迹象、信号、符号,并且它允许这些痕迹登录。内侧一层既是一层薄膜,也是一个分界面:一个双面的脆弱薄膜,一面朝向外部世界,一面朝向内部世界:分界面分开这两个世界,又将它们联系起来。刺激屏障和敏感的薄膜,作为整体构成了一层整膜。薄膜具有对称结构,整膜则是不对称结构:存在一个单独的刺激屏障,朝向外部;没有朝向内部的刺激屏障;因此,对人来说,对抗冲动的刺激要比对抗外界的刺激更困难。对于刺激屏障的功能运作,我们要从力学角度进行思考;而薄膜的功能运作,则要从感觉的角度进行思考。整膜的这两层可以视作两个外壳(它们因人与环境的差异,会或多或少有不同,也会或多或少有连接):一个刺激外壳,另一个是交流或意义外壳。

精神功能运作取决于几个因素。经济因素:对刺激外壳和意义外壳进行投注的相对量。地形学因素:两种外壳的外形和位置。动力因素:一方面是冲动的、代表表象的性质,另一方面是身体及精神框架的代表表象的性质(这些框架是用来处理冲动的)。最后精神功能运作还需要考虑一个特别的因素,这个因素要么和感觉领域相关(视觉外壳的组织形式与听觉外壳不同,而在更基本的层面,明暗外壳的组织形式也与色彩外壳不同),要么和心理病理学进程相关(癔症的矛盾外壳在结构方式上不同于边缘型人格中特有的莫比乌斯带式的外壳)。

刺激外壳和意义外壳这两大类外壳的对立互补,隐含着建立精神分析活动的基本规则。通过这一对立,精神分析规则得以运用于实践。这是一个例子,它说明了 N. 玻尔(N. Bohr)为建立原子理论而表述的对应和互补原则如何转到了心理学中。

刺激屏障是由精神分析框架提供的。精神分析工作室为病人屏蔽了过于活跃的感觉（视觉、听觉、嗅觉等等）。规律的日程安排、足够的治疗时长减轻了生理和机能节律变化导致的间断性。

与分界面薄膜对应的是两个指令，这两个指令通常呈现为同一个基本规则的两个方面。对于病人而言，这两个指令事实上是互补的；而每一个指令在精神分析师这边都有一个与之相应的指令。第一个指令（或者说不遗漏的规则）要求病人进行自由联想，并将其说出来；相应地，精神分析师需要对此采取悬浮注意的态度。第二个指令（或者说节制的规则）要求病人仅与精神分析师保持话语上的关系，包括对触摸禁忌和对私人关系、社会关系、攻击性行为和性行为的排除；相应地，精神分析师要保持中立且善意的态度，中立是因为他需要克制自己去满足病人的移情性欲望，善意是因为他要尝试理解这些欲望，而不是裁决或拒绝这些欲望。

为什么是分析框架呢？我的回答是，正是因为这种设置与精神机制的地形学结构是同源的，所以弗洛伊德才创造了它，其继承者又进一步证实了它。这两个指令事实上分别有着与自己相对应的精神外壳。两个指令在同一个基本规则中的嵌套，反映了构成精神的外壳间的原始嵌套，它使得精神机制得以形成，用来进行思考，容纳情感，改变处理冲动的经济学。

精神的敏感薄膜的两面——刺激接收表面，痕迹和信号登录表面，事实上分别通过节制规则和自由联想规则在工作中得以实现。对除了符号或象征行为以外的行为的禁止，让投入治疗的双方免于外部刺激，并将治疗引入移情之中。精神分析框架使外部刺激最小化，使对内部兴奋的注意最大化，这是理解内部兴奋的首要条件。

260　自由联想规则涉及的不是对兴奋的处理，而是为了交流这种兴奋而产生有意义的材料（记忆、梦、日常生活中的事件，含糊矛盾又不合逻辑的想法以及情感）。

在这种双重外壳的地形学结构形成之时，儿童的精神机制就获得了一个自我——此时它仍是一个身体性前自我，或者我更愿意称之为一个自我-皮肤；其双重外壳之一接收刺激，另一个接收意义（信号、迹象、假象、语言能指）。

精神外壳两层的原始未分化状态会产生 D. 梅尔策所说的"审美体验"：这一最初体验中强烈的迷惑和不安来自感觉/情感之间的未分化状态。

一个几何学模型

在几何学上，表面来自于边界的概念，即身体或体积的边缘。一个封闭的表面被视作一定体积的外壳，其原型由球状表面构成。这一类的表面将空间分为两部分：内部和外部，二者可以具有同一制度，也可以遵循不同制度。

所以说，精神机制的表象会像"气泡"（娜塔莉个案），或像"球"（泽诺比娅），这表明自我-皮肤的结构是自主的和三维的。

若表面是开放的——像破了的球——逐渐被压扁直至近似扁平，于是对主体而言深度这一概念就没有了真正的意义，精神空间只是二维的。这个平面仍然是一个表面，它仍将空间一分为二，但两部分无法进行区分。身体意象的扁平可能导致消化道和呼吸道在想象中的混乱，带来之后的身体问题（鲁道夫）。

凯特琳·沙贝尔（Catherine Chabert）将扁平的表面用作精神

病性空间的地形学隐喻:无限延伸且进行划分的界限(相对于前意识-意识系统,无意识具有密封性),但这一界限无法区分其划分的两个空间,这导致了混乱(里面与外面的混淆,内部世界与外部世界的混淆,第二地形学的粉碎)。于是在精神病中,区分就被平整和压扁的动作束缚,这些动作决定了真实与幻想、内部与外部、主体与客体之间的关系,让它们处在一种混杂之中,拒绝厚度、立体和三维空间。仍然是根据 C. 沙贝尔的理论,罗夏测试反映出了精神分裂症和长期精神病患者的平面意象,这个平面意象不能表现出精神的深度:镜子的另一面仍封闭在其客体的影子中。L. 卡罗尔(L. Carroll)在《爱丽丝梦游仙境》和《爱丽丝镜中漫游》中,描述了主人公对这些表面的探索。

关于精神外壳理论的几点说明
(构成、发展、转变)

• 弗洛伊德对词表象和物表象的区分需要加以完善;还存在着转变的表象(吉贝洛),容器的表象(比昂)。它们或者是某一特定类型的词表象或物表象(类似于罗索拉托所说的分界能指,或是我称之为的形式能指),或者是词表象或物表象开始分化的共同根源。

• 基本的自恋安全由以下一些获得性组成:维持(对一个支撑且牢固的竖立轴的倚靠),容纳(一个有限的水平面的构成,它保证了精神存在于身体中,身体存在于空间中,自我居住在自体之中)和通感(对统一外界客体的内摄,这一客体为孩子带来多种多样的感觉体验,并且孩子能将这些感觉联系起来)。

• 精神机制增长的自主性依托于母亲和孩子的共有皮肤幻想,依托于这一精神皮肤再细分为刺激平面和意义平面,依托于针对思想进行思想机制的构建(容纳思想,再现思想,将其符号化和概念化)。

• 自主参照精神而来的自主组织来自于自我与客体的相互构建,由自我和客体共同实现,并且,在此过程中,自体和自我依靠着客体,成为相对自主和相互依存的机构:自我成为自体的外壳。独立化尤其依靠于原初客体容纳的能力,即容纳婴儿的冲动运动及他的兴奋-幻想-感受-动作的整体体验。接下来,它还依靠于婴儿的精神能力,一方面是内摄容器-内容物关系的能力,这种关系是客体为了他而实施的,另一方面是发展(心理的)意识(conscience)的能力,婴儿将意识变成容器,以适合于容纳(之后区分)思想的内容物。

• 某种感觉和节律的意识是自出生起就存在的。这可能形成于胎儿期,但在胚胎期还未形成。心理意识的呈现和扩展可能伴随着并/或刺激着自主组织系统到自主参照系统的发展。感觉意识为空间外壳做好了准备。节律意识为时间外壳做好了准备。

• 甚至有可能,意识与生命是共同发展的(coextensive)。具体地讲,这意味着,对于精神机制来说,具有意识是同时拥有两种体验:既体验到我拥有一种包裹着事物的意识,也体验到我就是这个包裹着我的意识;是同时具有是自己和存在于世的意识;同时,也是意识到原初客体同时具有存在于世和对其自身以及对我的意识,因此它能够和/或想要包裹我。意识在表现为独立外壳之前,是作为两个人的共同外壳"互相包含的"(萨米-阿里)：我的母亲（或其替代者）围绕着我，我也同时围绕着她。

• 胎儿通过母亲遭受的暴力可能影响尚且模糊但已经活跃的意识，暴力制造的痕迹会使之后的精神运作紊乱但却无法表象化。这是一个代际传递的角度。更普遍地说，双层精神外壳构建前任何突发创伤都记录在身体中，而非精神中。精神分析治疗中的精神制作需要的并非解释工作而是构建工作。

• 精神的第一个总体形象，并不是未定型的，而是身体与身体直接接触的，这保障了自我-皮肤得以维持。母亲/孩子的两个身体粘连在一起，就像一者填补了另一者空余的空间：背部与腹部嵌套。若一者移动，另一者不能让空间有空余，会尝试重建联系（参考引力模型），双胞胎的精神分析证明了这一点。正如杰克·多伦(Jack Doron)指出的，这是孩子与周围人同步/动作模仿关系的开始；也是托姆认为的第一种灾难的几何学形式：褶皱。褶皱与姿势，在一个随机的运作中构建了一个不稳定的平衡，特点是感知的混乱和一系列动作，而二者间并无联系。褶皱(pli)是一种对抗呆滞、重复和毁灭的手段。

• 托姆的第二种"灾难"类型是组织精神的皱襞——它是被剥夺了形态的矛盾形态，既无边界也无中心——借助的是来自外界的节律，风景和自然的振动：正如水上的水藻体现了波浪的节律（J. 多伦，引自肯尼思·怀特）。参考豪尔(Hall)：节律是"生命的舞蹈"。由此产生的不连续改变导致了作为封闭外壳的自我-皮肤的建立。

• 第三种"灾难"类型，即蝴蝶，具有两种变化的可能。一种变化是平滑的,它导致了撕裂和崩溃。另一种变化是不连续的,导致了外壳像手套一样被翻转。精神是一个口袋,通过(自身的)毁灭和(在人与事中的)浸水之间的对抗,混乱和创造性的"过熔"之间的振荡在其中发生,其特征为完全运作或完全不运作。翻转切断了感知和客体之间的惯常联系,使新的想法能够通过过熔而成型。翻转使封闭的精神领域向外部世界开放(J. 多伦)。

• 自我是一个精神机构,分别与本我和超我相连。它是次级精神进程(通常是有意识的)和防御机制(通常是无意识的)的代理者。这一代理者构成了自我的坚实核心,是对原初客体内摄的结果;同时,自我还具有一个外壳的形态,它同时区分和联系着内部世界与外部世界:即感知-意识系统。这一外壳承担着我目前列出的八项功能:维持、容纳、刺激屏障、个体化、通感、性支持、力比多的补给、痕迹的登录。

• 自我-代理一旦形成,就倾向于作为正常个体或神经症的精神机制的中心出现。越趋近边缘状态和精神病,自我核心的位置就越靠周边,即在外壳上,甚至在外部。在此情况下,自我不居住在精神中。精神被分成了两份,其中被分出来的自我从外部对精神进行观察;主体——并非真正的主体——看着自己生活,自动地、机械地、不连贯地存活着,他被涌现出来的无法预见的冲动搅动着。

• 在自我-核心和自我-外壳之间存在一个精神空间,可以将之描述为自我的"肉体",用身体比喻,肉体位于皮肤和骨骼之间。自我-肉体是能屈能伸的,可以是柔软的,也可以是坚硬的。其可能的硬化可以替代衰弱的外壳:即第二肌肉皮肤(E. 比克)。有一种病理学观点认为，非常令人焦虑的空的空间会取代精神肉体的位置（会导致心身疾病、白色精神病等）。

• 关于新生儿（包括胎儿）能力（compétence）的研究，和关于新生儿（包括胎儿）功能紊乱的精神病学研究指出：

○ 胎儿在母体子宫内处于适当的位置后，子宫通过收缩对胎儿背部和脊柱进行按摩，为未来的新生儿的自我-皮肤行使最初的维持功能（或支撑，倚靠）做了准备。

○ 胎儿的五个感觉器官接收来自母亲的刺激，这为之后自我-皮肤通感功能的运行做了准备。

精神外壳的紊乱

两个精神外壳的嵌套的主要紊乱

与精神容器相关的第一类疾病，特征是刺激-交流的未分化持续存在于成长中的儿童和成人身上，数量大，范围广，几乎稳定不变。例如安妮·安齐厄在作品集《精神外壳》中提出的癔症外壳，就是这样的一种痛苦和矛盾的结构，在此我简要概述。

癔症患者在寻找刺激屏障的同时，用刺激外壳包围了身体和精神——所以这是一个矛盾的结构——刺激外壳从不卸载，并转变为焦虑外壳。癔症患者童年时接收了过多的刺激，却没有得到足够的对其状态和精神内容的解释。后来，癔症患者通过使他人或使自己的身体遭受过度的刺激进行再现。例如，在成为青少年或成人时，患有癔症的年轻女孩或女人因生殖冲动带来的蜕变，让她的身体显示为既过度接受刺激又过度发出刺激的表面。她允许她的身体被看,但几乎不允许触碰:"不要摸我",艾米·冯·N.夫人在初始会谈中就对弗洛伊德这样表示。生殖的性刺激仅仅是一个诱饵,用来吸引并留下伴侣,为了尝试从他那里获取儿童时期与原初客体缺失的精神交流,同时,又尝试中止这种刺激,避免它在精神中导致经济学意义上的过载。但更常见的情况当然是,伴侣对性的期待落空,回避他没有思想准备的精神交流,他或多或少有些粗暴地要求未明确保证过的性满足。所有这些都只加深了癔症患者的怨恨,加固了其焦虑外壳,也加强了她对刺激的寻求,这种刺激是与交流混为一谈的。

第二类疾病与容器-内容物的关系有关:比昂谈到过精神容器的重要性和容器-内容物的关系。根据临床经验对比昂著作的谨慎研究,使勒内·卡埃斯能够区分容器的功能和容纳者的功能。我要为勒内·卡埃斯的研究进行补充,这是基本的区分,因为容器功能属于刺激屏障的范畴,而容纳者功能属于登录表面的范畴。

稳定、持久的容器本身——通常是母亲——为婴儿感觉-意象-情感的储存提供了被动的聚合处,感觉-意象-情感因此被中和了,而没有被毁掉。然而,容纳者则不再对应被动的方面,而是对应着主动的方面,它对应着比昂所说的母性梦化(rêverie maternelle)、投射性认同、α功能的运作,它利用并转化了感觉-意象-情感,为当事人建立了一种表象,使感知-意象-情感能够被表达,可以被忍受,可以用于思想的构建。

自我-皮肤容纳者功能的缺失,对应了两种焦虑。一种是弥漫、持续、分散、不固定、无法辨识、无法缓和的冲动刺激的焦虑,它在精神的地形学中表现为一个无皮层的内核；个体努力寻找替代的皮层，在他使自己承受的身体痛苦中（例如米舍利娜·昂里凯所述的痛苦外壳）或是在精神的焦虑中（安妮·安齐厄这样对癔症患者进行描述）。焦虑的第二种形式是外壳的连续性被洞穿的焦虑，它会导致内部被完全排空，不只是冲动被排空，而是所有构成主体的自恋力量都被排空——因此这种焦虑是自恋由这些孔洞中流失的焦虑。

我们在临床中能够在某些患者身上观察到：容器和容纳者这两种功能并不是由同一人提供的，由于这两种功能是被分别获取的，所以它们都可以很好地运作，但是它们的嵌套和连接出现了问题，从而导致了这两种功能在一起时的不良运作。例如，母亲提供了容器功能，但容纳者功能则是由祖母，或是护士、姨妈、邻居提供的。或者，祖母是容器，而母亲既非容器也非容纳者，但她与孩子的交流在根本上是由一个极严肃的超我控制的，于是容器功能过度发育，而容纳者功能发育不足。

第三类疾病是刺激平面和交流平面两个平面之间的差距的疾病。这类疾病，我刚刚提过，表现为过渡区的缺少或不足，也因此表现为其结果，即幻想化（fantasmatisation）的缺少或不足。因为幻想化是在保持一定差距的条件下，连接两个平面的方式之一。

在缺少差距的疾病中，两个不同的外壳贴在一起，没有给幻想体验留出必要的自由间隙。于是这是一个唯一的外壳，层状结构，口袋外形，在很多心身医学情况下精神生活主要归结于其内部，与他人的交流简化为没有情感和想象的交流。在这类情况中常能发现与母亲或替代者冷漠的原始关系，无论这是由于她抑郁，还是与父亲的夫妻问题,还是其他原因——格林称之为死去的母亲。我更偏向强调冷漠的母亲,同时提出一个在我看来不只是简单的文字游戏的陈述：冷漠的（indifférente）母亲是阻碍分化（différenciation）的进行,阻碍分化原则运作的母亲。

最后是第四类疾病。在前一类"心身医学"疾病中,交流取决于刺激屏障;而在现在这一类疾病中,刺激取决于交流,服务于交流。我要举的例子并非临床案例,而是来自社会人类学——希腊神话的案例:有毒的长袍,紧贴自然皮肤的不祥的衬里,束缚、侵蚀着皮肤,使其发炎。美狄亚与癔症患者正相反。癔症患者以刺激的形式对伴侣表现出她想要交流和理解的需求。作为激情犯罪的专家,一位魔法师,美狄亚的做法与癔症患者相反。她给了情敌克瑞乌萨一份婚礼礼物,长袍和珠宝,情敌一旦穿戴上,身上就燃起了火。美狄亚就这样传递了一个信息,也就是说进行了交流,这种交流实际上激发了刺激,这种刺激是强烈和具有摧毁性的。这一有毒的礼物的主题,通常表现为美好的话语和残酷的行为之别,在我看来是倒错外壳（enveloppe perverse）的典例。

刺激屏障和登录表面的特殊紊乱

下面,我先说说刺激屏障的特殊紊乱,再讲讲登录表面的特殊紊乱。

刺激屏障的特殊紊乱

这里我要参考弗朗西丝·塔斯汀。原发性自闭症缺少刺激屏障与登录表面这两个外壳,也就是自我-章鱼。在继发性自闭症中,刺激屏障是存在,登录表面总是缺失的。但是,刺激-屏障总是僵硬、不可渗透的:这是自我-贝壳。登录表面不存在,鲜活的肉体没有皮肤,于是,与他人的交流被切断了,或是被运动性扰动的障碍(即最大化的刺激)切断,或是被撤回(即零刺激)切断。

并非只有在自闭症患者身上才存在刺激屏障外壳的畸形,在保留着早期形态痕迹的正常主体或普通神经症患者身上也会发现。

登录表面的特殊紊乱

登录表面的紊乱有两种主要形式:第一种与超我相关,担心在身体表面和自我表面留下侮辱性的不可消除的痕迹,从红斑、湿疹,到象征性的伤口,到卡夫卡的《在流放地》中的可怕而著名的机器,它在犯人皮肤上刻下他所触犯的法律条款——为了增加犯人的疼痛,刻的是哥特体,犯人在施刑的过程中,完成了对这个法律条款的学习,也在这个过程中慢慢死去。这对犯人而言既是解释也是惩罚。

另一种焦虑则相反,来自于因涂改而引起的记录消失的担忧,甚至害怕失去留下痕迹的能力。例如我在第 88 页提到的小女孩埃莱奥诺尔,她的头脑像筛子,这正与留下痕迹的能力的丧失相对应,而她自我-皮肤上的特定的漏洞,与自我的某些功能的丧失相对应。

简单概括一下过敏结构(*structure allergique*),我认为其中存在登录表面的紊乱,在我看来,它表现为安全和危险信号的颠倒。熟悉感并不能使人安心,并不让人感到受保护,而是被当作坏的东西来躲避；渴望的接触一旦得到，就成了不好的，而陌生感（即弗洛伊德所说的令人不安的诡异感）并不令人担忧，正相反，它表现为吸引人的。因此，过敏的矛盾反应（也许也包括毒瘾的矛盾反应），避开了对其有益的，而被有害的吸引。过敏结构常以哮喘和湿疹交替的形式表现，这样的现象让我能够明确其中的自我-皮肤的地形学形态。这是为了掩盖口袋自我-皮肤作为容器和容纳者功能的不足。两种病症与理解口袋表面可能的两种模式对应：从内部，或从外部。哮喘是从内部感受容器外壳：患者体内充满空气，直到从底部感受到身体边界，确信扩张的自我界限。但为了保留充满气的口袋-自体的感受，呼吸会暂停，尽管这可能会有阻断呼吸交换节奏并窒息的危险。

湿疹则相反，是尝试从外部感受自体身体表面，在痛苦的裂口中、粗糙的接触中、羞耻的看法中进行感受，但同时它也是一个热外壳和弥散的性刺激外壳。

边缘性人格中两种外壳的连续性/不连续性

我将回到刺激和交流两大外壳的关系，以探讨一类新的疾病形态，在这种形态中，这两个外壳是部分分化的，它们并非重叠和嵌套在一起，而是首尾相接地连接在一起。因此它们连成一体，形成一个外壳，它是封闭的，以莫比乌斯带的形式翻转。由于这样的结构，它时而表现为刺激屏障，时而表现为登录表面。

在我看来，这一精神地形是边缘性人格的典型特征。我在此快速总结一下它对精神组织和精神运作的影响：在区分来自内部和外部东西时存在着紊乱，以及在区分容器-内容物时存在着紊乱。

我认为,这个莫比乌斯带特征的病因要归于一些关系,这些关系是与不调和的母性环境相关的原始关系。就是说,母亲或其替代者突然交替进行刺激和交流,并且在刺激的过程中,他们要么突然进行过度刺激,要么突然停止刺激;在交流的过程中,他们要么突然进行大量交流,要么突然停止交流。

精神外壳的构成

形式能指

精神外壳是特殊的表象类型,它不是来自于冲动的命运,而是空间位置的游戏的结果,以及精神领域的建构程度与形式的结果。在弗洛伊德去世后出版的笔记汇编《结果、想法、问题》中,弗洛伊德发表过他对此的直觉,他写道:"精神是广阔的,但精神对此并不知晓。"我们来看看一位患者善饥症发作的例子。传统的解释强调的是:身体的需求替代了对母亲的温情和理解的欲望(这是冲动范畴的解释),和/或与母亲的权力斗争(这是从客体关系角度的解释)。经验显示,若没有地形学分析进行补充,这些分析是不足的:母亲占据了孩子的精神空间;患者要夺回这个空间,就要长胖。

另一个例子。玛丽害怕在镜子中看到自己完整的形象,也害怕看自己的录像。冲动方面的第一个解释是:她看到自己有一个死人的头颅,这解释了她曾经恨不得母亲死去,那时她放学回家时,母亲总是给她一个冰冷固执的脸色,这一解释减轻了她的恐惧，却没有令其完全消失。几个月后，由于精神分析工作的进展，我建议玛丽回到这一症状上，而她自己找到了地形学上的解释：她知道自己在镜子前，却看到自己在镜子后面，她怎么能既在这儿又在那儿呢？因此，这是一种人格解体的强烈焦虑。此处的形式能指是：我的身体分成了两个。通过形式能指，我理解了身体的和客体的形态在空间中的表象及其运动。

这些形式能指在：

• 无意识和前意识的结合处，形式能指有利于无意识和前意识的分化；

• 物表象与词表象的结合处，形式能指是外壳表象（représentation d'enveloppe）；作为外部-内部空间，形式能指在与环境的关系中构成了主体；

• 自我和自体的结合处，有利于它们之间界限的建立及其波动。

以下是我关于形式能指的几点说明：

• 精神外壳是由母亲/孩子共有皮肤幻想及其转变产生的。

• 当有人帮患者命名或描述他们的精神外壳时，患者会立刻认出它们；这会再次推动联想的进程和联系的建立；

• 精神外壳主要是由依恋冲动和自毁冲动投注的；

• 在精神分析师隐喻式的启发下，精神外壳能够进行演变，隐喻能帮助思想自我在身体上也在身体意象及感觉上得到支撑；

• 客体改变位置并带走他所占据的那部分空间，致使空间撕裂，由此产生的原始焦虑会对精神外壳造成威胁：位置是客体的容器；内容物被当成了容器的摧毁者；

- 对形式能指的精神分析工作有助于自我的构建，有助于理解与精神分析框架的扭曲有关的自我的缺陷及与克里斯蒂安·格兰（Christian Guérin）所说的容纳者移情（transfert de conteneur）有关的缺陷。

以下是一个形式能指的例子，来自一位经历了一段自闭期的病人。娜塔莉给我写信请求见面，想和我一起进行她的第三段精神分析，她的前两次分析使她的自闭情况有了明显的好转，但她仍觉不够，认为我关于自我-皮肤的工作能对她有所帮助。

我给她回信约定面谈。收到我的回信后的晚上，她梦到她在我的办公室里，我给了她一块蓝色丝绸的桌布（nappe）或丝巾，我们见面时她对我说了这个梦，使我决定与她进行一段面对面的、以她的精神外壳为核心的精神分析治疗。我们齐心协力对这个梦进行了解释。她注意到，丝巾是用来包裹身体的，我指出，"丝绸"（soie）代替的是"自体"（Soi），蓝色丝绸是理想自体的隐喻，代表她在治疗中寻找的理想自体，以获得"被覆盖"（nappée）的感受。

在最初的几次会谈中，她细数了她所遭受的大量各式各样的激烈焦虑。之后突然出现了一个令人不快的意象，这是她所感受到的自己：在两片水域之间漂浮并沉溺的水藻。这一形式能指说明了她的自体的不稳定性，和朝向一种植物生命的退行（当不需要去工作时，她就躺着读书、听音乐），以及对崩溃的恐惧。但我也对积极的方面进行了解释：藻类吸收太阳的能量，并在水中移动，这影射了她对我描述的两个对她来说至关重要的身体活动：日光浴和游泳。

针对她的焦虑和这一形式能指进行了几个星期的工作后，她讲述了一个像梦一样的幻觉,在其中她看到了一棵粗壮的雪松(她可以牢牢地靠在这颗雪松上),它长着平行于地面的巨大枝杈(枝杈的水平生长调和了主干的垂直生长)。她的自我挺立并牢牢地扎了根。但这个隐喻仍然与植物有关:自我还没有得到足够的分化,以充分利用那些在她身上处于停滞状态的可能的冲动性力量。

精神外壳和自我的构建阶段

自我-外壳的构建与原初客体有关,其过程可以描述为一种交互螺旋式的过程。自我的独立自主从来不是完全的,也不是彻底的,它需要经历一些连续的阶段,比如以下所列的阶段,不过,我不敢断言以下阶段就是所有的阶段。

子宫外壳(*enveloppe utérine*)。子宫外壳对应于意识的产生和感知-意识系统的出现。在胎儿那里出现了意识的片段。母体的子宫在解剖学上作为胎儿的容器,提供了精神容器的雏形。这一未分化的解剖学-精神容器,是最初的容器。子宫被体验为维持所有意识片段的袋子。刺激屏障由母亲的身体构成,更确切地说由其腹部构成。一个胎儿和母亲共有的感觉场域发育了起来。因此就有了对回到母亲腹中的怀念,在母亲的腹中,我们不仅被容纳、被喂养、感到温暖,感到一种持续的舒适感,同时也会隐隐约约地意识到这种舒适感,这种意识是我们能够享受舒适感的条件。在原始社会中,运用传统方法治疗的治疗者们很清楚这样的想象性子宫外壳的存在(参考列维-斯特劳斯,关于萨满的符号效力的研究;T. 内森在移民的精神治疗中对这一研究的参考)。母亲为婴儿编织衣物,代表着对这一子宫外壳的替代和一种母性梦化的支持(米歇尔·苏莱)。

母爱外壳(enveloppe maternante)。这一外壳是由布雷泽尔顿命名的:母亲和周围人对婴儿的照顾构成了感觉和动作的"外壳",它比子宫外壳更活跃,更具统一性。温尼科特将之联系于原初母亲关注,这种关注一点一点地迎合和填满了孩子的需求(母子的精神和身体主要以嗅觉-味觉的模式融合为一个二元的统一体,它的中断会产生原始痛苦)。这一融合可能会阻碍自体和自我的各自发育。

生存环境外壳(enveloppe habitat)。由 D. 伍泽尔命名,对应于婴儿获得的一种能力,他由此能够区分身体需求和精神需求以及与各需求相应的不同交流类型(精神自体的整体和身体自体的整体被区分和整合,并伴随着两种相反的体验,即非整合的体验和精神居住在身体内的体验)。

自恋外壳伴随着对属于我的部分和不属于我的部分的区分(整体的自恋性自体通过简单地将组成部分并列在一起而形成一个同质的整体,每个组成部分都具有与整体相同的结构)(参见数学和物理上的"分形"物体)。

想象的个体化外壳(enveloppe individualisante imaginaire)保证了自我在自体内部的形成,以及个体化感觉的形成,这得益于那些以回声的方式回应给孩子的东西,这种反馈是通过母亲和周围人的表情和动作的视听镜像以及话语的浴缸的视听镜像进行的(例如垂直的和水平的反向对称体验)。

过渡性外壳(enveloppe transitionnelle)是矛盾的。它既令母亲的皮肤和孩子的皮肤分离,也令它们结合。它缓和了剥皮幻想,使孩子对自己的存在、对可控的外在世界的存在感到有信心(过渡空间的体验);这个外壳是可逆转的:周围的世界包裹着我,我也可以包裹着世界。

"守护"(*tutélaire*)外壳与自体连续感的获得有关(参考"温尼科特学派"的经验:在有熟悉的人在场时的独处尊重并保护了我的孤独)。最后,这个外壳,作为一个这样的人的内摄,在精神机制内部保证了宽容的"守护天使"这一令人安心的象征性形象的存在。

歌唱的皮肤

下面的这个故事可以视作希腊马尔绪阿斯神话的阿拉伯版本。*

一个男人有两个女儿,两个女儿既年轻又漂亮。一天他的妻子病了。她在天花板上挂了一个"阿玛纳"(amana),这是人们要离开很久时托付给所爱之人保管的贵重物品,她让丈夫保证在女儿们长到可以够到它之前不会再婚,然后她就去世了。

鳏夫有一位女邻居,是一个风韵犹存的寡妇,她想要再婚。每天她都从露台去鳏夫家找他的两个小女孩。她给她们洗澡、捉虱子、梳头、补衣服。失去了母亲的女孩们也从她身上找回了一些缺失的母爱。

一天晚上,大女儿问父亲,他为什么不与这位又热心又爱她们的女人结婚。父亲把他对亡妻的诺言告诉了女儿,道出了拒绝的

---

* 感谢卡萨布兰卡的心理学家莱拉·沙尔卡维·本哲伦(Leila Cherkaoui-Benjeloun)女士让我知道了这个故事。

理由。

女邻居因此很气愤,但没有表现出来;相反,她比往常更热心、更殷勤。一天早晨,她想到了一个诡计,可以达到她的目的。她把小女儿举到自己肩上,让她抓住了阿玛纳。

晚上,小女儿像胜利者一样给父亲看她取下的小包。

"你看,父亲,"她说,"我们已经足够大了。你可以结婚了。"

父亲被说服了,他同意了,并举行了婚礼。

恶毒的新婚妻子保持了一段时间的亲切和忠诚。终于有一天,她觉得她已经能够拿捏丈夫了,她就对丈夫命令道:

"选吧,男人!是女儿们还是我!"

但她说得太早了。丈夫还没有像她想象的那样听话,他拒绝与女儿们分开,并强迫妻子留在家里。

"你们三个都留在这儿。这是命令!"当他这样说话的时候,就没什么反抗的余地了。

女人闭上了嘴,但她的态度也变了。她的和善都不见了,变得对两个小女孩很凶,她不停地催促和强迫她们干活,当她们的父亲不在时,甚至会打她们。而当他在场的时候,她仍扮演着温柔亲切的母亲角色。两个孩子不敢抱怨,因为她们知道别人会对她们说什么。

日复一日……夜复一夜……这样的情况持续了很长时间……

一天,在村里找不到工作了,父亲要外出找工作养活一家人。

于是,女人独自与两个小女孩待在一起,这下她可以随意对待她们了。她一刻也不让她们休息;让她们做所有的家务,让她们去泉边打水,寻找生火的木材,只给她们鸡饲料吃。两个小女孩的生活一天比一天凄凉，一天比一天悲惨。很快继母就无法再忍受她们的存在了，想要摆脱她们。一天晚上，她在她们睡觉时割开了她们的喉咙。她把大女儿埋在屋下，但是因为小女儿更活泼聪明，也不像姐姐那样容易摆布，于是她想残忍地报复她。她剥掉了她的皮肤，把它当作门轴垫片使用。晚上她想要关门时，门轴转动、吱呀作响，下面的皮肤唱起歌来：

"Hday, hday, ya mart bâ… Hday, hday, ya mart bâ
Anaaala ourikat l'hanna… Qad dmoui talou."
"停下，停下，哦，我的后妈！
我在散沫花的花瓣上
我已经哭得太多了！"

邪恶的女人目瞪口呆，想要确认这个异事；她打开又关上门，弯下身检查垫片；每一次稍微擦过皮肤时，皮肤都会唱起来：

"Hday, hday, ya mart bâ… Hday, hday, ya mart bâ…"

残忍的继母被不断重复的曲调激怒了，她扯起皮肤扔向远处。沙漠吹来的风将它卷起，把它带到了苏丹的花园。

被安拉赋予了长寿的国王有一个独子，所有的人民都很宠爱他。这是一个讨人喜欢的年轻人，他毫不自负，也从不会不屑于走进父亲的臣民家中，像朋友一样与他们分享快乐和痛苦。所有卡斯巴人（Kasbah）都喜爱并尊敬他。

这天，王子在王宫的花园里闲逛时，看见了平铺在绿草地上的皮肤。他很惊讶地把它捡了起来，就在他的指尖碰到皮肤时，他听到皮肤唱道：

"Had, had, ya ould Sältan…！

停下,停下,哦,苏丹的儿子!
我在散沫花的花瓣上
我已经哭得太久了!"

王子又惊又喜,决定不把这件奇事告诉别人;他将皮肤藏在斗篷下,一回到房间,就将它覆盖在一个"塔拉"①上,从此去哪里都带着它;每当他独自待在私人住所里或花园的隐蔽角落里时,他就轻柔地敲打皮肤,使其歌唱。

在卡斯巴,人们习惯了看着他经过时,胳膊下夹着他的塔拉,没有人感到奇怪。

日复一日……夜复一夜……

这样的情况持续了很长时间……

一天,父亲回家了。孩子们看见了他,他们跑去告诉他的妻子,争着做第一个告诉她的人,这样就可以在这个父亲分发烤鹰嘴豆和糖果时拿得最多。

妻子接到了通知,在等待丈夫的时候就已经准备好了回答。因此当他询问:"我的两个女儿呢?",她毫不犹豫地回答:"大女儿在泉边;另一个去找'切塔布'②了。"

父亲安下心来,没有再追问。

不一会儿小小的屋子里就满是前来欢迎他的邻居好友。每个人都想看看他,听他亲口说说他的见闻。

---

① 一种扁平且只有一面的鼓,使用山羊或绵羊皮,演奏时左手持鼓,拇指穿过预留的洞,用右手和左手空余的手指击鼓。

② 一种生命力顽强的植物,常常一丛一丛地生长在沙漠里,可以用来喂食家畜或烧火。

父亲亲切地回答着每个人，但他的思绪却在别处。他在想他的女儿们，因为没看到她们回来而担心。

当他准备再次询问妻子的时候，门开了，苏丹的儿子走了进来。他熟识且敬重这位男人，所以也来问候他。正当他们习惯性地相互问候时，王子的手一不小心擦过了塔拉，神奇的歌声立刻传了出来：

"Had, had, ya ould Sältan…!

停下，停下，哦，苏丹的儿子！"

父亲很好奇，并且觉得声音很熟悉，于是请求王子将塔拉借给他。年轻人稍稍犹豫后递给了他。男人迫不及待要再听听那个触动了他的悦耳声音，他张开手，用掌心轻轻擦着它上面的那块皮肤，悲歌又唱了起来：

"Had, had, ya biyi!"

"停下，停下，亲爱的父亲！

我在散沫花的花瓣上

我已经哭得太久了！"

就这样，父亲知道了女儿们已经死了。他盯着他的妻子，看到了她的惶恐不安，从她的眼中知道了她就是罪魁祸首。但他什么都没说。

晚上，太阳下山时，宾客都走了，恶毒的继母想要出门。父亲拦住了她，粗暴地把她推到床上：

"待在这儿，女人，我都知道了。"

眼见没有希望了，她试图博取他的同情。她在他脚下大哭，恳求他的宽恕，但父亲一心复仇，丝毫没有被打动。他毫不手软地割开了恶妇的喉咙,把她的身体切成块,堆在"束阿里"①篮子里,并小心地把头、手、脚和胸部藏在最底下。

第二天,他让一个朋友把束阿里带去他的岳父母家,没有告诉他篮子里是什么,并请他记得对他们说:

"Ha salam n'esibkoum,你们的女婿向你们问好。"

朋友接受了这个委托,岳父岳母很惊讶,但对女婿的心意感到很开心,感谢了这位朋友。

接着,按照习俗,他们开始给亲朋好友分发还带着血的肉块。

"一块给奶奶……

一块给表亲……

还有一块给姨妈……"

篮子渐渐空了,可怕的部分露了出来:头、手、脚、胸部。他们惊恐地认出了这是他们的女儿。

喜悦变成了哀恸,欢乐变成了悲伤。

欢喜的人们悲叹了起来,在巨大的悲痛中,在女人们的哭喊声中,他们把尸块收集了起来。他们恭敬地清洗了尸块,把它们包起来缝在裹尸布里,按照仪式进行了安葬。

一切都结束后,他们去找了他们的女婿,要求解释。

"Bach ktalt tmout a malik l'mout",他答道。

"死亡天使,你是怎么害死别人,自己就会怎么死去。"

他又严厉地补充道:

"我才是最不幸的,我杀了你们的女儿,但她先杀了我的。你

---

① 用带子相连接、放在驴子和骡子身上的两个大篮子。

们若有不满,可以去找法官。"

女儿的恶毒和残忍令岳父岳母惊骇不已,他们一言不发,立刻离开,回家去了。

我的故事就这样结束了。

案例目录

（所标页码为法文版页码，参见本书边码）

以下是书中用假名提到的案例，如果没有提到案例的作者，那么就是取自我的临床治疗。别人向我报告的或者我借用来的案例，我在案例后面的括号里注明了案例作者的姓名。

爱丽丝 （埃丝特·比克） 220
阿尔芒 （艾玛纽埃尔·穆坦） 230
埃德加 （费德恩） 116
埃莱奥诺尔 （柯莱特·德东布） 88
埃罗内 201
芳雄 （米舍利娜·昂里凯） 234
艾米·冯·N.夫人 （弗洛伊德） 164
杰拉德 224
客西马尼 203
艾玛 （弗洛伊德）164
珍妮特 174
胡安尼托（匿名同事） 87
玛丽 270
马尔绪阿斯 184
玛丽 （埃丝特·比克） 220
M.先生 （米歇尔·德·穆赞） 132
娜塔莉 271
潘多拉 141
波莱特（艾玛纽埃尔·穆坦） 231
鲁道夫 213
塞巴斯蒂安娜 157
泽诺比娅 243

参 考 文 献

本书大约有一半篇幅未曾发表过，另一半篇幅由曾经发表的文章组成，这些文章在汇入本书时或多或少地都进行了再加工、修改或者合并。在此，向那些允许我全文或部分转载这些文章的期刊编辑们，致以谢意！

Dans la première partie, *Découverte*, les chapitres 2 («Quatre séries de données») et 3 («La notion du Moi-peau») ont utilisé en les complétant les textes suivants : – Mon article princeps, *Le Moi-peau* (Nouv. Rev. Psychanal., 1974, n° 9, 195-208),
– *De la mythologie particulière à chaque type de masochisme* (Bulletin de l'Association Psychanalytique de France, juin 1968, n° 4, 84-91),
– *La peau : du plaisir à la pensée* (in D. ANZIEU, R. ZAZZO, et coll., *L'attachement*, Delachaux et Niestlé, 1974).

La deuxième partie, *Structure, Fonctions, Dépassement*, contient une reproduction plus ou moins complète des textes suivants :
– *Quelques précurseurs du Moi-peau chez Freud* (Rev. franç. Psychanal., 1981, XLV, n° 5, 1163-1185) : repris dans mon chapitre 6.
– *Actualidad de FEDERN* (in P. FEDERN : *La psicologia del yo y las psicosis*, Amorrortu, Buenos-Aires, 1984) : repris et développé dans mon chapitre 6.
– *Fonctions du Moi-peau L'information psychiatrique*, 1984, n° 8, pp. 869-875 : repris et complété dans mon chapitre 7.
– *Altérations des fonctions du Moi-peau dans le masochisme pervers* (Revue de médecine psycho-somatique, 1985, n° 2) : repris dans mon chapitre 7.
– *L'observation de Pandora* (chapitre 8) est extraite (avec des compléments) de *L'échange respiratoire comme processus psychique primaire. À propos d'une psychothérapie d'un symptôme asthmatique*. (Psychothérapies, 1982, n° 1, 3-8.)
– *Machine à décroire : sur un trouble de la croyance dans les états limites* (Nouv. Rev. Psychanal., 1978, n° 18, 151-167) : cet article a été entièrement repensé pour aboutir à mon chapitre 9. Mon chapitre 10 combine trois articles :
– *Le corps de la pulsion* (in Actes du Colloque : *La pulsion, pour quoi faire ?*, Association Psychanalytique de France, 1984),
– *Le double interdit du toucher* (Nouv. Rev. Psychanal., 1984, n° 29, 173-187),
– *Au fond du Soi, le toucher* (Rev. franç. Psychanal., 1984, n° 6, 1385-1398).

Dans la troisième partie, *Principales configurations*, le chapitre 11 reprend *L'enveloppe sonore du Soi* (*Nouv. Rev. Psychanal.*, 1976, n° 13, 161-179).
Le chapitre 18 reprend des passages de *L'Épiderme nomade et la peau psychique*, Apsygée, 1990.

ABRAHAM M. (1978), *L'Écorce et le noyau*, Paris, Aubier-Montaigne.
ANGELERGUES R. (1975), Réflexions critiques sur la notion de schéma corporel, in *Psychologie de la connaissance de soi*, Actes du symposium de Paris (septembre 1973), PUF.
ANZIEU A. (1974), Emboîtements, *Nouv. Rev. Psychanal.*, n° 9, p. 57-71.
ANZIEU A. (1978), De la chair au verbe, in D. ANZIEU et coll., *Psychanalyse et langage*, 2ᵉ éd., Paris, Dunod.
ANZIEU A. (1987), L'enveloppe hystérique, in ANZIEU P et coll. *Les enveloppes psychiques*, Dunod, p. 114-137.
ANZIEU A. (1989), *La femme sans qualité. Esquisse psychanalytique de la féminité*, Paris, Dunod.
ANZIEU D. (1970), Freud et la mythologie, *Nouv. Rev. Psychanal.*, n° 1, p. 114-145.
ANZIEU D. (1975a), *L'Auto-analyse de Freud*, 2 vol., nouv. éd. Paris, PUF.
ANZIEU D. (1975b), Le Transfert paradoxal, *Nouv. Rev. Psychanal.*, n° 12, p. 49-72.
ANZIEU D. (1979), La Démarche de l'analyse transitionnelle en psychanalyse individuelle, in KAËS R. et col. *Crise, rupture et dépassement*, Paris, Dunod.
ANZIEU D. (1980a), Du corps et du code mystiques et de leurs paradoxes, *Nouv. Rev. Psychanal.*, n° 22, p. 159-177.
ANZIEU D. (1980b), Les Antinomies du narcissisme dans la création littéraire, in Guillaumin J., *Corps Création, Entre lettres et Psychanalyse*, 2ᵉ partie, ch. 1, Presses Univ. de Lyon.
ANZIEU D. (1981a), *Le Corps de l'œuvre*, Paris, Gallimard.
ANZIEU D. (1981b), *Le Groupe et l'inconscient. L'imaginaire groupal*, nouv. éd., Paris, Dunod.
ANZIEU D. (1982a), Le Psychodrame en groupe large, in KAËS T. et coll. *Le travail psychanalytique dans les groupes*, tome 2, *Les Voies de l'élaboration*, Paris, Dunod.
ANZIEU D. (1982b), Sur la confusion primaire de l'animé et de l'inanimé. Un cas de triple méprise, *NRP*, n° 25, p. 215-222.
ANZIEU D. (1983a), Le Soi disjoint, une voix liante/l'écriture narrative de Samuel Beckett, *Nouv. Rev. Psychanal.*, n° 28, p. 71-85.
ANZIEU D. (1983b), À la recherche d'une nouvelle définition clinique et théorique du contre-transfert, in SZTULMAN H. et coll., *Le Psychanalyste et son patient*, Toulouse, Privat.
ANZIEU D. (1984), La Peau de l'autre, marque du destin, *Nouv. Rev. Psychanal.*, n° 30, p. 55-68.
ANZIEU D. (1985), Du fonctionnement psychique particulier à l'intellectuel, *Topique*, n° 34, p. 75-88.
ANZIEU D. (1987), « Les signifiants formels et le moi-peau », in D. ANZIEU et D. HOUZEL, *Les enveloppes psychiques*, Paris, Dunod, p. 1-22.
ANZIEU D. (1990), *L'épiderme nomade et la peau psychique*, Paris, Apsygée.
ANZIEU D. (1993a), « La fonction contenante de la peau, du moi et de la pensée : conteneur, contenant, contenir », in *Les contenants de pensée*, sous la direction de D. Anzieu, Paris, Dunod, p. 15-40.
ANZIEU D. (1993b), *Samuel Beckett et le psychanalyste*, Lausanne, L'Aire.
ANZIEU D. (1994a), *Le Penser*, Paris, Dunod.
ANZIEU D. (1994b), « L'esprit l'inconscient », in *Nouvelle revue de psychanalyse*, 48, p. 149-162.
ANZIEU D., MONJAUZE M. (1993), *Francis Bacon ou le portrait de l'homme déses-*

péré, Lausanne, L'Aire/Archambaud.
AULAGNIER P. (Voir aussi CASTORIADIS-AULAGNIER) (1979), *Les Destins du plaisir*, Paris, PUF.
AULAGNIER P. (Voir aussi CASTORIADIS-AULAGNIER) (1984), *L'Apprenti-historien et le maître sorcier*, Paris, PUF.
ATLAN H. (1979), *Entre le cristal et la fumée. Essai sur l'organisation du vivant*, Paris, Seuil.
BALINT M. (1965), *Amour primaire et technique psychanalytique*, tr. fr. Paris, Payot, 1972.
BALINT M. (168), *Le Défaut fondamental*, tr. fr. Paris, Payot, 1971.
BEAUCHESNE H. (1980), *L'Épileptique*, Paris, Dunod.
BELLER I. (1973), *La Sémiophonie*, Paris, Maloine.
BERENSTEIN I., PUGET J. (1984), Considérations sur la psychothérapie du couple : de l'engagement amoureux au reproche, in A. EIGUER et coll., *La Thérapie psychanalytique du couple*, Paris, Dunod.
BERGERET J. (1974), *La Personnalité normale et pathologique*, Paris, Dunod.
BERGERET J. (1975), *La Dépression et les états limites*, Paris, Payot.
BERGERET J. (1984), *La Violence fondamentale*, Paris, Dunod.
BETTELHEIM B. (1954), *Les Blessures symboliques*, tr. fr. Paris, Gallimard, 1971.
BETTELHEIM B. (1967), *La Forteresse vide*, tr. fr. Paris, Gallimard, 1970.
BICK E. (1968), L'Expérience de la peau dans les relations d'objet précoces, tr. fr. in MELTZER D. et coll., 1975, p. 240-244.
BION W.R. (1962), *Aux sources de l'expérience*, tr. fr. Paris, PUF, 1979.
BION W.R. (1963), *Éléments de psychanalyse*, tr. fr. Paris, PUF, 1979.
BION W.R. (1967), *Réflexion faite*, tr. fr. Paris, PUF, 1982.
BIVEN B.M. (1982), The role of skin in normal and abnormal development with a note on the poet Sylvia Plath, *Internat. Rev. Psycho-Anal.*, 9, 205-228.
BLEGER J. (1966), *Psychanalyse du cadre psychanalytique*, tr. fr. in KAËS R. et coll. 1979a.
BONNET G. (1981), *Voir-Être vu*, 2 vol., Paris PUF.
BONNET G. (1985), De l'interdit du toucher à l'interdit de voir, *Psychanal. Univ. 10*, n° 37, p. 111-119.
BOTELLA C. et S. (1990), « La problématique de la régression formelle de la pensée et de l'hallucinatoire », monographies de la *Revue française de psychanalyse*, in *La psychanalyse : questions pour demain*, Paris, PUF, p. 63-90.
BOULERY L., MARTIN A., PUAUD A. (1981), Des enfants sourds-aveugles... et des grottes, *L'Évol. Psychiatr.* 46, n° 4, p. 873-892.
BOURGUIGNON O. (1984), *Mort des enfants et structures familiales*, Paris, PUF.
BOWLBY J. (1958), The nature of the child's tie to mother, *Internat. J. Psycho-Anal.*, 39, 350-373.
BOWLBY J. (1961), L'Éthologie et l'évolution des relations objectales, tr. fr., *Rev. fr. Psychanal.*, 24, n°s 4-5-6, p. 623-631.
BOWLBY J. (1969), *Attachement et perte*, tome 1 : *L'Attachement*, tr. fr. Paris, PUF, 1978.
BOWLBY J. (1973), *Attachement et perte*, tome 2 : *La Séparation*, tr. fr. Paris, PUF, 1978.
BOWLBY J. (1975), *Attachement et perte*, tome 3 : *La perte, tristesse et dépression*, tr. fr. Paris, PUF, 1982.
BRAZELTON T.B. (1981), Le Bébé : partenaire dans l'interaction, tr. fr. in BRAZELTON et coll., *La Dynamique du nourrisson*, Paris ESF, 1982, p. 11-27. Cet article contient une bibliographie détaillée des publications anglaises de Brazelton.
CACHARD C. (1981), Enveloppes de corps, membranes de rêve, *L'Évol. Psychiatr.* 46, n° 4, p. 847-856.

CASTORIADIS-AULAGNIER P. (1975), *La Violence de l'interprétation*, Paris, PUF.
CHAUVIN R. et coll. (1970), *Modèles animaux du comportement humain*, éditions du CNRS.
CHIVA M. (1984), *Le Doux et l'amer*, Paris, PUF.
CICCONE A., LHOPITAL M. (1991), *Naissance à la vie psychique*, Paris, Dunod.
CORRAZE J. (1976), *De l'hystérie aux pathomimies*, Paris, Dunod.
DENIS P. (1992), Emprise et théorie des pulsions, *Revue française de psychanalyse*, tome 41, p. 1297-1421.
DOREY R. (1992), Le désir d'emprise, *Revue française de psychanalyse*, tome 41, p. 1423-1432.
DORON J. (1987), « Les modifications de l'enveloppe psychique dans le travail créateur », in ANZIEU D. et coll., *Les enveloppes psychiques*, Paris, Dunod, p. 181-198.
DUYCKAERTS F. (1972), L'Objet d'attachement : médiateur entre l'enfant et le milieu, in *Milieu et développement*, Actes du symposium de Lille (septembre 1970), Paris, PUF.
ENRIQUEZ M. (1984), *Aux carrefours de la haine*, Paris, L'Épi.
FEDERN P. (1952), *La Psychologie du Moi et les psychoses*, tr. fr. Paris, PUF, 1979.
FISCHER S., CLEVELAND S.E. (1958), *Body images and personality*, Princeton, New York, Van Nostrand.
FRAZER J.G. (1890-1915), *Le Rameau d'or*, tr. fr., réduite en 4 vol., Paris, R. Laffont, 1981-1984.
FREUD S. (1887-1902), *La Naissance de la psychanalyse. Lettres à Wilhelm Fliess ; notes et plans*, édition orig. all. 1950 ; tr. fr., Paris, PUF, 1956.
FREUD S. (1891), *Contribution à la conception des aphasies*, tr. fr., Paris, PUF, 1983.
FREUD S. (1895*a*), Esquisse d'une psychologie scientifique, édition orig. all. 1950 ; tr. fr. in *La Naissance de la psychanalyse*, PUF, 1956.
FREUD S. (1895*b*) (avec Breuer J.), *Études sur l'hystérie*, tr. fr. Paris, PUF, 1955.
FREUD S. (1900), *L'Interprétation des rêves*, nouv. tr. fr. Paris, PUF, 1967.
FREUD S. (1905), *Trois essais sur la théorie de la sexualité*, nouv. tr. fr., Paris, Gallimard, 1968.
FREUD S. (1914), Pour introduire le narcissisme, tr. fr. in *La Vie sexuelle*, Paris, PUF, 1969.
FREUD S. (1915), L'inconscient, nouv. tr. fr. in *Métapsychologie*, Paris, Gallimard, 1968.
FREUD S. (1969), L'Inquiétante étrangeté, tr. fr. in *Essais de Psychanalyse appliquée*, Paris, Galliamrd, 1933.
FREUD S. (1920), Au-delà du principe du plaisir, nouv. trad. fr. in *Essais de Psychanalyse*, Payot, 1981.
FREUD S. (1923), Le Moi et le Ça, nouv. tr. fr. in *Essais de Psychanalyse*, Paris, Payot, 1981.
FREUD S. (1925), Notice sur le bloc magique, tr. fr. *Rev. franç. Psychanal.*, 1981, 45, n° 5, p. 1107-1110.
FREUD S. (1933), *Nouvelles conférences d'introduction à la psychanalyse*, nouv. tr. fr., Paris, Gallimard, 1984.
GANTHERET F. (1984), *Incertitudes d'Éros*, Paris, Gallimard.
GEISSMANN P., GEISSMANN C. (1984), *L'Enfant et sa psychose*, Paris, Dunod.
GENDROT J.A., RACAMIER P.C. (1951), Fonction respiratoire et oralité, *L'Évol. Psychiat.*, 16, n° 3, p. 457-478.
GIBELLO B. (1984), *L'Enfant à l'intelligence troublée*, Paris, Le Centurion.
GORI R. (1972), Wolfson ou la parole comme objet, *Mouvement Psychiatr.*, n° 3, p. 19-27.
GORI R. (1975), Les Murailles sonores, *L'Évol. Psychiatr.*, n° 4, p. 779-803.
GORI R. (1976), Essai sur le savoir préalable dans les groupes de formation, in KAËS R. et coll. *Désir de former et formation du savoir*, Paris, Dunod.
GORI R., THAON M. (1976), Plaidoyer pour une critique littéraire psychanalytique,

Connexions, n° 15, p. 69-86.
GRAND S. (1982), The body and its boundaries : a psychoanalytic study of cognitive process disturbances in schizophrenia, *Internat Rev. Psycho-Anal.*, 9, p. 327-342.
GRAVES R. (1958), *Les Mythes grecs*, tr. fr. Paris, Fayard, 1967.
GREEN A. (1984), *Narcissisme de vie, narcissisme de mort*, Paris, Éditions de Minuit.
GREEN A. (1990), *La folie privée, psychanalyse des cas limites*, Paris, Gallimard.
GREEN A. (1993), *Le travail du négatif*, Paris, Éditions de Minuit.
GROTSTEIN J.S. (1981), *Splitting and projective identification*, New York, Londres, Jason Aronson.
GRUNBERGER B. (1971), *Le Narcissisme*, Paris, Payot.
GUILLAUMIN J. (1979), *Le Rêve et le Moi*, Paris, PUF.
GUILLAUMIN J. (1980), La Peau du centaure, ou le retournement projectif de l'intérieur du corps dans la création littéraire, in Guillaumin J. et coll., *Corps Création – Entre Lettres et Psychanalyse*, 2e partie, chap. 7, Presses Univ. de Lyon.
HARLOW H.F. (1958), The nature of love, *Americ-Psychol.*, 13, 673-685.
JERBINET E., BUSNEL M. L. et coll. (1981), *L'Aube des sens*, Les Cahiers du nouveau-né, 5, Stock.
HERMANN I. (1930), *L'Instinct filial*, tr. fr., Pairs, Denoël, 1973.
HERREN H. (1971), La Voix dans le développement psychosomatique de l'enfant, *J. franç. oto-rhino-laryngol.* 20, n° 2, p. 429-435.
HOUZEL D. (1985*a*), L'Évolution du concept d'espace psychique dans l'œuvre de Mélanie Klein et de ses successeurs, in collectif *Mélanie Klein aujourd'hui*, Lyon, Éditions Césura.
HOUZEL D. (1985*b*), Le Monde tourbillonnaire de l'autiste, *Lieux de l'enfance*, n° 3, p. 169-183.
HOUZEL D. (1987), « Le concept d'enveloppe psychique », in D. ANZIEU et coll., *Les enveloppes psychiques*, Paris, Dunod, p. 23-54.
HOUZEL D. (1990), « Pensée et stabilité structurelle », in *Revue internationale de psychopathologie*, 3, p. 97-122.
IMBERTY M. (1981), *Les Écritures du temps. Sémantique psychologique de la musique*, tome 2, Paris, Dunod.
KAËS R. (1976), *L'Appareil psychique groupal*, Paris, Dunod.
KAËS R. (1979*a*), Introduction à l'analyse transitionnelle, in Kaës R. et coll. *Crise, rupture et dépassement*, Paris, Dunod.
KAËS R. (1979*b*), Trois repères théoriques pour le travail psychanalytique groupal : l'étayage multiple, l'appareil psychique groupal, la transitionnalité, *Perspectives Psychiatr.*, n° 71, p. 145-157.
KAËS R. (1982), La catégorie de l'intermédiaire chez Freud ; un concept pour la psychanalyse ? (inédit).
KAËS R. (1983), Identification multiple, personne conglomérat, Moi groupal. Aspects de la pensée freudienne sur les groupes internes, *Bull. Psychol.*, 37, n° 363, p. 113-120.
KAËS R. (1984), Étayage et structuration du psychisme, *Connexions*, n° 44, p. 11-46.
KAFKA F. (1914-1919), *La Colonie pénitentiaire*, tr. fr. La Pléiade, Paris, Gallimard, tome 2, coll., *Crise, rupture et dépassement*, Paris, Dunod.
KAUFMAN I.C. (1961), Quelques implications théoriques tirées de l'étude du fonctionnement des animaux et pouvant faciliter la conception de l'instinct, de l'énergie et de la pulsion, *Rev. fr. Psychanal.*, 24, n°s 4, 5, T, p. 633-649.
KERNBERG O. (1975), *Borderline conditions and pathological narcissism*, tr. fr. tome 1, *Les Troubles limites de la personnalité*, 1979 ; tome 2, *Les Personnalités narcissiques*, 1981, Toulouse, Privat.

KLEIN M. (1948), *Essais de psychanalyse*, tr. fr. Paris, Payot, 1968.
KOHUT H. (1971), *Le Soi. La psychanalyse des transferts narcissiques*, tr. fr. Paris, PUF, 1974.
LACOMBE P. (1959), Du rôle de la peau dans l'attachement mère-enfant, *Rev. fr. Psychanal.*, *23*, n° 1, p. 82-102.
LAPLANCHE J. (1970), *Vie et mort en psychanalyse*, Paris, Flammarion.
LAPLANCHE J., PONTALIS J.B. (1968), *Vocabulaire de la psychanalyse*, Paris, PUF.
LECOURT E. (1987), L'enveloppe musicale, in ANZIEU D. et coll., *Les enveloppes psychiques*, Dunod, p. 199-222.
LEWIN B.D. (1972), Le sommeil, la bouche et l'écran du rêve, tr. fr. in *Nouvelle revue de psychanalyse*, 5, p. 211-224.
LOISY D. de (1981), Enveloppes pathologiques, enveloppements thérapeutiques (le packing, thérapie somato-psychique), *L'Évol. Psychiat.*, *46*, n° 4, p. 857-872.
LORENZ K.Z. (1949), *Il parlait avec les mammifères, les oiseaux et les poissons*, tr. fr. Paris, Flammarion, 1968.
LUQUET P. (1962), Les Identifications précoces dans la structuration et la restructuration du Moi, *Rev. franç. Psychanal.*, *26*, n° spécial, p. 197-301.
MAC DOUGALL J. (1978), *Plaidoyer pour une certaine anormalité*, Paris, Gallimard.
MARCELLI D. (1983), La position autistique. Hypothèses psychopathologiques et ontogénétiques, *Psychiatr. enfant*, *24*, n° 1, p. 5-55.
MASUD KHAN (1974a), *Le Soi caché*, tr. fr. Paris, Gallimard, 1976.
MASUD KHAN (1974b), La Rancune de l'hystérique, *Nouv. Rev. Psychanal.*, n° 10, p. 151-158.
MELTZER D. et coll. (1975), *Explorations dans le monde de l'autisme*, tr. fr. Paris, Payot, 1980.
MISSENARD A. (1979), Narcissisme et rupture, in R. KAËS et coll., *Crise, rupture et dépassement*, Paris, Dunod.
MONTAGU A. (1971), *La Peau et le toucher*, tr. fr. Paris, Seuil, 1979.
M'UZAN M. de (1972), Un cas de masochisme pervers, in ouvr. collectif, *La Sexualité perverse*, Paris, Payot ; repris in *De l'art à la mort*, Paris, Gallimard, 1977.
NASSIF J. (1977), *Freud, l'inconscient*, Galilée.
OLERON P. (1976), L'Acquisition du langage, *Traité de Psychologie de l'enfant*, tome 6, Paris, PUF.
PASCHE F. (1971), Le Bouclier de Persée, *Rev. fr. Psychanal.*, *35*, n°s 5-6, p. 859-870.
PINOL-DOURIEZ M. (1974), Les Fondements de la sémiotique spatiale chez l'enfant, *Nouv. Rev. Psychanal.*, n° 9, p. 171-194.
PINOL-DOURIEZ M. (1984), *Bébé agi, bébé actif*, Paris, PUF.
POMEY-REY D. (1979), Pour mourir guérie, *Cutis*, *3*, 2 février, p. 151-157.
PONTALIS J.B. (1977), *Entre le rêve et la douleur*, Paris, Gallimard.
RIBBLE M. (1944), Infantile experiences in relation to personality development, in HUNT J., Mc V., *Personality and the behavior disorders*, New York, Ronald Press, tome 2.
ROSOLATO G. (1969), *Essais sur le symbolique*, Paris, Gallimard.
ROSOLATO G. (1978), *La Relation d'inconnu*, Paris, Gallimard.
ROSOLATO G. (1984), « Le signifiant de démarcation et la communication non verbale », in *Art et fantasme*, Paris, Champ Vallon, p. 165-183.
ROUSSILLON R. (199), *Paradoxes et situations limites de la psychanalyse*, Paris, PUF.
RUFFIOT A. (1981), Le groupe-famille en analyse. L'appareil psychique familial, in RUFFIOT A. et coll., *La Thérapie familiale psychanalytique*, Paris, Dunod.
SAMI-ALI M. (1969), Étude de l'image du corps dans l'urticaire, *Rev. fr.*

Psychanal., *33*, n° 2, p. 201-242.
SAMI-ALI M. (1974), *L'Espace imaginaire*, Paris, Gallimard.
SAMI-ALI M. (1977), *Corps réel, corps imaginaire*, Paris, Dunod.
SAMI-ALI M. (1984), *Le Visuel et le tactile. Essai sur l'allergie et la psychose*, Paris, Dunod.
SAMI-ALI M. (1990), *Le corps, l'espace et le temps*, Paris, Dunod.
SEARLES H. (1965), *L'Effort pour rendre l'autre fou*, tr. fr. Paris, Gallimard, 1977.
SEARLES H. (1979), *Le Contre-transfert*, tr. fr. Paris, Gallimard, 1981.
SCHILDER P. (1950), *L'Image du corps*, tr. fr., Paris, Gallimard, 1968.
SEGAL H. (1957), Notes sur la formation du symbole, tr. fr. *Rev. fr. de Psychanal.*, 1970, 34, n° 4, 685-696.
SOULÉ M. (1978), L'Enfant qui venait du froid : mécanismes défensifs et processus pathogènes chez la mère de l'enfant autiste, in *Le Devenir de la psychose de l'enfant*, Paris, PUF, p. 179-212.
SPITZ R. (1965), *De la naissance à la parole. La première année de la vie*, tr. fr. Paris, PUF, 1968.
STERNE D. (1993), « L'enveloppe pré-narrative », IVᵉ Colloque de Monaco, 1992, in *Journal de la psychanalyse de l'enfant*, n° 14, p. 13-65.
TAUSK V. (1919), De la genèse de « l'appareil à influencer » au cours de la schizophrénie, tr. fr. in *Œuvres psychanalytiques*, Paris, Payot, 1976.
THOM R. (1972), *Stabilité structurelle et morphogénèse. Essai d'une théorie générale des modèles*, New York, Benjamin.
TINBERGEN N. (1951), *L'Étude de l'instinct*, tr. fr. Paris, Payot, 1971.
THEVOZ M. (1984), *Le Corps peint*, Genève, SKIRA.
TRISTANI J.L. (1978), *Le Stade du respir*, Paris, Éd. de Minuit.

TURQUET P.M. (1974), Menaces à l'identité personnelle dans le groupe large, *Bull. Psychol.*, n° spécial « Groupes : Psychologie sociale et psychanalyse », p. 135-158.
TUSTIN F. (1972), *Autisme et psychose de l'enfant*, tr. fr. Paris, Seuil, 1977.
TUSTIN F. (1981), *Austistic states in children*, Londres, Routledge and Kegan.
VINCENT F. (1972), Réflexions sur le tégument des Primates, *Ann. Fac. Sciences Cameroun*, n° 10, p. 143-146.
WIENER P. (1983), *Structure et processus dans la psychose*, Paris, PUF.
WINNICOTT D. (1951), Objets transitionnels et phénomènes transitionnels, tr. fr. in *Jeu et réalité*, Paris, Gallimard, 1975, ch. 1.
WINNICOTT D. (1958), La Capacité d'être seul, tr. fr. in *De la pédiatrie à la psychanalyse*, Paris, Payot, 1969, chap. 16.
WINNICOTT D. (1962*a*), L'Intégration du Moi au cours du développement de l'enfant, in *Processus de maturation chez l'enfant*, tr. fr., Paris, Payot, 1970, chap. 1.
WINNICOTT D. (1962*b*), L'Enfant en bonne santé et l'enfant en période de crise. Quelques propos sur les soins requis, in *Processus de maturation chez l'enfant*, tr. fr. Payot, 1970.
WINNICOTT D. (1969), Les Aspects positifs et négatifs de la maladie psychosomatique, tr. fr. *Rev. Méd. Psychosomatique*, 11, n° 2, p. 205-216.
WINNICOTT D. (1971), Le Rôle du miroir de la mère et de la famille dans le développement de l'enfant, tr. fr. in *Jeu et réalité*, Paris, Gallimard, 1975, ch. 9.
ZAZZO R. (1972), L'Attachement. Une nouvelle théorie sur les origines de l'affectivité, in *L'Orientation scolaire et professionnelle*, p. 101-128.
ZAZZO R. (1974) (en collab.), *L'Attachement*, Neuchâtel, Delachaux et Niestlé.

索 引

（本索引所标页码为法文版页码，参见本书边码）

ABRAHAM, N. 尼古拉·亚伯拉罕, 31-32, 45, 241, 242

accolement（accoler）粘连, 64, 122-124, 172, 176, 211, 247, 262

agressivité（agressif）攻击性, 42, 51, 55, 88, 125, 170, 183, 203-211, 216, 220, 221, 230, 244, 248, 249, 259

AJURIAGUERRA, J.（d'）J.（d'）阿胡里亚克拉, 79

ANGELERGUES, R. R. 安热莱尔格, 54

ANZIEU, A. 安妮·安齐厄, 17, 32, 154-155, 242, 248, 249, 264, 265

appareil à influencer 邪恶机器, 61, 111, 126

appareil à penser 思想机制, 59, 85-87, 89, 107, 246, 259, 261

appareil psychique 精神机制, 61, 93, 96-98, 104-105, 107-109, 111, 119, 124-125, 148-149, 161, 170, 191, 238, 260, 261

ATLAN, H. H. 阿特朗, 27

Attachement 依恋, 参见 Bowlby 鲍尔比

attachement négatif 负面依恋, 145

auto-immune 自身免疫, 129-131

BACON, F. 弗兰西斯·培根, 122

BALINT, A. et M. 爱丽丝·巴林特和迈克尔·巴林特, 45, 58

BALZAC, H. de H. de 巴尔扎克, 74

barrière de contact 接触屏障, 84, 93, 96, 98-104, 128

BEAUCHESNE, H. H. 博谢纳, 128

BECKETT, S. 塞缪尔·贝克特, 123

BELLER, I. I. 贝勒, 192

BENETINI 贝内蒂尼, 42

BERENSTEIN, I. I. 贝伦斯坦, 81

BERGERET, J. J. 贝热雷, 82, 147, 208

BETTELHEIM, B. B. 贝特尔海姆, 129

Bible 圣经, 41, 168, 169

BICK, E. 埃丝特·比克, 59, 126, 219-221, 222, 255, 257, 264

BIDLOO 比德罗, 42

BION, W. R. W. R. 比昂, 28, 45, 59, 60, 85, 98, 100, 107, 111, 123, 124,

157,158,183,193,207,219,246,261,265
BIRCH 伯奇,192
BIVEN,B. D. 巴里·B. 比文,40-42
BLEGER,J. J. 布莱格,33
BOHR,N. N. 玻尔,259
BOUVET 布韦,165
bouche 嘴、口,41,57-61,141,188,196,211,224
BOWLBY,J. J. 鲍尔比,11,34,44-47,52,58,145,189
BONNET,G. G. 博内,162,168
BORGES,J.-L. J.-L. 博尔赫斯,150,239
BOURGUIGNON,O. 奥迪尔·布吉尼翁,228
BRAZELTON,T. B. T. B. 布雷泽尔顿,77-79,82,85,272
BREUER,J. J. 布罗伊尔,96,163
BRIDGMAN,L. 劳拉·布里奇曼,41
BUTTERFIELD 巴特菲尔德,189
CACHARD,C. 克洛德·卡夏,136
cadre(psych)analytique 分析框架,7,33,143,164,165,259-260,270
CAFFEY 卡菲,189
CARROLL,L. L. 卡罗尔,261
CASARES,B. 比奥伊·卡萨雷斯,150-154
CASTORIADIS-AULAGNIER,P. 皮耶拉·卡斯托里亚蒂斯-奥拉尼耶,59,81,82,83,128,229,233
catatonie 紧张症,200

CHABERT,C. 凯特琳·沙贝尔,260-261
chair du moi 自我的肉体,264
CHARCOT,J.-M. J.-M. 沙柯,162
CHAUVIN,R. R. 沙文,50
CHIVA,M. M. 奇瓦,79
christianisme 基督教,169
CICCONE,A. A. 西科恩,257
CLEVELAND,S. E. S. E. 克利夫兰,53-54
clivage 分裂,51,122,156-157,165,207,209,219,223,257
compétence du bébé 婴儿的能力,81,264
conscience,262
CONSOLI,S. S. 孔索利,66
contenance,容纳,容器 27,33,58,71,107,124-125,133,154,158,207,219,224,228,257,261,262,272
contenant/conteneur 容器/容纳者,60,124,265,268
contre-transfert 反移情,185,207-208,210,211,224,244
corps écorché 身体剥皮,63,71,134-135
corps démembré 身体肢解,63
corps du texte,234
CORRAZE,J. J. 科拉兹,54
CORRÈGE(Le) (Le)科雷吉欧,167
cramponnement 钩住,45-46
créateur 创造者,发明家,113,136,156,200-201,234

cri 哭喊,188,191
DAUSSET,J. 让·多塞,129
DEBRU,C. 克劳德·德布吕,253
décramponnement 脱钩,45
dedans-dehors 内部-外部,58,149-150,257,261,269
DEJOURS,C. 克里斯托弗·德茹尔,253
DENIS,P. P. 德尼斯,34
DESTOMBES,C. 柯莱特·德东布,88
détresse originaire 原始痛苦,104,272
DIATKINE,G. G. 迪亚特金,95
DIDEROT,D. D. 狄德罗,166
différenciation 分化,区分,27,29-30,55,75,83,111,113,148,156,197,228,261,262,266
dilemme vital 重大的两难困境,141,143
dispositif (psych) analytique 分析处置,34,161,165,166,184,187
DOREY,R. R. 多里,34
DORON,J. 杰克·多伦,263
DOURIEZ-PINOL,M. 莫妮克·杜里耶-皮诺尔,48
DUYCKAERTS,F. F. 迪卡埃尔,50
eczéma 湿疹,55-56,129-130,220,268-269
empreinte 印记,44-45
enchantement 陶醉,196
ENRIQUEZ,M. 米舍利娜·昂里凯,17-19,232-236,265
enveloppe 外壳,2-3,8-12,19-21,29,31-32,35,41,53,55,56,58,59,60,61,63,65,71,72,74,79,82,84,86,88,89,98,101,103,106,107,108,109,124,125,127,130,132,133,135,136,137,149-150,151,155,158,182,199-202,203,206,207,208,214,216,221,227,229,232,236,238,240,241,242,243,244,245,248,249,250,251,ch. 18
enveloppe autistique 自闭症外壳,27,85,126,267
enveloppe de contrôle 控制外壳,79
enveloppe d'excitation 刺激外壳,17,65,77,127,128,130,247,248-249,258,264,268
enveloppe habitat 生存环境外壳,272
enveloppe hystérique 癔症外壳,249,264-265
enveloppe individualisante imaginaire 想象的个体化外壳,272
enveloppe de maternage/enveloppe maternante 母性外壳,79,272
enveloppe narcissique 自恋外壳,51,61,128,154,156,228,246,272
enveloppe perverse 倒错外壳,267
enveloppe sonore/tactile 听觉/触觉外壳,16-17,68-69,73,121,124,166,ch. 11,216,223,236,242,258
enveloppe transitionnelle 过渡外壳,273

enveloppe tutélaire 守护外壳, 273
enveloppe utérine 子宫外壳, 272
enveloppe visuelle/tactile 视觉/触觉外壳, 13-16, 121, 242, 258
érotisation de la peau 皮肤的性感化, 60-61, 75, 127-128
état-limite 边缘状态, 4, 10, 28-30, 45-46, 109, 111-112, ch. 9, 165-166, 208, 216, 232-233, 258, 263-264, 268-269
excitation/information (signification) 刺激/信息（意指）, 64-65, 206, 258-260, 261, 264-267, 269
fantasmatisation 幻想化, 266
fantasme 幻想, 6, 10, 15, 17, 18, 20, 26, 27, 33, 41, 42, 48, 54, 58, 59, 60, 62-66, 71, 74, 81, 82-83, 85-87, 117, 120, 122, 133, 134, 135, 143, 144, 149, 150, 154-156, 158, 165, 166, 172, 173, 192, 199, 205, 208, 210, 215, 217, 219, 223, 231-232, 233, 234, 236, 244, 245, 246, 257, 261, 262, 266, 270, 273
FEDERN, P. 保罗·费德恩, 54, 61, 110-118, 250
feedback 反馈, 36, 77-80, 82, 85, 179, 190, 193
FENICHEL, O. 奥托·费尼谢尔, 140
FISCHER, S. S. 费希尔, 53-54
FLIESS, W. W. 弗利斯, 96, 98, 102, 110, 165, 238
fragilité du Moi-peau 自我皮肤的脆弱, 149
FRAZER, J.-G. J.-G. 弗雷泽, 68, 70
FREUD, A. 安娜·弗洛伊德, 44, 45
FREUD, S. 西格蒙德·弗洛伊德, 27, 28, 29, 34, 44, 45, 57, 75, 81, 84, 93-110, 112, 119, 120, 125, 126, 140, 161, 162-166, 171, 191-192, 207, 227, 238-242, 252-253, 255-257, 259, 269
F. GANTHERET F. 冈特雷, 29
A. GARMA 安吉尔·加玛, 253
J.-A. GENDROT J.-A. 德罗, 140
B. GIBELLO B. 吉贝洛, 166, 261
R. Gori 罗兰·戈里, 197, 222
(de) GRACIANsKY 拉西安斯基, 56
S. GRAND 斯坦利·格朗, 179
grattage 搔痒, 42
R. GRAVES R. 格雷夫斯, 68, 70
A. GREEN 安德烈·格林, 14, 142, 237, 266
J. S. GROTSTEIN J. S. 格罗特斯坦, 122-123
B. GRUNBERGER 格伦伯格, 59
C. GUÉRIN 克里斯蒂安·格兰, 270
J. GUILLAUMIN 让·基约曼, 13, 74, 237, 253
E. T. HALL E. T. 豪尔, 263
HAMBURGER, J. 让·汉布格尔, 129
handling 摆弄, 52, 58, 124
HARLOW, H. F. H. F. 哈洛, 11, 46-47, 49, 52, 58
HEGEL, G. W. F. 黑格尔, 178

索　引

HERMANN, I. I. 赫尔曼, 34, 45, 120
HERREN, H. H. 赫伦, 187
holding 抱持, 52, 58, 121, 179, 220
honte 羞耻, 42, 55, 130, 158, 205, 248
horizontalité/verticalité 水平/垂直, 70-71, 122, 271-272, 273
HOUZEL, D. D. 伍泽尔, 58, 86, 130, 272
Idole 幻象, 153
illusion gémellaire 双胞胎幻觉, 81
illusion groupale 团体幻觉, 113, 154
image du corps 身体意象, 54, 110, 126, 185, 192, 238, 260
incest 乱伦, 50, 69, 73, 164, 171, 172, 174, 177, 178, 211, 215, 216, 247
individuation 个体化, 126, 133, 253, 263, 272
inquiétante étrangeté 令人不安的诡异感, 126, 151-152, 171, 193, 268
inscription 登录, 9, 18, 32, 62, 69, 77, 103, 109, 128-129, 134, 178, 221, 228, 236, 238, 242, 250, 252, 258, 259, 263, 265, 267-269
interdiction/interdit 禁止/禁忌, 171-172, 173, 174
interdit œdipien 俄狄浦斯禁忌, 33, 164, 166, 170, 171, 172, 177, 178
interdit de la vision 视觉禁忌, 165, 166
interdit du toucher 触摸禁忌, 33, 40, 56, 86, 127, 145, ch. 10, 217, 224, 259
interface 分界面, 58, 61, 63, 81, 84-87, 104-107, 111, 130, 150, 154, 159, 171, 183, 237, 243, 256, 258, 259
invagination 套叠, 32
ISAKOVER, O. O. 艾塞科夫, 250
JACKSON, H. 休林斯·杰克逊, 94, 119
JEAN(saint) (圣) 约翰, 167
JOUVET, M. 米歇尔·茹维, 253
KAËS, R. 勒内·卡埃斯, 2, 7, 9, 15, 26, 30, 60, 97, 124, 228, 265
KAFKA, F. F. 卡夫卡, 129, 268
KANT 康德, 19
KASPI, R. R. 卡斯皮, 145
KAUFMAN, I. C. I. C. 考夫曼, 47
KELLER, H. 海伦·凯勒, 41
KERNBERG, O. O. 科恩伯格, 147-148
KHAN, M. 马苏德·汗, 240, 249
KLEIN, G. 杰拉德·克莱茵, 197
KLEIN, M. 梅兰妮·克莱茵, 28, 44, 45, 58, 60, 86, 140, 172, 219, 252
KOHUT, H. H. 科特, 28, 29, 147-148, 183
LACAN, J. J. 拉康, 1, 6, 28, 134, 150, 183, 184
LAPLANCHE, J. J. 拉普朗什, 5, 7, 12, 43, 119
LECOURT, E. 埃迪特·勒古, 16, 191, 192
LEE 李, 192
LEVI-STRAUSS, C. 列维-斯特劳斯, 272

LÉVY, A. 阿尔诺·莱维, 202
LEWIN, B. D. 伯特伦·勒温, 250
LHOPITAL, M. M. 罗毕塔, 257
lien 联系, 51, 192
LORENZ, K. K. 洛伦茨, 44
LOISY, D. (de) D. (de)卢瓦西, 136
Luc(saint) (圣)路加, 167, 203
LUQUET, P. P. 吕凯, 62, 179
MAHLER, M. 马勒, 87
maintenance 维持, 121-124, 160, 220, 228, 261, 264
MALLARMÉ, S. S. 马拉美, 200
MARC(saint) (圣)马可, 167
MARTINET, A. 马蒂内, 189
masochisme 受虐、受虐狂, 42, 62-66, 74, 75, 82, 86, 132-135, 149, 185, 201, 204, 228, 232-233
MATTHIEU(saint) (圣)马太, 167
MAUFRAS DU CHATELLIER, A. 安尼克·莫弗拉·杜·沙泰利耶, 123
MELTZER, D. D. 梅尔策, 59, 86, 127, 234, 260
mémoire 记忆, 103, 109, 125
MESMER, F. A. F. A. 麦斯麦, 162
MIRBEAU, O. 奥克塔夫·米尔博, 71
MISSENARD, A. 安德烈·米森纳德, 156
métonymie 换喻, 58, 170, 255
MOFFIT 莫菲特, 189
moi pensant 思想自我, 162, 175-178, 270
moi psychique/moi corporel 精神自我/身体自我, 61, 110-111, 114, 115-116, 136, 145, 149, 156, 161, 165, 206-207, 209, 215, 223, 224, 227, 243, 250
MONTAGU, A. A. 蒙塔古, 39-40
morcellement 碎片化, 51, 127
MOUTIN, E. 艾玛纽埃尔·穆坦, 230-231
mutilation, 42, 55, 133, 268
M'UZAN, M. (de) 米歇尔·德·穆赞, 132
mystique 神秘的, 113, 136
narcissisme 自恋, 4, 29-30, 51, 62-66, 73, 85, 87, 117, 128, 134, ch. 9, 165-166, 194, 200, 215-216, 233, 248, 261
NASSIF, J. J. 纳西夫, 94
NATHAN, T. T. 内森, 272
normalité du Moi-peau 自我-皮肤的正常化, 148
OLÉRON, P. P. 奥列隆, 187
OMBREDANE 奥布雷丹, 189
PALACI, J. 雅克·帕拉西, 147
paradoxalité, 39, 65, 130-131, 159, 195, 201-202, 206-207, 215, 258, 268, 273
pare-excitation 刺激屏障, 32, 37, 38, 56, 65, 71-72, 101-103, 123, 125-126, 133, 154, 158, 160, 195, 200, 221, 228, 237, 240, 241, 242, 258, 265, 267, 272
PASCAL, B. 布莱兹·帕斯卡, 122

PASCHE, F. F. 帕舍, 121, 128
pthomimie 模仿病, 55
peau commune 共有皮肤, 15, 63-66, 81, 85, 123, 149, 199, 206, 232, 261, 270
peau de mots 词语皮肤, 231
peau passoire 漏勺皮肤, 84, 88-89, 125, 132, 206, 268
peau-protection/peau-danger 皮肤-保护/皮肤-危险, 66, 69, 74, 85
peau seconde 第二皮肤, 82, 84, 126, 149, ch. 15, 257, 264
peinture 绘画, 35, 41, 42
pénétration 穿透, 46, 53-54, 55, 61, 155, 243
PERRAULT, C. 佩罗, 73, 206
PETOT, J.-M. 让-米歇尔·佩托, 99
PINOL-DOURIEZ, M. M. 皮诺-杜里耶, 77
PLATH, S. 西尔维娅·普拉斯, 41-42
Pli 褶皱, 263
POMEY-REY, D. 达妮埃尔·波梅-雷, 56
PONTALIS, J. B. 彭塔力斯, 43
pré-moi corporel 身体性前自我, 80-81, 260
projection 投射, 51, 53-54, 58, 82, 86, 122, 219, 257
psychanalyse transitionnelle 过渡的精神分析, 30, 31, 33
psychophysiologie 心理生理学, 25-26, 38
psychose 精神病, 110-111, 115, 130, 135-137, 154, 234, 260-261, 263-264
PUGET, J. J. 普吉, 81
pulsion 冲动, 6, 34, 73, 104, 109, 120, 122, 125, 170-171, 200, 206, 216, 239-240, 242, 248, 258
RACAMIER, P.-C. P.-C. 拉卡米耶, 140
recharge libidinale 力比多补给, 128, 160
réflexivité tactile 触觉自反, 84, 107
REICH, W. W. 赖希, 126, 220
REMMELINI, J. 约阿希姆·莱姆里尼, 42
représentation d'enveloppe, 270
représentation de mot 词表象, 94-95, 97, 101, 121, 261, 270
représentation d'objet 客体(物)表象, 94-95, 116, 121, 179, 261, 270
rêve 梦, 梦境, 26, 110, 114, 115-116, 117, 123, 164, 215, ch. 17
RIBBLE, M. 玛格丽特·利布尔, 140
ROBBE-GRILLET, A. A. 罗布-格里耶, 250
ROSOLATO, G. 盖·罗索拉托, 2, 6, 9, 14, 18, 28, 216, 261
ROUSTANG, F. F. 鲁斯唐, 141
sac 口袋, 61, 88, 106, 121, 124, 130, 220-221, 255, 266, 268
SACHER-MASOCH 萨赫-马索克, 64, 73, 74-75

SAMI-ALI, M. M. 萨米-阿里, 59, 122, 196, 242, 262
SCHILDER, P. 保罗·施尔德, 43, 111, 112
schizophrénie 精神分裂症, 118, 126, 130, 179, 194
SCHULZ 舒尔茨, 57
SCHWARZHOGLER, R. 鲁道夫·施瓦茨科格勒, 42
SCOTT, C. 克利福德·斯科特, 140
SEARLES, H. H. 瑟尔斯, 84
SÉCHAUD, E. 艾弗琳·赛绍, 20
séduction 诱惑, 64, 124, 163, 170, 211, 243, 247
sens commun 通感, 2, 88, 127, 128, 178-180, 250, 254, 261, 263, 264
SERRES, M. 米歇尔·塞尔, 196
SHAKESPEARE, W. W. 莎士比亚, 166
SHECKLEY, R. 罗伯特·谢克里, 222-223
SHERRINGTON, C. C. 谢灵顿, 99
signifiant formel 形式能指, 9, 12, 18, 19, 261, 269-272
SOPHOCLE 索福克勒斯, 166
SOULÉ, M. 米歇尔·苏莱, 78, 272
soutien de l'excitation sexuelle 性兴奋的支持, 127-128, 133
SPITZ, R. R. 施皮茨, 44, 45, 56, 58, 130, 171, 204
sport 运动, 221
stade oral 口欲阶段, 57-61

structuralisme, 26-27, 43
structure allergique, 268
suicide 自杀, 41, 111, 234
surmoi 超我, 42, 54, 62, 108, 109, 114, 115, 120, 121, 129, 171, 191-192, 215, 223, 227, 239, 255, 263, 266, 267
symbolisation 符号化, 127, 161, 166, 184, 187, 191, 231, 242, 245
TAUSK, V. 维克多·陶斯克, 61, 111
temps 时间, 109, 113-114, 183
THAON, M. M. 塔昂, 222
THEVOZ, M. M. 特沃兹, 35
THOM, R. 勒内·托姆, 30, 111-112, 263
TINBERGEN, N. N. 丁伯根, 44
TISSERON, S. 塞尔日·蒂瑟隆, 7, 19, 20, 42
TOMATIS, A. A. 托马提斯, 192
toxicité du Moi-peau 自我皮肤的毒性, 131, 134
toxicomanie 毒瘾, 126, 130, 268
transfert 移情, 5, 7, 17, 28, 33, 124, 131, 143, 145, 148, 159, 160, 163, 166, 179, 185, 187, 193, 197, 202, 204, 208, 209-210, 213, 215, 216, 224, 235, 243, 244, 259
transfert de conteneur 容纳者移情, 270
transfert paradoxal 矛盾性移情, 131, 201-202
TRISTANI, J.-L. J. L. 特里斯塔尼, 140-141

TURQUET, P.-M. P.-M. 蒂尔凯, 51-52
TUSTIN, F. 弗朗西丝·塔斯汀, 59, 87, 126, 267
Unicité 唯一性, 84, 157
VALÉRY, P. 保罗·瓦雷里, 82
VAN DER SPIEGHEL 范·德·斯皮赫尔, 42
VARLEY, J. 约翰·瓦利, 175-177
vêtement 服装, 221
VICQ D'AZY, F. 费利斯·维克·达奇, 42
VINCENT, F. F. 文森特, 37, 131
VINCENT, M. M. 文森特, 95
WALDEYER, W. W. 瓦尔代尔, 99
WALLON, H. 亨利·瓦隆, 52, 60, 190
WHITE, K. 肯尼斯·怀特, 263
WIDLÖCHER, D. D. 维洛谢, 34
WIENER, P. 保罗·维纳, 130
WINNICOTT, D. W. D. W. 温尼科特, 6, 10, 28, 44, 47-48, 52-53, 58, 81, 84, 121, 128, 130, 156-157, 184, 193, 199, 241, 272, 273
WOLFF, A. 安格莱·沃尔夫, 188
WOODBURY 伍德伯里, 135
XÉNAKIS 克塞纳基斯, 195
ZAZZO, R. R. 扎佐, 50

图书在版编目(CIP)数据

自我-皮肤/(法)迪迪埃·安齐厄著;严和来,乔菁,江岭译.—北京:商务印书馆,2023(2025.3重印)
(心理学名著译丛)
ISBN 978-7-100-22754-4

Ⅰ.①自… Ⅱ.①迪… ②严… ③乔… ④江…
Ⅲ.①精神分析 Ⅳ.①B84-065

中国国家版本馆 CIP 数据核字(2023)第 136131 号

权利保留,侵权必究。

心理学名著译丛
自我-皮肤
〔法〕迪迪埃·安齐厄 著
严和来 乔菁 江岭 译
姜余 校

商 务 印 书 馆 出 版
(北京王府井大街36号 邮政编码100710)
商 务 印 书 馆 发 行
北京市白帆印务有限公司印刷
ISBN 978-7-100-22754-4

2023年10月第1版　　开本 880×1230　1/32
2025年3月北京第3次印刷　印张 11⅝　插页 1
定价:60.00元